低渗透油气田

LOW PERMEABILITY OIL & GAS FIELDS

2022年　上卷

中国石油长庆油田分公司　编

石油工业出版社

内 容 提 要

本书精选有关低渗透油气田勘探开发实践、理论研究和工艺技术方面文章27篇，主要涉及低渗透油气藏地质研究、油藏描述、数值模拟、增产技术和动态监测技术等内容，具有一定参考价值和现实意义。

本书可供从事低渗透油气田勘探开发研究人员、石油高校相关专业师生学习参考。

图书在版编目（CIP）数据

低渗透油气田. 2022年. 上卷 / 中国石油长庆油
田分公司编. — 北京：石油工业出版社，2022.7
ISBN 978-7-5183-5466-5

Ⅰ. ①低… Ⅱ. ①中… Ⅲ. ①低渗透油层–油气勘探
②低渗透油层–油田开发 Ⅳ. ①P618.130.208②TE348

中国版本图书馆CIP数据核字(2022)第108329号

《低渗透油气田》编辑部
地　　址：陕西省西安市未央区长庆兴隆园勘探开发研究院
邮　　编：710018
电　　话：029-86592410
E-mail：dstyqt@163.com
　　　　　jcy_cq@petrochina.com.cn

出版发行：石油工业出版社有限公司
　　　　　（北京安定门外安华里2区1号楼　100011）
　　　　　网址：www.petropub.com
经　　销：全国新华书店
印　　刷：北京晨旭印刷厂
2022年7月第1版　2022年7月第1次印刷
880×1230毫米　开本：1/16　印张：9.5
字数：300千字
定价：60.00元
（如出现印装质量问题，我社图书营销中心负责调换）

目　录

工艺技术与试验

其　　他

CONTENTS

OIL/GAS EXPLORATION

OIL/GAS FIELD DEVELOPMENT

榆林南地区太原组孤立状砂体沉积特征及成因分析

董国栋，赵伟波，张道锋，王维斌，卢子兴，漆亚玲

（中国石油长庆油田分公司勘探开发研究院）

摘　要： 通过岩心观察、薄片鉴定、粒度分析等对榆林南地区太原组孤立状砂体沉积特征进行分析，并对砂体成因进行探讨。研究发现，砂岩岩性以岩屑砂岩和岩屑石英砂岩为主，杂基含量较高，分选中等—较差；粒度概率曲线多为两段式加过渡段，少见多段式；岩心上多见单向交错层理及冲刷面构造，偶见潮汐层理，发育植物化石；单期砂体沉积序列以正旋回为主，平面上砂体呈孤立状，砂体走向近平行于海水走向，自陆向海呈分叉尖灭状；整体呈现出河道砂体特征。孤立状砂体为潮汐改造水下分流河道而形成的潮汐沙坝，其形成受沉积古地形的控制，地形低洼处易形成规模砂体，由于潮汐改造较弱，整体表现出分流河道特征。潮汐沙坝含气性较好，是下一步勘探的重要目标。

关键词： 孤立状砂体；潮汐改造；沉积古地形；潮汐沙坝；榆林南

　　榆林南地区位于鄂尔多斯盆地伊陕斜坡，面积约 $1×10^4 km^2$。截至 2019 年底，鄂尔多斯盆地东部太原组已累计提交天然气探明地质储量超 $2000×10^8 m^3$，但储量发现主要集中于榆林以北区域，榆林南太原组勘探一直未取得大的突破。近年来，随着勘探不断推进，有多口探井在榆林南太原组试气获工业气流，展现出良好的勘探前景。榆林南地区太原组发育连续性较好的三角洲前缘水下分流河道砂体和连片分布的孤立状砂体，目前对于水下分流河道砂体研究较为深入，而对于孤立状砂体沉积特征认识不清楚，成因认识存在障壁岛、潮道、河口湾、潮汐沙坝、河口坝、远沙坝等多种观点[1-4]，制约了下一步的勘探，因此有必要加强榆林南地区孤立状砂体沉积特征及成因认识研究。

1　沉积特征

1.1　碎屑成分特征

　　榆林南太原组孤立状砂体碎屑成分以石英、岩屑为主，长石含量低（小于 1%）。砂岩类型以岩屑砂岩和岩屑石英砂岩为主，少见纯的石英砂岩（图 1）；填隙物中杂基含量较高，一般为 8%以上，总体成分成熟度较低（图 2）。

1.2　结构特征

　　研究区太原组孤立状砂体粒度以中砂为主，

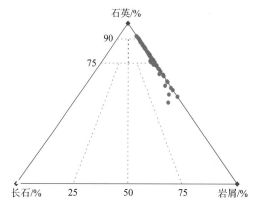

图 1　榆林南地区太原组孤立状砂体三角图
（据 23 口取心井 83 个数据点）

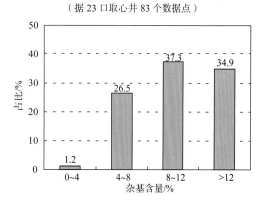

图 2　榆林南地区太原组孤立状砂体杂基含量统计图
（据 23 口取心井 83 个数据点）

其次为粗砂和细砂（图 3）；单期砂岩沉积中多见两种以上粒度结构（图 4），底部有时见泥砾

第一作者简介： 董国栋（1986—），男，硕士，高级工程师，主要从事天然气勘探研究，重点研究盆地沉积、储层及成藏等相关领域。地址：陕西省西安市长庆兴隆园小区，邮编码：710018。

收稿日期：2021-04-06

发育（图5）；磨圆度以次棱角状及次圆状为主，颗粒支撑，颗粒间主要为点接触或线接触，分选中等。岩性整体结构成熟度中等—较差。

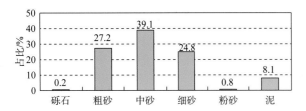

图3 榆林南地区太原组孤立状砂岩粒度统计图
（数据点83个）

图4 含细粒中粒岩屑砂岩
（SH38井，太原组，2786.55m）

图5 灰色细粒岩屑石英砂岩，含泥砾
（Y41井，太原组，2392.12m）

研究区粒度概率曲线多为两段式加过渡段（图6a、图6b），即曲线一般有跳跃总体和悬浮总体组成，中间夹有一宽缓的过渡带，一般不存在滚动组分；跳跃组分总体斜率多在50°~60°之间，反映出跳跃总体较好的分选性；粒度频率曲线多为不对称状。曲线特征反映出沉积物沉积时水体能量变化较大，有较多细粒悬浮组分，整体呈现出分流河道沉积特征。此外，少量样品为多段式，跳跃总体含量高，且多具有双跳跃特征（图6c），斜率大，表明样品沉积时受到海水的影响。

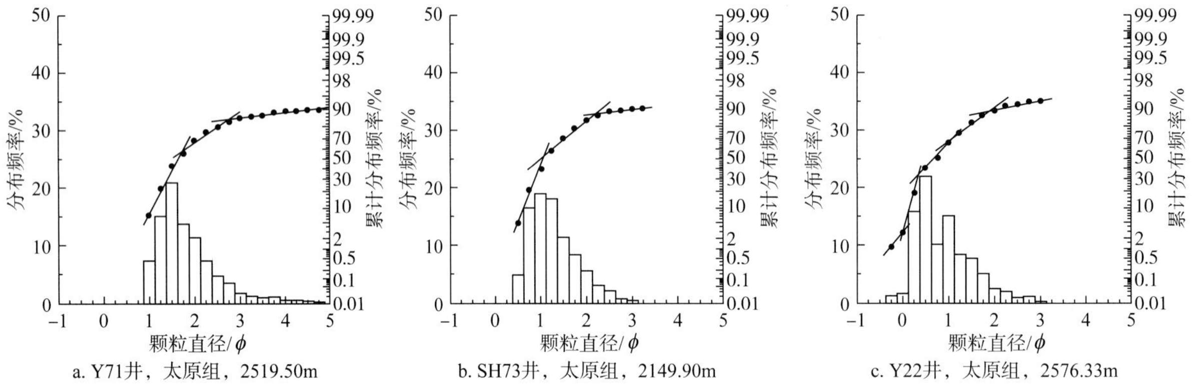

a. Y71井，太原组，2519.50m   b. SH73井，太原组，2149.90m   c. Y22井，太原组，2576.33m

图6 榆林南地区太原组典型粒度概率曲线

1.3 构造特征

研究区12口井孤立状砂体岩心观察发现，层理构造以块状层理、板状交错层理、楔状交错层理（图7a）及槽状交错层理（图7b）为主，反映沉积时单向水流作用；常见冲刷面构造（图7c），冲刷面多为上部粗粒沉积物冲刷底部的碳质泥岩、泥页岩等，冲刷面附近发育泥砾（图7d），表明水流具有强烈的下切作用，水动力具有旋回性，表现出河道流体的搬运、沉积特征。此外，3口井中见有潮汐成因构造，发育压扁层理、波状层理、脉状层理、双黏土层等（图7e、图7f），表明研究区沉积时受潮汐影响；还可见石灰岩与砂岩、煤层、泥岩等呈突变接触（图8、图9），表明水体深度变化快，海平面升降比较频繁。

1.4 生物化石

古生物化石对古地理及沉积环境具有重要的指示意义。研究区泥岩、粉砂质泥岩中发育植物化石，见完整的瓣轮叶、羊齿类及芦木茎化石（图10），这些植物化石多见于三角洲平原、沼泽等近陆环境。此外，在粉砂质泥岩、泥质粉砂岩心中见有穴居生物扰动构造（图11），表明沉积过程中受海水作用影响。

1.5 垂向序列

根据12口井岩心观察绘制的岩心素描图表

a. 板状交错层理及楔状交错层理
（M12井，太原组，2075.74m）

b. 槽状交错层理
（Y39井，太原组，2399.95m）

c. 冲刷面构造
（Y22井，太原组，2553.79m）

d. 冲刷面附近发育泥砾
（Y39井，太原组，2405.58m）

e. 波状层理
（Y22井，太原组，2391.37m）

f. 透镜状层理和双黏土层
（Y22井，太原组，2558.14m）

图 7　榆林南地区太原组主要沉积构造

图 8　砂岩（左）与石灰岩（右）直接接触
（M23 井，太原组，2412.01m）

图 9　石灰岩（左）与煤（右）直接接触
（M10 井，太原组，2414.11m）

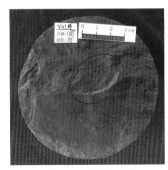

a. 泥岩中完整的瓣轮叶化石
（Y41井，太原组，2392.12m）

b. 泥岩中完整的羊齿类化石
（SH73井，太原组，2117.44m）

c. 泥岩中的植物茎化石
（Y39井，太原组，2408.0m）

图 10　榆林南地区太原组主要植物化石

明，该区垂向沉积序列为正旋回（图12a、图12b），旋回顶部多沉积泥岩和碳质泥岩；3口井砂岩顶部沉积有潮坪相的厚层泥质粉砂岩（图12c），表明河道沉积后顶部的泥质沉积受到了潮

a. Y22井，太原组，2559.96m

b. Y22井，太原组，2554.90m

图11　榆林南地区太原组生物扰动构造

明，该区垂向沉积序列为正旋回（图12a、图12b），旋回顶部多沉积泥岩和碳质泥岩；3口井砂岩顶部沉积有潮坪相的厚层泥质粉砂岩（图12c），表明河道沉积后顶部的泥质沉积受到了潮汐改造；旋回之间以冲刷接触为主。

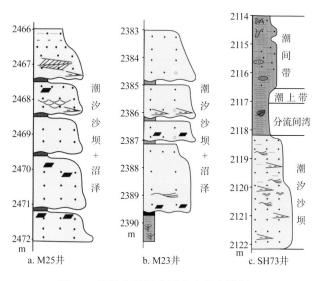

a. M25井　　　b. M23井　　　c. SH73井

图12　榆林南地区典型井岩心素描剖面

1.6　砂体平面展布特征

榆林南太原组砂体平面上孤立状分布，分布于三角洲沉积的前端，砂体走向近似平行于海水走向（图13），自陆向海呈分叉尖灭状，砂体受潮汐改造弱，形态变化不明显。

2　不同成因观点砂体类型对比分析

在研究区沉积特征分析的基础上，对不同成因观点的孤立状砂体沉积特征进行分析（表1）。对比发现，河口坝单砂体为反旋回、生物化石不发育，与研究区孤立状砂体沉积特征不同；障壁岛、潮道砂体都为海相砂体，岩性多见纯的石英砂岩，磨圆分选好，杂基含量低[5]，由于经常受到海水的改造，其粒度概率曲线多为多段式，跳跃组分多由几段构成，构造上多见潮汐成因的双向交错层理、潮汐层理等[6]，发育动物化石碎片及生物扰动构造，垂向上多与海相沉积相伴生，这些沉积特征也与本区孤立状砂体有所区别。综上，本区孤立状砂体应为潮汐改造三角洲水下分流河道形成的潮汐沙坝。

a. 桥头段

b. 马兰段

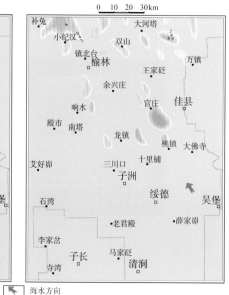
c. 七里沟段

□ 县名　■ 乡名　砂体等值线/m　矿权线　海水方向

图13　榆林南太原组砂岩等厚度图

表 1   不同成因观点砂体沉积特征对比

砂体沉积类型	岩性	粒度概率曲线特征	沉积构造	生物化石	垂向序列
潮汐沙坝	粒度变化范围较大，砾岩、粗砂岩、中砂岩、细砂岩均可见，杂基含量较高	两段式加过渡段为主，少见多段式	冲刷面、槽状交错层理、板状交错层理、楔状交错层理、平行层理发育，偶见潮汐层理构造	植物化石、动物化石均可见	单期砂体为正旋回，下部为水下分流河道，上部为潮坪相
河口坝	以粉细砂岩、中砂岩为主，分选好，杂基含量低	两段式加过渡段为主，少见多段式	发育槽状交错层理、反粒序层理	生物化石稀少，在沉积旋回顶部可见虫孔和生物化石碎片	单期砂体为反旋回，一般底部为前三角洲泥沉积
障壁岛	中砂岩、细砂岩，砂岩的分选性好，磨圆度高，多为石英砂岩，杂基含量低	多段式为主，跳跃总体斜率高且多由几段组成	双向交错层理及潮汐层理	见生物化石碎片及生物扰动	单期砂体为正旋回或反旋回，与潟湖、潮坪相组成垂向组合
潮道	砾岩、粗砂岩、中砂岩、细砂岩均可见，总体磨圆度较好，分选性中等—较好，杂基含量较低	多段式，以跳跃组分为主且多见双跳跃特征，缺少悬浮组分	见角度变化的交错层理及平行层理，反映潮汐改造作用的再作用面和羽状交错层理	见生物扰动、动物化石	单期砂体正旋回居多，垂向上与障壁岛、滨岸沉积、进潮三角洲或退潮三角洲伴生

3 砂体成因分析

进一步对潮汐沙坝研究发现，砂体集中发育于沉积古地形相对低洼处，表明砂体的形成除受到潮汐影响外，还受到沉积古地形的控制。本溪组沉积为一填平补齐的过程，但该时期填平补齐不充分（图14），且沉积后石灰岩短期暴露遭受不同程度溶蚀（图15），导致古地形高低起伏；在太原组沉积时期，北部三角洲前缘水下分流河

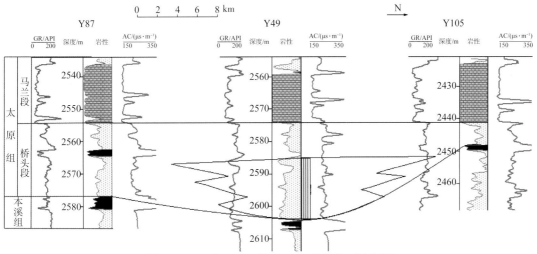

图 14   Y87 井—Y49 井—Y105 井砂体对比剖面

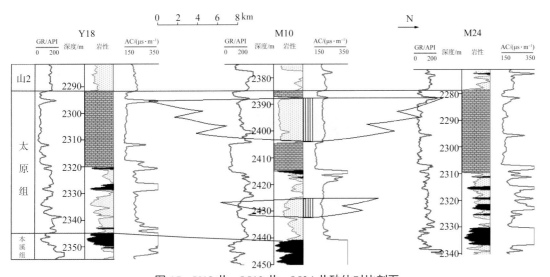

图 15   Y18 井—M10 井—M24 井砂体对比剖面

道在其上经过，相对低的地方沉积厚层河道砂体，相对高的地方沉积厚度薄；海平面上升后，潮汐作用将沉积物厚度薄的地方冲刷殆尽，使得地形低洼处的砂体呈孤立状；由于潮汐作用比较弱，砂体整体仍具有水下分流河道特征，只是在砂体沉积顶部保留有潮汐改造的痕迹（图16）。

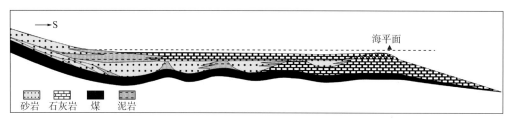

图16　榆林南地区太原组孤立状砂体形成模式图

4　认识与结论

（1）榆林南地区太原组孤立状砂体为潮汐改造三角洲水下分流河道形成的潮汐沙坝，由于潮汐改造较弱，整体表现出分流河道的沉积特征。

（2）潮汐沙坝的形成受沉积古地形控制，地形低洼处水下分流河道砂体发育，潮汐改造后易形成规模的潮汐沙坝沉积。

（3）研究区潮汐沙坝储层物性及含气性较好，与榆林北地区连续分布的分流河道砂体特征相似，是下一步勘探的重要目标。

参考文献

[1] 席胜利，李文厚，刘新社，等.鄂尔多斯盆地神木地区下二叠统太原组浅水三角洲沉积特征[J].古地理学报，2009，11（2）：187-193.
[2] 兰朝利，张君峰，陶维祥，等.鄂尔多斯盆地神木气田太原组沉积特征与演化[J].地质学报，2011，85（4）：534-542.
[3] 郭军，陈洪德，王峰，等.鄂尔多斯盆地太原组砂体展布主控因素[J].断块油气田，2012，19（5）：568-571.
[4] 王兴志，李凌，方少仙，等.佳县—子洲地区太原组砂体成因及对储层的影响[J].西南石油学院学报，2001，23（3）：1-4.
[5] 刘海龙.鄂尔多斯盆地中南部本溪组障壁岛沉积特征及沉积相演化[J].青岛大学学报（工程技术版），2012，27（4）：88-94.
[6] 邓宏文，郑文波.珠江口盆地惠州凹陷古近系珠海组近海潮汐沉积特征[J].现代地质，2009，23（5）：768-774.

Analysis of sedimentary characteristics and genesis of isolated sand bodies of Taiyuan Formation in Yulin South area

DONG GuoDong, ZHAO WeiBo, ZHANg DaoFeng, WANG WeiBin, LU ZiXing, and QI YaLing

(Exploration and Development Research Institute of PetroChina Changqing Oilfield Company)

Abstract: The sedimentary characteristics of isolated sand bodies of Taiyuan Formation in Yulin South area are analyzed on the basis of the data such as core observation, thin-section and particle size analysis, and the genesis of sand bodies is discussed. It is found through researches that the lithology of sand bodies is mainly lithic sandstone and lithic quartz sandstone, with high content of matrix and medium-to-poor sorting. The particle size probability curves are mainly two-stage plus transition section, and the multi-stage is rare. Unidirectional cross bedding and scouring surface structures are mostly seen in the core observation, and tidal bedding is occasionally seen, with plant fossils developed. The sedimentary sequence of single-stage sand body is dominated by fining-upward sedimentary cycles. The sand body is isolated on the plane. The trend of sand body is nearly parallel to the trend of seawater, and it is forked and pinched out from land to sea. The sand body presents the characteristics of channel sand body as a whole. The isolated sand body is a tidal sand bar formed by tidal-reconstructed distributary channel, and its formation is controlled by sedimentary paleotopography. It is easy to form large-scale sand bodies in low-lying (sag) areas. As the sand dam is weakly transformed by tide, it shows the characteristics of distributary channel as a whole. The tidal sand bars have good gas-bearing properties, and are important targets for further exploration.
Key words: isolated sand body; reconstruction by tide; sedimentary palaeotopography; tidal sand bar; Yulin South

鄂尔多斯盆地伊陕斜坡构造带延长组大尺度地质建模方法及应用

辛红刚 [1, 2]，周晓舟 [3]，尤　源 [1, 2]，梁晓伟 [1, 4]，冯胜斌 [1, 2]，骆　雨 [3]，淡卫东 [1, 2]，郝炳英 [1, 2]

（1. 低渗透油气田勘探开发国家工程实验室；2. 中国石油长庆油田分公司勘探开发研究院；
3. 北京斯堪帕维科技有限公司；4. 中国石油长庆油田分公司页岩油开发分公司）

摘　要：鄂尔多斯盆地伊陕斜坡构造带延长组具有构造平缓、沉积稳定、储层分布较连续、钻井控制程度高等特点，具备开展大尺度地质建模的优势条件。在勘探、评价阶段，为了研究延长组页岩油宏观地质特征及分布规律，以陇东地区延长组长 7 段为研究对象，开展了大尺度地质建模，最大工区面积达到 $1.14 \times 10^4 km^2$，平面网格步长 200m，纵向网格步长 0.65m，总网格数达到 6300 万个。以单井构造顶面精细对比为基础，采用油层组、砂层组、小层或单元分级构造建模技术逐级控制建立构造模型，并采用小网格嵌套，刻画局部微幅度构造特征；以沉积相及砂体二维地质研究成果为基础，采用二点或多点地质统计学模拟技术，建立了岩相模型；在相控条件下，采用序贯高斯模拟算法，建立了工区重要储层品质参数（孔隙度、渗透率、饱和度、裂缝密度等）属性模型。应用大尺度地质建模方法，成功刻画了伊陕斜坡构造带西倾单斜及排状低幅度鼻隆构造特征；揭示了陇东地区长 7 段深水重力流沉积砂体分布规律；结合关键属性分布规律，为"甜点区"优选、水平井试验选区、地质导向、井位部署及井轨迹优化等提供重要依据。该方法为鄂尔多斯盆地伊陕斜坡构造带页岩油宏观地质研究提供了有效手段，也可为盆地其他层系低渗透岩性油藏及致密油藏研究提供借鉴。

关键词：鄂尔多斯盆地；伊陕斜坡；地质建模；油藏评价；大尺度；页岩油；致密油；岩性油藏

鄂尔多斯盆地中生界延长组发育大型页岩油藏、致密油藏和岩性油藏 [1-6]，其大规模勘探、开发推动盆地油气储量及产量不断攀升，造就了中国油气产量最高的油气田。以往，盆地石油勘探、评价阶段的地质研究中很少采用地质建模手段，主要原因是：（1）盆地表层沉积的巨厚黄土影响，地震资料品质欠佳 [7-8]，难以为地质建模提供高品质数据支撑；（2）盆地面积较大，勘探、评价阶段面对的地质体尺度较大，建模较为困难；（3）主要含油富集区构造样式总体比较简单，地层平缓，断层不发育。延长组地质研究成图主要采用二维手工绘制地质图件 [3, 5, 6, 10]。这种方法简单实用，但也存在以下问题：（1）小范围地层对比相对容易，大范围的地层连层对比困难且易出错；（2）由于井数众多，二维地质图件数据更新、运算及分析耗时、费力；（3）二维图件可大体展示储层分布规律，但难以刻画非常规油

藏、复杂岩性油藏的储层结构等空间分布规律。随着盆地页岩油地质研究不断深入，湖盆中部深水重力流等复杂沉积类型的出现 [5-6]，水平井试验选区及井位部署等对储层空间分布规律刻画提出了更高需求 [3, 11, 12]。笔者在研究实践中尝试开展大尺度地质建模，指导页岩油宏观地质规律研究及生产部署。同时，在鄂尔多斯盆地开展大尺度地质建模也具有一定的优势条件，如：（1）盆地主要油区位于伊陕斜坡构造带，地层平缓、构造简单 [13-14]；（2）页岩油藏、致密油藏及岩性油藏均以分布面积大、分布相对稳定为重要特征 [4-6]；（3）主要石油富集区井控程度高，测井资料丰富，具备了依据数据刻画油藏分布规律的条件。

本文以鄂尔多斯盆地伊陕斜坡构造带中生界延长组长 7 段为研究对象，开展大尺度地质建模，建立了构造模型、岩性模型及属性模型，刻画了长 7 段页岩油储层空间展布规律，在勘探、

基金项目：国家科技重大专项课题"鄂尔多斯盆地致密油资源潜力、甜点预测与关键技术应用"（编号：2016ZX05046005）；中国石油天然气股份有限公司重大科技专项"鄂尔多斯盆地石油富集规律及勘探目标评价"（编号：2016E-0501）。

第一作者简介：辛红刚（1979—），男，硕士，高级工程师，主要从事鄂尔多斯盆地低渗透—致密油藏评价及开发研究工作。地址：陕西省西安市未央区凤城四路长庆兴隆园小区，邮政编码：710018。

收稿日期：2021-10-25

评价生产部署中开展应用，为有利目标优选、水平井试验选区、地质导向等提供了重要依据。

1 大尺度地质建模的有利条件及难点

1.1 地质背景

鄂尔多斯盆地本部面积为 $25 \times 10^4 km^2$，现今构造形态总体为东翼宽缓、西翼陡窄的不对称南北向矩形盆地。盆地边缘断裂、褶皱较发育，内部构造相对简单。鄂尔多斯盆地可划分出伊盟隆起、渭北隆起、晋西挠褶带、伊陕斜坡、天环坳陷、西缘冲断构造带共 6 个一级构造单元（图 1）。其中，伊陕斜坡构造带为主要含油区域，地层平缓，为西倾单斜，倾角一般不足 $1°$。盆地内无二级构造，三级构造以鼻状褶曲为主，很少见幅度较大的断裂。上三叠统延长组是鄂尔多斯盆地最重要的含油层系，油藏类型主要为内陆湖泊三角洲沉积体系上发育的大型岩性油藏、致密油藏和页岩油藏。根据沉积序列，延长组可划分为 5 个岩性段，即 T_3y_1—T_3y_5；根据油层纵向分布规律，延长组自上而下可划分为 10 个油层组，即长 1—长 10。其中，长 7 整体为大型页岩油藏，长 6、长 8 发育大型致密油藏和岩性油藏。

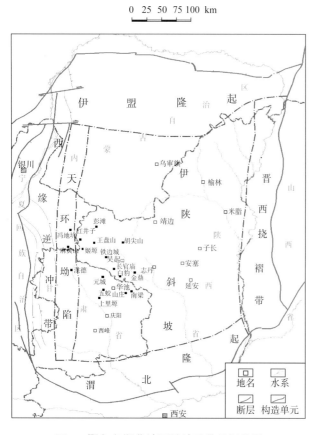

0 25 50 75 100 km

图 1 鄂尔多斯盆地区域地质单元划分图

1.2 大尺度地质建模的有利条件和难点分析

地质建模工作贯穿于油田勘探、开发各个阶段。由于不同阶段资料基础不同，要解决的关键问题不同，建模的精度要求也不一样。一般来说，从勘探初期到开发晚期，模型精度不断增加[15]。地质建模对地质体本身的尺度并没有特殊要求，只是在建模过程中建模的尺度和精度往往不能同时兼顾。建模的尺度随油藏类型不同也有区别。如：断块油藏一般分布范围小，岩性油藏分布范围大，对应的地质研究希望建立的模型范围也就不同[16-17]；对于大型岩性油藏、页岩油藏，勘探、评价阶段研究的区块面积都相对较大，资料相对较少，开展地质建模会遇到如下问题：如果建模尺度大，建模的精度就相应降低[18-19]。受网格运算速度的限制，如果建模精度高，相应的网格数就越多，导致数据体庞大、运算速度非常慢。并不是所有油藏都适合做大尺度地质建模。

在鄂尔多斯盆地伊陕斜坡构造带延长组开展大尺度地质建模有如下优势条件：（1）盆地伊陕斜坡延长组构造较为平缓，一般倾角不足 $1°$，不发育大型断裂。（2）延长组整体为一套内陆湖泊三角洲沉积体系，沉积体系比较统一。（3）伊陕斜坡构造带是主要含油层系，勘探程度相对较高，探井和评价井数多，井控程度高（大部分地区探井、评价井密度可以达到 $4{\sim}5$ 口 $/km^2$）。这对于缺乏地震资料的情况下，利用井资料开展建模是有利的。

虽然，鄂尔多斯盆地伊陕斜坡构造带具备开展大尺度地质建模的可行性，但也存在一些难点，需要采取相应的解决办法。例如：（1）盆地表层覆盖着巨厚的黄土层，地震资料品质不好，井间缺乏地震资料约束；（2）建模工区范围大，建立能满足研究需求的地质模型所划分的网格数非常庞大；（3）探井、评价井井距大，地质分层可能不一致，地层对比和连层存在一定困难；（4）井数多，钻井年限跨度大，资料格式不一致；（5）沉积相划分普遍较粗，难以用于资料约束；（6）发育的页岩油藏、致密油藏属于非常规石油领域，地质认识还不够成熟。

2 大尺度地质建模方法及效果

根据盆地页岩油勘探、评价阶段地质研究需要，选取陇东地区长 7 段，采用 Petrel 软件开展大尺度地质建模。该区面积达到 $1.14 \times 10^4/km^2$，长 7 段地层厚度为 90~120m，完钻探评井井数达 2900 口。地质模型建立一般可分为建立模型框架、建立岩相模型、建立岩石物性模型、模型检验等流程。以下主要按照建模顺序，分别介绍开展大尺度地质建模的方法及各种问题的解决思路。

2.1 基础资料的质量控制

良好的基础数据质量是建模成功的前提。然而，实际情况并非如此。盆地石油勘探经历时间较长，不同时间段完钻井的基础资料不统一，不同类型井分层标准也不完全一致；鄂尔多斯盆地石油勘探、评价阶段面对的工区范围大，区内探井、评价井非常多，井资料需从数据库中检索。数据库中提取的资料存在一定出错率。因此，必须对所有井资料进行逐项核对，把控基础数据质量。

构造建模是基础资料质量控制的重要手段。本文主要采用地质统计学手段对已有分层数据进行质量把控，在建立的构造平面图上排查异常点。针对数据库中部分井地质分层与测井蓝图不一致的问题，进行分层人工比对工作，校正了录入的错误分层信息。

盆地中生界油藏发育区主要采集了二维地震资料且地震资料品质不好。然而，前期地质研究中形成了大量二维地质图件，可以作为建模的重要基础资料。本次通过建立地质成果数据转换流程，实现了通过井数据和地质认识结合约束建模。前期地质图件多为 GeoMap 格式的二维地质图件，为了在地质建模中更好地应用地质研究成果，采用了 GeoMap-Excel-Petrel 平面图数据转换流程，很好地处理转换了构造图、砂体图及储层图等各种平面成果图件。

图 2　数据标准化及转化处理流程

2.2 网格步长的定义

本文研究的陇东地区，面积超过 $1 \times 10^4 \text{km}^2$，由于无法用地震资料对井间构造精度及储层砂体变化进行约束，单纯采用钻井资料建立构造模型会存在模型精度与网格尺度呈反比的问题。要兼顾建模尺度和网格精度，必须开展合理的网格尺度优化。

陇东地区长 7 段钻井密度达到 3~5 口 /km²，探井，评价井井距为 600~2000m，按照井间最少 3 个网格的原则，网格的最小尺度为 200~600m，以 100m 为间隔，尝试了采用 200m、300m、400m、500m、600m 共 5 种网格尺度，分析网格尺度对井间构造精度的影响。在计算速度允许的情况下，最终优选最小的网格尺度 200m 作为本次大尺度地质建模的网格尺度，即设定模型平面网格为 200m×200m。

长 7 段地层厚度为 90~120m，按照地层沉积旋回一般分为长 7_1、长 7_2、长 7_3 共 3 个亚段。将每个层位等比例剖分为 50 个网格，纵向共剖分为 200 个网格，纵向网格平均厚度为 0.65m。网格化模型总网格数为 63216120 个。后续分析认为，网格化前后砂泥岩百分比合理，满足了岩相及参数模型建立的需要。

2.3 构造模型的建立

在油层组构造顶面数据及精细小层对比成果基础上，采用分级构造建模技术进行构造模型的搭建，即油层组、砂层组、小层或单元，逐级控制。对于重点目标区，采用小尺度网格，刻画微幅度构造特征，进而建立精细的构造模型。

通过全区小层对比，对区内探井和评价井进行地层及沉积单元细分。鉴于工区缺少地震资料约束，插值算法的优选显得尤为重要。本次主要对比了 4 种算法，分别为收敛算法（Convergent Interpolation）、滑动平均算法（Move Average）、最小曲率算法（Minmun Curvature）、克里金算法（Kriging）。

收敛算法：利用函数 $f(x)$ 在某区间中已知的若干点的函数值，做出适当的特定函数，在区间的其他点上用这特定函数值作为函数 $f(x)$ 的近似值，称为收敛插值法。

滑动平均算法：在简单平均数法基础上，通过顺序逐期增减新旧数据求算移动平均值，借以消除偶然变动因素，找出事物发展趋势，并据此进行预测。滑动平均算法是趋势外推技术的一种，实际上是对具有明显的负荷变化趋势的数据序列进行曲线拟合，再用新曲线预报未来的某点处的值。

最小曲率算法：指使用趋势面分析与差分法相结合的方法处理离散的构造层面数据，计算构造面主曲率，选取各点主方向上两个主曲率值中绝对值较大者作为预报未来某点值的依据。

克里金算法：是依据协方差函数对随机过程／随机场进行空间建模和预测（插值）的回归算法，在特定的随机过程，例如固有平稳过程中，克里金算法能够给出最优线性无偏估计（Best Linear Unbiased Prediction，BLUP），因此在地质统计学中也被称为空间最优无偏估计器（Spatial BLUP）。

在以上 4 种算法的基础上，开展构造建模算法优选，降低不确定性。采用盲井验证的方法优选算法，以某区域为例，在井点分层约束下，抽取部分开发井作为盲井，分别在平面上、纵向上对比模拟结果，如图 3 所示。

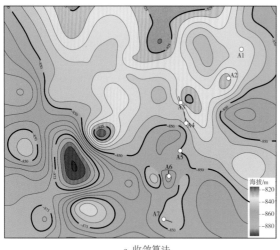

a. 收敛算法

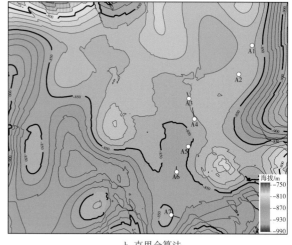

b. 克里金算法

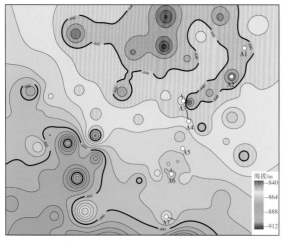

c. 滑动平均算法

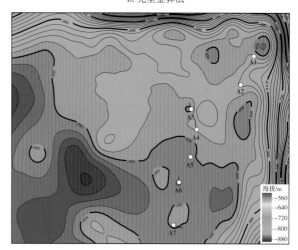

d. 最小曲率算法

图 3　4 种算法构造线平面对比

通过图 3 可见，（1）在同等步长条件下，最小曲率算法得到的结果最为平滑，但局部区域出现极值，同时井间微幅构造表征不明显；（2）收敛算法与滑动平均算法模拟结果相近，同时对于井间微幅构造的表征效果也比较好，但滑动平均算法的"牛眼现象"相对严重；（3）克里金算法同样可以表征部分井间微幅构造，但是局部异常过于明显。

纵向上主要采用连井对比的方式进行计算，进而观察几种算法与原始分层的误差。选择剖面 A1 井—A2 井—A3 井—A4 井—A5 井—A6 井—A7 井，其中 A1 井、A7 井为模拟井，其余为验证井，由连井剖面（图 4）与误差分析表（表 1）

可知：纵向上收敛算法模拟结果更接近于井分层，滑动平均算法与最小曲率算法结果误差相对较大，收敛算法符合"距离模拟井点越近，误差越小"的特征，因此，构造面插值算法最终选择收敛算法。

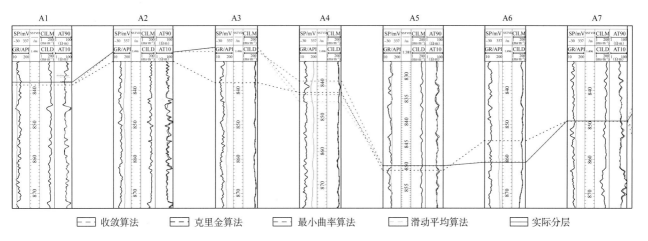

图 4　四种算法连井剖面对比

表 1　四种算法误差分析表

算法	井号	深度 /m		误差 /m	平均误差 /m	探井、评价井井距 /m	
		井上分层	模拟分层			A1	A7
收敛算法	A2	854.8	854.07	0.73	0.674	758	1981
	A3	853.6	854.41	0.81		1081	1658
	A4	852.92	853.68	0.76		1383	1356
	A5	848.62	849.24	0.62		1788	951
	A6	846.33	846.78	0.45		2104	635
滑动平均算法	A2	854.8	851.81	2.99	2.354	758	1981
	A3	853.6	852.3	1.3		1081	1658
	A4	852.92	852.51	0.41		1383	1356
	A5	848.62	850.89	2.27		1788	951
	A6	846.33	851.13	4.8		2104	635
最小曲率算法	A2	854.8	852.85	1.95	1.81	758	1981
	A3	853.6	851.94	1.66		1081	1658
	A4	852.92	850.36	2.56		1383	1356
	A5	848.62	846.39	2.23		1788	951
	A6	846.33	846.98	0.65		2104	635
克里金算法	A2	854.8	854.16	0.64	1.248	758	1981
	A3	853.6	852.97	0.63		1081	1658
	A4	852.92	851.84	1.08		1383	1356
	A5	848.62	848.8	0.18		1788	951
	A6	846.33	850.04	3.71		2104	635

在确定合理算法基础上，采用分级构造建模技术，即以长 7 顶面构造为基础，采用小网格尺度，描述微幅度构造特征，进而建立精细的构造模型。

2.4 岩性模型的建立

在沉积相及砂体分布规律研究基础上，按照图 5 所示流程，采用二点地质统计学模拟技术，建立目标区岩相模型。通过建立地质知识库进行量化表征，充分收集整理沉积微相、砂体构型研究方面的成果认识，包括砂体分布模式、发育规模等，建立储层地质知识库，降低储层砂体模型的不确定性。

以沉积微相图为指导，明确工区物源方向，通过厚度统计得到垂向变程，再通过连井剖面对比，分析井间差异，判断模拟目标规模，最终再与变差函数分析所得到的主变程、次变程进行对比。基于沉积模式及砂体规律分析，拟合了工区的变差函数，结果显示均为指数模型，主次变差比小于 2，说明工区内砂体连续性较好。以砂岩、泥岩相为模拟目标，以工区砂体模式及变差函数为基础建立砂泥概率模型，进而约束砂岩、泥岩相的随机模拟，最终建立了砂岩、泥岩相模型。在岩相模型的基础上，提取小层砂体厚度平面图，指导后续的砂体分布规律研究工作。

2.5 属性模型的建立

在分析岩相控制下的物性特征及变差函数的基础上，按图 6 所示流程，采用序贯高斯模拟算法建立物性模型。通过数据分析，认为孔隙度与渗透率、含油饱和度具备一定的趋势性，因此，遵循孔隙度约束渗透率和含油饱和度的随机模拟原则，建立工区孔隙度、渗透率、含油饱和度属性模型，为后续储层评价提供参考依据。

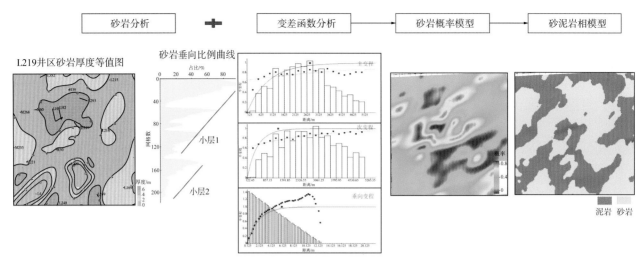

图 5　岩相模型建立流程图

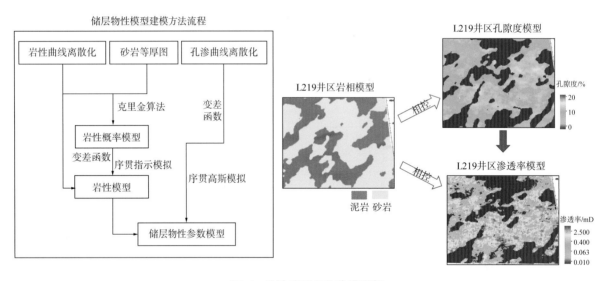

图 6　关键储层参数建模流程

3　大尺度地质建模结果及应用

通过上述方法，建立了陇东地区长 7 油藏地质模型，对构造特征进行分析，并利用岩相模型刻画砂体空间展布规律，属性模型评判储层质量，综合优选有利目标，取得了较好的应用效果。应用中，采用平面、剖面等分析手段，揭示长 7 重力流沉积地质特征；利用地质模型开展有利目标优选，指导井位部署。同时，依据精细模型为水平井实钻导向及调整提供建议。

3.1　地层格架

完成了陇东地区长 7 三维地层格架的建立（图 7），地层格架模型体现出整个工区东南高、西北低的低幅度构造形态。

3.2　构造特征刻画

对陇东地区长 7 段模型开展质量控制，采用二维和三维、平面及剖面联合的质量控制手段，

筛查出构造异常及厚度异常井，通过数据库与测井蓝图核查补心海拔、分层数据，或对分层微调，更新模型数据库与构造模型。应用单井分层与海拔数据，结合平面构造图转换成果，建立了约束构造模型，再通过奇异井校正，得到陇东地区长 7 构造模型（图 8）。可以看出，构造模型客观反映了区域西倾单斜构造特征及成排分布的低幅度鼻状构造。

3.3　砂体分布规律

建立陇东地区长 7 岩相模型（图 9）。研究认为，陇东地区长 7 段主要发育深水重力流沉积。在剖面上刻画重力砂体展布规律，分析其成因一直是热点、难点问题。本次在岩相模型基础上，提取砂体空间分布（图 10），对重力流砂体分布进行分析。

由图 10 可见，受西南方向沉积体系影响，陇东长 7 发育的半深湖—深湖重力流沉积砂体，整体

由南西向北东方向延伸，多期砂体叠置形成相对厚层砂体，但砂体横向延伸距离有限。通过局部放大可见，砂体形态总体为朵叶状，反映事件性的重力流沉积砂体深入湖盆中，单期相对规模较小且孤立分布，在有利沉积区叠置形湖盆中部规模砂体。同

时，可见与长7₂和长7₁相比，长7₃砂体不发育。通过贯穿工区的大剖面可以看出，长7砂岩总体连续性差，单个砂体发育规模不大，向北东方向规模变小且厚度减薄。通过有利砂岩分布区局部解剖，发现长7砂岩延伸范围较为局限。

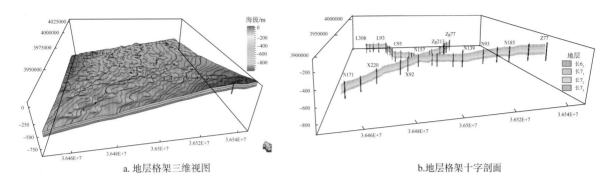

a. 地层格架三维视图　　　　　　　　　b. 地层格架十字剖面

图 7　陇东地区长 7 地层格架模型

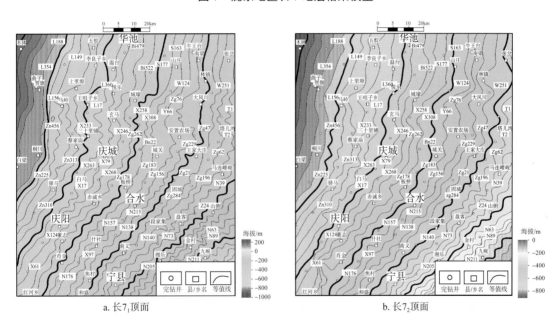

a. 长7₁顶面　　　　　　　　　b. 长7₂顶面

图 8　陇东地区长 7 构造模型

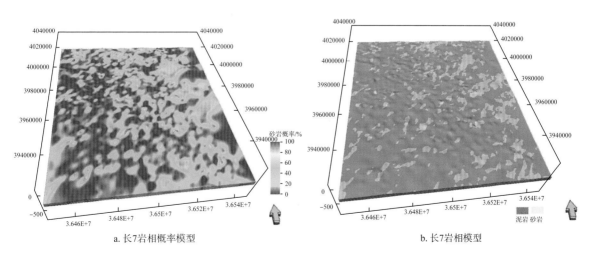

a. 长7岩相概率模型　　　　　　　　　b. 长7岩相模型

图 9　陇东地区长 7 工区岩相模型

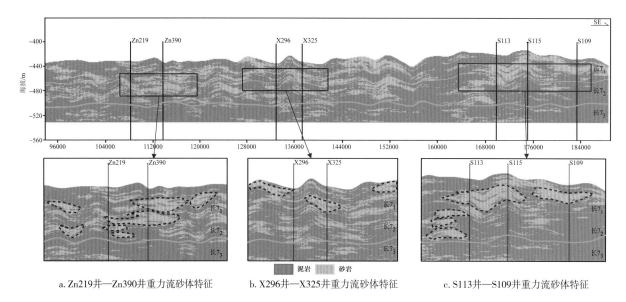

a. Zn219井—Zn390井重力流砂体特征　　b. X296井—X325井重力流砂体特征　　c. S113井—S109井重力流砂体特征

图 10　陇东地区长 7 段重力流砂岩剖面特征

3.4　储层属性特征

储层致密是页岩油的基本特征，有利储层评价参数是属性建模的重要部分。在大模型中选择 L18 重点目标井区，通过统计分析，认为油层厚度与孔隙度具有正相关性，即厚油层对应相对高的孔隙度值（图 11），因此在模拟孔隙度时，采用归一化后的油层厚度为协模拟约束条件，模拟孔隙度，提高井间孔隙度分布的合理性。同时，由测井解释可知孔隙度和渗透率、孔隙度与含油饱和度具有较好的相关性，因此在进行渗透率模拟时，采用孔隙度作为渗透率的协模拟约束条件，含油饱和度模拟时以孔隙度作为协模拟约束条件。

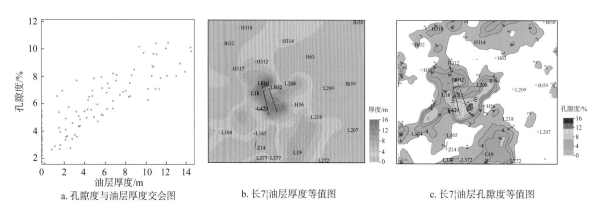

a. 孔隙度与油层厚度交会图　　b. 长7₁油层厚度等值图　　c. 长7₁油层孔隙度等值图

图 11　陇东地区 L18 井区油层厚度与孔隙度相关分析

为进一步评价有利储层，分析了 L18 井区储层品质划分标准，即油层、差油层、油水同层中孔隙度、渗透率、含水饱和度参数，建立相关性模板（表 2），进一步刻画了优势储层分布，同时结合三维地质模型，建立了不同井区的储层品质三维模型。

3.5　水平井试验选区应用

为了聚焦页岩油水平井攻关试验[20]，在开展区域地质分析的基础上，切割出试验区建立精细地质模型，优化水平井部署，并结合区域开发动用效果，优化水平井轨迹。实际工作中，结合三维地质模型中的孔、渗、饱模型，采用储层品质参数评价原则，在三维空间内刻画不同品质储层的空间展布特征（图 12a）。平面上，从模型中提取各井区目的层段及主力小层的好及中等品质的储层厚度，作为优势储层的厚度（图 12b），分析其平面展布规律。结合不同级别有效储层厚度，

表 2　页岩油储层品质评价表

沉积环境	储层品质评价			
	物性特征	好	中	差
半深湖—深湖	孔隙度 /%	≥ 11	9~11	< 9
	含水饱和度 /%	≤ 54	< 54	> 54

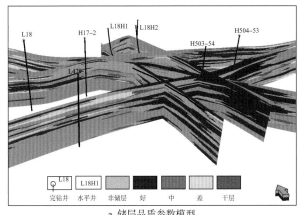

a. 储层品质参数模型

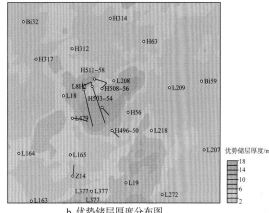

b. 优势储层厚度分布图

图 12　L18 井区长 7_1 段优势储层分布图

周边井的试油试采或开发井生产情况，寻找水平井有利区。

在精细地质模型基础上，根据地质模型对各有利目标区的砂体及储层品质进行解剖，开展水平井井位部署优化研究，实钻效果较好。

4 结论及建议

（1）鄂尔多斯盆地伊陕斜坡构造带地层平缓，沉积稳定，井控程度高，具备开展大尺度地质建模的有利条件。

（2）针对陇东地区长 7 建立了大尺度地质模型，该模型工区面积达到 $1.14 \times 10^4 km^2$，平面网格步长 200m，纵向网格步长 0.65m，总网格数达到 6300 万个。

（3）在缺乏地震资料约束条件下，针对盆地长 7 大面积连续分布的页岩油藏，地质建模形成了如下策略：优选收敛算法建立构造框架模型；拟合指数变差函数模型，建立沉积模式及砂体模式；以砂岩、泥岩相为模拟目标，以砂体模式及变差函数为基础建立砂泥概率模型，进而约束砂岩、泥岩相的随机模拟，最终建立了砂岩、泥岩相模型；以岩相控制下的物性特征及变差函数为基础，采用序贯高斯模拟算法建立物性模型，遵循孔隙度约束渗透率、含水饱和度的随机模拟原则，建立储层品质参数属性标准。

（4）大尺度地质建模对鄂尔多斯盆地勘探、评价阶段面对大尺度工区开展宏观地质研究，提供了较好的研究手段，实际应用在揭示重力流砂体空间分布、有利目标优选、水平井导向等方面显示出较好的应用效果。该方法在盆地伊陕斜坡构造带致密油藏、岩性油藏地质研究方面也有较

好的推广应用前景。

参考文献

[1] 付金华. 鄂尔多斯盆地致密油勘探理论与技术 [M]. 北京：科学出版社，2018.

[2] 杨华，李士祥，刘显阳. 鄂尔多斯盆地致密油、页岩油特征及资源潜力 [J]. 石油学报，2013，34（1）：1-10.

[3] 牛小兵，冯胜斌，尤源，等. 鄂尔多斯盆地致密油地质研究与试验攻关实践体会 [J]. 石油科技论坛，2016，35（4）：38-45.

[4] 姚泾利，邓秀芹，赵彦德，等. 鄂尔多斯盆地延长组致密油特征 [J]. 石油勘探与开发，2013，4（2）：150-158.

[5] 杨华，梁晓伟，牛小兵，等. 陆相致密油形成地质条件及富集主控因素：以鄂尔多斯盆地三叠系延长组长 7 段为例 [J]. 石油勘探与开发，2017，44（1）：12-20.

[6] 付金华，喻建，徐黎明，等. 鄂尔多斯盆地致密油勘探开发新进展及规模富集可开发主控因素 [J]. 中国石油勘探，2015，20（5）：9-19.

[7] 王大兴，杜中东，张盟勃. 鄂尔多斯盆地浅表层黄土地球物理特征调查与分析 [C]// 2017 年中国地球科学联合学术年会（CGU2017）：2368-2370

[8] 付锁堂，王大兴，姚宗惠. 鄂尔多斯盆地黄土塬三维地震技术突破及勘探开发效果 [J]. 中国石油勘探，2020（1）：67-77.

[10] 杨孝，李廷艳，尤源，等. 鄂尔多斯盆地合水地区延长组长 6 段砂体结构特征及成因分析 [J]. 世界地质，2016，35（3）：789-800.

[11] 杨华，牛小兵，罗顺社，等. 鄂尔多斯盆地陇东地区长 7 段致密砂体重力流沉积模拟实验研究 [J]. 地学前缘，2015，22（3）：322-332.

[12] 付金华，罗顺社，牛小兵，等. 鄂尔多斯盆地陇东地区长 7 段沟道型重力流沉积特征研究 [J]. 矿物岩石地球化学学报，2015，34（1）：29-37.

[13] 何自新. 鄂尔多斯盆地演化与油气 [M]. 北京：石油工业出版社，2003.

[14] 杨华，付金华，袁效奇，等. 鄂尔多斯盆地南缘地质剖面图集 [M]. 北京：石油工业出版社，2016.

[15] 吴胜和. 储层表征与建模 [M]. 北京：石油工业出版社，2010.

[16] 贾爱林，郭智，郭建林，等. 中国储层地质模型 30 年 [J]. 石油学报，2021，42（11）：1506-1515.

[17] 潘懋，方裕，屈红刚. 三维地质建模若干基本问题探讨 [J]. 地

理与地理信息科学，2007，23（3）：1-5.

[18] 吴胜和，李宇鹏. 储层地质建模的现状与展望 [J]. 海相油气地质，2007，12（3）：53-60.

[19] 尹艳树，张昌民，李少华，等. 一种基于沉积模式的多点地质

统计学建模方法 [J]. 地质论评，2014，60（1）：216-221.

[20] 梁晓伟，郝炳英，杨孝，等. 鄂尔多斯盆地致密油水平井体积压裂试验区开发特征分析 [J]. 西北大学学报（自然科学版），2017，47（2）：259-264.

Methods and their application of large-scale geological modeling of Yanchang Formation in Ih Ju Meng-Shaanxi slope structural belt, Ordos Basin

XIN HongGang[1,2], ZHOU XiaoZhou[3], YOU Yuan[1,2], LIANG XiaoWei[1,4], FENG ShengBin[1,2],

LUO Yu[3], DAN WeiDong[1,2], and HAO BingYing[1,2]

(1. National Engineering Laboratory for Exploration and Development of Low Permeability Oil & Gas Fields;

2. Exploration and Development Research Institute of PetroChina Changqing Oilfield Company;

3. Beijing Sikanpawei Co., Ltd; 4.Shale Oil Development Branch of PetroChina Changqing Oilfield Company)

Abstract: The Yanchang Formation of Ih Ju Meng-Shaanxi slope structural belt in Ordos Basin has the characteristics of stable structure, stable sedimentation, continuous reservoir distribution and high degree of drilling control, which have a favorable condition for large-scale geological modeling. In order to carry out the research on macroscopic geological features and their distribution laws of the shale oil in the Yanchang Formation, the large-scale geological modeling is carried out during exploration and evaluation stages, taking the Chang7 Member of Yanchang Formation in Longdong area as object. The largest work area is $11.4 \times 10^4 km^2$, with a plane grid step of 200 m and a longitudinal grid step of 0.65 m. The total number of grids reaches 63 million. Based on the fine comparison of the structural top surface of individual well, the hierarchical structure modeling technology of oil layer group, sand layer group, and small layer or unit is adopted to establish the structure model step by step, and the local micro-scale structural characteristics are described by using small grid nesting technology. On the basis of 2-D geological research results on sedimentary facies and sand bodies, the lithofacies model is established by using the two-point or multi-point geostatistical simulation technology. Under the condition of facies control, the attribute model of important reservoir quality parameters (porosity, permeability, saturation, and fracture density) in the work area is established by using sequential Gauss simulation algorithm. The features of the west-dipping monocline and row-shaped low-amplitude nose-uplift structures in Ih Ju Meng-Shaanxi slope structural belt has been successfully depicted through the large-scale geological modeling method. The distribution law of the deep-water gravity-flow sedimentary sand bodies of the Chang7 Member in Longdong area is revealed. In combination with the law of key attributes distribution, it provides important basis for the optimization of "sweet spot zones", section of horizontal-well test district, geosteering, well location arrangement, and well trajectory optimization.

Key words: Ordos Basin; Ih Ju Meng-Shaanxi slope; geological modeling; reservoir evaluation; large-scale; shale oil, tight oil, lithologic reservoir

低孔低渗透气藏储层含水饱和度解释方法研究

宋　翔[1]，韩　旭[1]，陈　力[1]，马　骞[2]，杨维宗[3]

（1.中国石油长庆油田分公司勘探开发研究院；2.中国石油长庆苏里格南作业分公司；

3.中国石油长庆油田分公司质量安全环保部）

摘　要： 长北区块盒8段、山1段储层为曲流河及辫状河河道砂体的混合沉积，夹杂泛滥平原和湖相沉积物，水动力弱，主要发育低孔低渗透的岩屑石英砂岩，泥质含量高，孔渗关系复杂。用常规的阿尔奇公式解释储层的含水饱和度与实际试气结果偏差较大。为解决该问题，分析了低孔低渗透砂岩储层含水饱和度的决定因素，探索应用 J 函数与含水饱和度的关系来求取储层含水饱和度。利用长北区块岩心测试获取的压汞资料、含水饱和度及孔渗数据拟合储层的 J 函数，再由 J 函数和测井解释获取的孔渗数据求取储层含水饱和度。实际应用表明，该方法获得的含水饱和度解释结果较为可靠。

关键词： 低孔隙度；低渗透率；石英砂岩；泥质含量；束缚水；压汞；含水饱和度；J 函数；鄂尔多斯盆地

鄂尔多斯盆地长北区块构造上位于陕北斜坡东北部，构造形态表现为宽缓的西倾单斜（地层倾角约为1°），坡降一般为6m/km。盆地基底主体为太古宇和古元古界变质岩系地层，上覆沉积层为下古生界碳酸盐岩和膏盐岩、上古生界煤系及中、新生界碎屑岩系地层[1]。

长北区块上古生界自下而上发育石炭系本溪组和二叠系太原组、山西组、石盒子组、石千峰组等多套含气层系。山西组为一套煤系地层，地层厚度一般为90~110m，自下而上又可分为山2段和山1段两段；山2段为长北区块的主力产层段，厚45~60m，埋深2730~2950m，沉积环境为高能辫状河下切河谷，沉积物砂泥比高，储层富含石英砂岩，物性较好（渗透率为0.2~5mD），具有良好的连通性。该气藏自2005年规模开发以来，尚未钻遇明显的气水界面，长期生产也未发现气井有明显地层产水的现象。对于该类气藏采用普通的阿尔奇公式解释含水饱和度，能够获得较为可靠的结果。

长北区块除主力山2段石英砂岩气藏外，其上部的盒8段、山1段储层也具有一定的开发潜力，是下一步开发的重点。盒8段、山1段储层为曲流河及辫状河横切进入河谷沉积，是填充了深切河谷之后，在相对较平缓、宽度较宽的河道中的沉积，储层为曲流河及辫状河河道砂体的混合体[2]。特殊的沉积环境造成储层泥质含量高，结构致密，物性差，单砂体连通性差[3-4]。对于这种低孔低渗透砂岩气藏，进行气藏精细描述与评价研究，对其经济高效开发具有重要意义。含水饱和度是油气藏评价中最重要的参数之一，获取可靠的气井含水饱和度，对区块整体评价及后期开发都具有至关重要的作用。因此，本文对低孔低渗透气藏的含水饱和度解释方法进行了深入研究，以期为区块整体开发提供理论依据。

1　问题的提出

1.1　阿尔奇公式及其局限性

阿尔奇公式是美国壳牌公司石油测井工程师 Archie 于 1942 年发表的关于砂岩电阻率的定律，其主要公式为：

$$F = \frac{R_0}{R_w} = \frac{a}{\phi^m}; \quad I = \frac{R_t}{R_0} = \frac{b}{S_w^n} \quad （1）$$

$$\frac{R_t}{R_w} = \frac{ab}{\phi^m S_w^n} \quad （2）$$

式中　a——与岩性有关的岩性系数；

　　　b——与岩性有关的常数；

　　　m——胶结指数，与岩石胶结情况和孔隙结构有关；

　　　n——饱和度指数，与油、气、水在孔隙中

第一作者简介： 宋翔（1982—），男，本科，工程师，主要从事油气田静态储量计算、SEC 上市储量评估及勘探开发类地质科研及工艺研究等工作。地址：陕西省西安市雁塔区朱雀大街中段朱雀云天小区，邮政编码：710061。

收稿日期：2021-03-04

的分布状况有关；

R_0——100% 饱和地层水岩石的电阻率，$\Omega \cdot m$；

R_w——地层水电阻率，$\Omega \cdot m$；

R_t——地层电阻率，$\Omega \cdot m$；

S_w——地层含水饱和度；

ϕ——孔隙度；

F——地层因素，与地层孔隙度、孔隙结构、岩石性质及胶结情况有关；

I——电阻增大系数，与含水饱和度有关。

阿尔奇公式在岩石物理学和石油测井的发展中具有划时代的意义和里程碑式的作用，影响深远，但是其没有考虑泥质、淡水、低孔隙度、非均质几何参数分布（孔隙度、曲折度）、各向异性及参数 a 和 b 对岩石电阻率的贡献，以及隐藏在这些参数和因素背后的物理机制，因此在应用时必须注意相关条件。

1.2 阿尔奇公式在低孔低渗透砂岩气藏应用中的挑战

阿尔奇公式是在纯岩石骨架模型下推导的公式，对于砂泥岩储层，只有在纯砂岩骨架或者泥质含量很少，且泥质含量对导电机制不产生严重影响的情况下，阿尔奇公式才能获取到较准确的含水饱和度评价值；一旦储层中泥质含量达到一定程度，其中的束缚水将对储层的导电机制产生不可忽略的影响，此时再利用阿尔奇公式评价含水饱和度，必定与实际值产生偏差[5]。从公式（3）中不难发现，泥质含量越高、泥质存在形式越复杂，岩石导电特性将发生越大的变化，地层电阻率不再满足阿尔奇公式应用条件，R_t 偏差越大，解释评价的 S_w 与实际值的偏差也越大[6]。

表 1 长北区块储层阿尔奇公式参数取值表

参数	储层	
	盒 8 段、山 1 段	山 2 段
$R_w /（\Omega \cdot m）$	0.065	0.065
ab	1	1
m	2	1.9
n	2	2
地层条件下孔隙度 /%	6	5
深侧向电阻率 /（$\Omega \cdot m$）	50	200
地层温度 /℃	87	87

表 1 是长北区块储层阿尔奇公式参数取值表，由式（2）带入参数并整理后得：

$$S_w = \sqrt{\frac{0.065}{\phi^2 R_t}} \qquad (3)$$

对于长北区块，在主力储层山 2 段，利用阿尔奇公式计算得出的含水饱和度数值较为合理；但在物性较差的盒 8 段、山 1 段储层中，由于储层沉积环境复杂，泥质含量高，物性差，很难利用阿尔奇公式及测井获取的孔渗数据准确评价含水饱和度，尤其是在缺少高分辨率测井数据的条件下，计算得到的含水饱和度明显太高（图 1）。如 3 口典型井盒 8 段、山 1 段储层试气结果全部是产干气的纯气层（图 2），未有明显产地层水的现象，显示阿尔奇公式评价结果与实际不符。

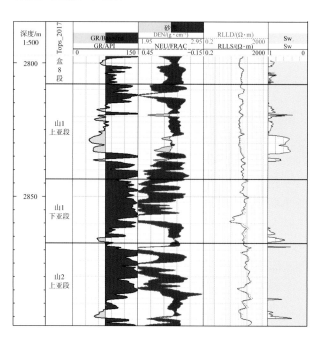

图 1 采用阿尔奇公式计算 S_w 的测井曲线示例（2 号井）

为了使含水饱和度计算更加准确，考虑到长北区块类似于深盆气藏，采用了更高的地层水矿化度值和较小的 R_w 值（$10 \times 10^5 mg/L$，R_w 为 $0.03 \Omega \cdot m$）对含水饱和度重新进行计算，结果发现 R_w 值变化对含水饱和度结果影响甚微。综上，对研究区盒 8 段、山 1 段低孔低渗透储层，阿尔奇公式评价含水饱和度不适用[7-8]。有必要探索更适用的含水饱和度评价方法。而 J 函数法求取储层含水饱和度的方法在国内外很多油田均得到很好的应用，可以尝试用来解决盒 8 段、山 1 段储层含水饱和度评价的问题。

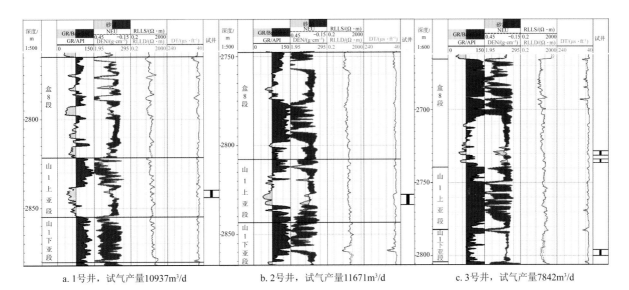

a. 1号井，试气产量10937m³/d   b. 2号井，试气产量11671m³/d   c. 3号井，试气产量7842m³/d

图 2   盒 8 段、山 1 段储层测试数据

2 *J* 函数的建立

毛细管压力是由非润湿相表面的曲率决定的，而界面曲率又与孔隙喉道半径的大小、非润湿相的饱和度有关，且毛细管压力随润湿相饱和度的减小而增大，即毛细管压力是润湿相饱和度的函数[9-10]，公式如下：

$$p_c = f(S_w) \qquad (4)$$

式中　p_c——毛细管压力，MPa；

　　　S_w——地层含水饱和度。

流体在圆管中的流动称作管流，管流属于流体力学范畴。层流状态下单根圆管中的流动满足 Poiseuille 定律：

$$q = \frac{\pi r^4 \Delta p}{8\mu \Delta L} \times 10^{-3} \qquad (5)$$

式中　q——流量，m³/s；

　　　Δp——圆管两端压差，MPa；

　　　ΔL——圆管长度，m；

　　　μ——流体黏度，mPa·s；

　　　r——圆管半径，μm。

如果将单根圆管扩展到一束圆管，则总流量就是岩石横截面 A 上的流量：

$$q = \frac{n\pi r^4 \Delta p}{8\tau\mu \Delta L} \times 10^{-3} \qquad (6)$$

式中　n——圆管数量；

　　　τ——圆管迂曲度，即圆管实际长度与岩石长度的比值。

岩石中流体的流动称为渗流，渗流 Darcy 定律：

$$q = K\frac{A}{\mu}\frac{\Delta p}{\Delta L} \times 10^{-3} \qquad (7)$$

式中　q——流量，m³/ks；

　　　A——岩石渗流横截面积，m²；

　　　μ——流体黏度，mPa·s；

　　　Δp——岩石两端压差，MPa；

　　　ΔL——岩石长度，m；

　　　K——渗透率，mD。

将式（6）、式（7）联立，可得岩石渗透率与毛管束模型参数之间的关系式：

$$K = \frac{n\pi r^4}{8A\tau} \qquad (8)$$

而对于毛管束模型，其孔隙度可表示为：

$$\phi = \frac{n\pi r^2 \tau \Delta L}{A\Delta L} = \frac{n\pi r^2 \tau}{A} \qquad (9)$$

将式（9）代入式（8），得：

$$K = \frac{\phi r^2}{8\tau^2} \qquad (10)$$

由式（10）得：

$$r = \sqrt{\frac{8K}{\phi}\tau^2} = \sqrt{8}\,\tau\sqrt{\frac{K}{\phi}} \qquad (11)$$

τ 表示圆管迂曲度，对于同一属性的岩石，其迂曲度 τ 应为一常数，故令 $\sqrt{8}\,\tau = c$，得：

$$r = c\sqrt{\frac{K}{\phi}} \qquad (12)$$

毛细管压力公式为:

$$r = \frac{2\sigma\cos\theta}{p_c} \quad (13)$$

由式(12)、式(13)可以得到:

$$\frac{2\sigma\cos\theta}{p_c} = c\sqrt{\frac{K}{\phi}}$$

即:

$$\frac{p_c}{\sigma\cos\theta}\sqrt{\frac{K}{\phi}} = \frac{2}{c} \quad (14)$$

根据式(4),令 $J(S_w) = \frac{2}{c}$,得:

$$J(S_w) = \frac{p_c}{\sigma\cos\theta}\sqrt{\frac{K}{\phi}} \quad (15)$$

式中　S_w——地层含水饱和度;

　　　　p_c——毛细管压力,MPa;

　　　　K——渗透率,mD;

　　　　ϕ——孔隙度;

　　　　σ——油(气)水界面张力,N/m;

　　　　θ——润湿角,(°);

对于气水系统,润湿角 $\theta=0°$,式(15)变为:

$$J(S_w) = \frac{p_c}{\sigma}\sqrt{\frac{K}{\phi}} \quad (16)$$

长北地区的盒 8 段、山 1 段储层并未发现自由水,故含水饱和度即为束缚水饱和度。选择指数函数对 J 函数进行拟合。

$$J(S_w) = ae^{bS_w} \quad (17)$$

由式(16)、式(17)式可得:

$$\frac{p_c}{\sigma}\sqrt{\frac{K}{\phi}} = ae^{bS_w} \quad (18)$$

式中　a、b——岩心的 J 函数拟合系数。

对于每个储层,K、ϕ 可由实验室物性分析得到,σ 可由滴重法、最大泡压法和毛细管上升法等多种方法测得[11-12]。根据压汞实验得到的 p_c 和 S_w 值,标出 $J(S_w)$ 与 S_w 对应的点,用最小二乘法拟合曲线系数 a、b,进而得到 $J(S_w)$ 函数的表达式。

根据压汞实验分析数据(图 3),得到长北区块低孔低渗透储层 $J(S_w)$ 函数的表达式:

$$\frac{p_c}{\sigma}\sqrt{\frac{K}{\phi}} = 1532493.7e^{0.044S_w} \quad (19)$$

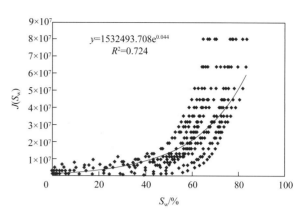

图 3　利用储层压汞数据拟合 S_w 与 $J(S_w)$ 的关系

3　应用实例

对于同一储层,p_c、σ 值是固定的,如果给出一组 K、ϕ 值,由式(19)就能得到一个 S_w 值。长北低孔低渗透储层埋深约 3000m,储层温度约为 80℃,σ 取值 0.0625N/m(表 2)。

表 2　水的表面张力取值表

温度 /℃	0	5	10	15	18	20	25
$\sigma \times 10^2$/ (N·m^{-1})	7.560	7.490	7.422	7.349	7.305	7.275	7.197
温度 /℃	30	40	50	60	70	80	100
$\sigma \times 10^2$/ (N·m^{-1})	7.118	6.956	6.791	6.618	6.440	6.250	5.890

储层的毛细管压力是与自由水面相关的毛细管高度函数,其表达式为:

$$p_c = (\rho_w - \rho_g)gH \quad (20)$$

式中　ρ_w——地层条件下水的密度,约为 $10^3kg/m^3$;

　　　　ρ_g——地层条件下天然气的密度,约为 $0.3 \times 10^3kg/m^3$;

　　　　H——自由水界面垂深与储层垂深的差,m;

　　　　g——重力加速度,约为 $10m/s^2$。

对于长北地区低孔低渗透储层,地面条件下,当毛细管中水柱高度取 3000m(对应 p_c 为 30MPa)和 5000m(对应 p_c 为 50MPa)时,S_w 值并无太大变化(图 4);所以,给定 p_c=30MPa(假设自由水面在 7000m)。将 σ=0.0625N/m、p_c=30MPa 代入式(19)得:

$$S_w = \frac{\ln(313.2\sqrt{\frac{K}{\phi}})}{0.044} \quad (21)$$

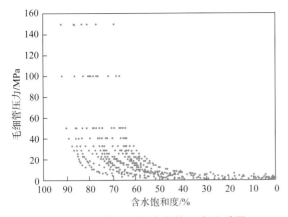

图 4　毛细管压力与含水饱和度关系图

表 3 是利用 J 函数法和阿尔奇公式法分别对 2013 年完钻的 4 口评价井含气饱和度的计算结果。数据显示，对于盒 8 段、山 1 段储层，J 函数法能较为合理地反映地层的真实情况，没有出现地层含水饱和度超过 100% 的情况，并与试气结论吻合；而阿尔奇公式计算得到的含气饱和度与 1 号井的盒 8 段储层，2 号井的盒 8 段储层、山 1 下亚段的试气结论不符。

4　结论

（1）长北地区主力储层山 2 段石英砂岩为高

表 3　两种方法计算的含气饱和度结果对比

井号	层位	顶深 /m	底深 /m	孔隙度 /%	渗透率 /mD	J 函数含气饱和度 /%	阿尔奇公式含气饱和度 /%	试气产量 /（$m^3 \cdot d^{-1}$）
1 号	盒 8 段	2647.24	2709.16	4.1	0.021	55.49	4.05	194
	山 1 上亚段	2709.16	2758.37	4.5	0.018	58.30	37.43	94
	山 1 下亚段	2758.37	2785.00	4.5	0.021	56.55	41.87	8620
2 号	盒 8 段	2665.44	2732.49	2.0	0.005	63.64	−64.57	6168
	山 1 下亚段	2750.37	2772.64	2.7	0.006	64.98	−33.54	3869
3 号	盒 8 段	2750.45	2820.82	3.1	0.009	61.94	−16.31	9245
	山 1 上亚段	2820.82	2852.25	5.0	0.016	60.84	31.24	3350
4 号	盒 8 段	2719.70	2791.40	4.3	0.016	59.12	29.13	6836

能辫状河下切河谷沉积，水动力充沛，富含石英，泥质含量少，储层物性较好，其含水饱和度可用阿尔奇公式计算。

（2）盒 8 段、山 1 段储层沉积环境复杂，水动力较弱，泥质含量增加，物性较差，导电机制复杂，用传统阿尔奇公式评价含水饱和度可能与实际不相符。

（3）利用 J 函数与含水饱和度的关系，用岩心分析数据进行拟合，求取储层连续含水饱和度的方法比较可靠，可在低渗透、致密砂岩气藏中应用。

参考文献

[1] 席胜利，王怀厂，秦伯平. 鄂尔多斯盆地北部山西组、下石盒子组物源分析 [J]. 天然气工业，2002，22（2）：21-24.

[2] 李洁，陈洪得，侯中建，等. 鄂尔多斯盆地东北部下石盒子组盒 8 段辫状河三角洲沉积特征 [J]. 沉积与特提斯地质，2008，28（1）：27-32.

[3] 张晓莉，谢正温. 鄂尔多斯盆地中部山西组—下石盒子组储层特征 [J]. 大庆石油地质与开发，2005，24（6）：24-27.

[4] 唐民安，孙宝玲. 鄂尔多斯盆地大牛地气田下石盒子组高分辨率层序地层分析 [J]. 石油勘探与开发，2007，34（1）：48-54.

[5] 杨百全，黄华梁，李玉华，等. 低渗透储层特征参数研究与应用 [J]. 天然气工业，2001，21（2）：32-35.

[6] 冯春珍，林忠霞，崔丽珍. 低孔低渗储层含水饱和度的确定 [J]. 国外测井技术，2007，22（1）：27-30.

[7] 耿斌，蔡进功，闫建平，等. 东营凹陷低渗透砂岩油藏地层水电阻率对饱和度计算的影响 [J]. 测井技术，2017，41（2）：165-170.

[8] 王培春. 低阻油层含水饱和度计算方法研究：以渤海 A 油田新近系低阻油层为例 [J]. 中国海上油气，2010，22（2）：104-107.

[9] 郑伟，陈京元. 利用毛管压力计算充西区块香四气藏的含水饱和度 [J]. 天然气勘探与开发，2005，28（1）：15-17.

[10] 廖进，彭彩珍，吕文均，等. 毛管压力曲线平均化及 J 函数处理 [J]. 特种油气藏，2008，15（6）：83-87.

[11] 邵才瑞，张鹏飞，张福明，等. 用 J 函数提高致密砂岩气层饱和度测井评价精度 [J]. 中国石油大学学报（自然科学版），2016，40（4）：57-65.

[12] 严小欢，谭云龙. J 函数计算油藏原始含油饱和度的方法及其在 Y 油田的应用 [J]. 国外测井技术，2014，29（1）：40-42.

（英文摘要下转第 27 页）

环江油田延安组延 10 底部煤层层位归属问题的讨论

南新丰，王　磊，孙　晔，李晓辉，闫占冬

（中国石油长庆油田分公司第七采油厂）

摘　要：针对鄂尔多斯盆地环江油田侏罗系延安组纵向含油层系多、局部差异压实明显、地层及砂体横向变化快、全区统一的小层划分对比标准难统一的问题，采用区域联合对比的方法从研究区南部延 10 底界特征清楚的甘陕古河发育区出发建立至研究区内的若干逐井对比剖面，统一了环江油田延安组的小层划分对比方案，建立了等时地层格架。结果表明，在环江油田西部、北部及东部等区域，延安组延 10 底部局部发育一套呈条带状分布的厚煤层，认为其应属富县组；前期这套煤层一直被划分为延 9 底煤。新认识对正确恢复和刻画环江油田前侏罗纪古地貌、深化侏罗系油藏分布规律认识奠定了良好的基础。对于鄂尔多斯盆地其他地区侏罗系延安组的地层划分对比而言，建立逐井对比剖面、区域联合对比的方法，以及对侏罗系底部煤层层位归属的新认识均具有借鉴意义。

关键词：环江油田；鄂尔多斯盆地；延安组；等时对比；煤层；富县组

1　研究区概况

　　鄂尔多斯盆地是在大型克拉通地台基础上发展起来的复合稳定含油气盆地，盆地边缘构造变形相对强烈，内部构造相对简单，为地层平缓的南北向矩形盆地。盆地内主要含油层位为三叠系延长组和侏罗系延安组[1-4]。其中，延安组也是重要的含煤层系，盆地内甘泉、延安、吴起等地区延安组为湖相地层，煤层基本不发育，其他地区延安组主要为一套河湖沼泽相含煤层系[5]。延安组下部以假整合接触关系覆于富县组之上或以微角度不整合直接覆于上三叠统延长组之上，上部与直罗组呈平行不整合接触[5]。一般将延安组自下而上划分为延 10—延 1 共 10 个油层组。由于印支运动及直罗组早期河流冲刷侵蚀作用，延安组顶部常有不同程度的缺失[7]。

　　环江油田主要位于鄂尔多斯盆地西部天环坳陷内（图 1），目前已发现和开发了众多侏罗系延安组油藏。钻井资料对比表明，环江油田延安组横向变化快，小层统一划分对比难度较大。延安组发育多套煤层，通常作为地层对比的标志层。传统观点认为，鄂尔多斯盆地延安组延 9 底部普遍发育煤层，延 10 内部一般不发育煤层[4]。因此，环江油田一直将延安组最下部的一套煤层作为延 9 底煤，是延 10 与延 9 的

　　地层界限。然而，近期地层对比表明，环江油田西部（以下简称为环西）延安组最下部的一套厚度较大、局部分布的煤层并不是延 9 底煤，与传统认识有一定差异。据此重新厘定环江油田延安组地层划分标准，为深化侏罗系延安组油藏地质认识奠定基础。

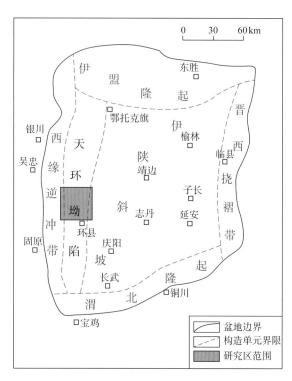

图 1　鄂尔多斯盆地环江油田构造区划图

第一作者简介：南新丰（1981—），男，专科，技术员，主要从事油气田开发工作。地址：甘肃省庆阳市环县洪德镇，邮政编码：745708。

收稿日期：2021-08-03

2 环江油田延安组底界的确定

侏罗系沉积前，印支运动使鄂尔多斯盆地整体抬升，形成一个西南高、东北低的大型平缓斜坡[5-7]。侏罗纪早期，自西向东发育一条横贯盆地中部的一级古河（甘陕古河），自北而南发育多条二级河谷，如宁陕古河、蒙陕古河、晋陕古河等[8]，形成以甘陕古河和宁陕古河为主体，伴有高地、斜坡、侵蚀沟谷等存在的前侏罗纪古地貌单元。受古地貌控制及河流下切侵蚀作用[5-8]，侏罗系沉积厚度变化较大。特别是在侏罗纪早期富县组及延 10 沉积时期，是一种侵蚀、充填、补平的沉积过程，古地貌背景对地层的沉积环境、沉积厚度、岩性特征等都起着控制作用。导致富县组、延 10 厚度差异很大，在短距离内厚度可以发生很大的变化，甚至缺失。另外，煤系地层往往局部差异压实作用明显，即砂体发育位置抗压实程度高、地层厚度较大，砂体不发育处泥岩抗压实程度低、地层厚度小，导致地层厚度变化快。

传统观点认为，鄂尔多斯盆地内部构造不发育，地层倾角小，变化相对稳定，所以在相同地质时期沉积的地层，其厚度基本相等[1-4]。因此，一直以来鄂尔多斯盆地侏罗系延安组等地层划分过程中，大体采用的研究思路基本都是通过建立垂直与平行物源方向的骨干剖面，以煤层或者高自然伽马（GR）泥岩段作为标志层，按照地层似等厚原则开展地层划分与对比。但是在环江油田侏罗系划分对比中发现，该方法难以在全区形成统一的对比标准。

侏罗系沉积期，环江油田位于前侏罗纪古地貌姬塬高地之上，南部为甘陕古河（图 2）。古河内延 10 厚层河道砂体发育，多为石英砂岩，具低 GR 特征（一般为 30API 左右），GR 值明显低于下伏富县组或延长组砂体。这一电性特征可作为延 10 划分的依据之一，进而明确侏罗系延安组底界具体位置。同时，环西地区延安组发育多套煤层，也是地层划分对比的良好标志层。总体上环西地区延安组延 9 底、延 8 底、延 7 底、延 6 底发育煤层，测井曲线上表现为"三高一低"的电性特征，易于识别（图 3）。延 6 底煤、延 9 底煤总体分布稳定，各煤层及其组合是良好的对比标志。部分区域煤层逐渐变薄并渐变为可对比的碳质泥岩或泥岩。

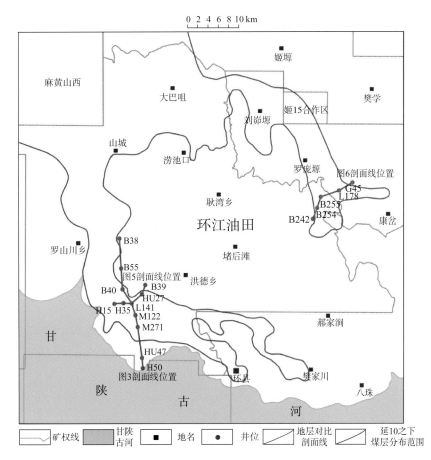

图 2　环江油田与前侏罗系甘陕古河位置图

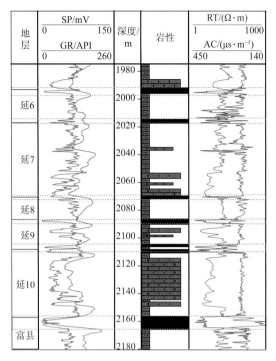

图 3　环江油田 L141 井侏罗系地层柱状图

因此，为了统一环江油田侏罗系的划分对比方案，本次研究综合利用南部甘陕古河内的钻井与研究区内的钻井开展区域联合对比。建立从南部甘陕古河内至北部研究区内的多方向网状对比剖面，以南部延 10 厚层砂体发育、分层方案无争议的钻井出发，结合标志层控制与旋回特征开展反复对比，最终统一了环江油田侏罗系划分对比方案，建立了等时地层格架。结果表明，环江油田侏罗系延安组延 10 底部局部发育一套煤层。

3　环江油田延 10 之下煤层分布特征

根据等时地层划分对比结果，环江油田钻遇的侏罗系延安组最下部较厚的煤层位于延 10 古河道之下，并不是传统方案认为的延 9 底煤（图 4、图 5、图 6）。

该套煤层最厚可达 10m 左右，电测曲线特征明显、易于追踪对比，在环江油田局部发育。主要呈条带状分布在环江油田西部、南部、北部等区域，横向变化快。其分布特征与延安组多套煤层截然不同，延安组内部煤层总体分布稳定、面积大，可作为地层划分对比的标志，具有原地成煤的特征。延 10 之下的煤层分布较局限，具异地成煤的特征，即泥炭层经过搬运，在异地受地形地貌控制并局部沉积下来，最终埋藏成煤。

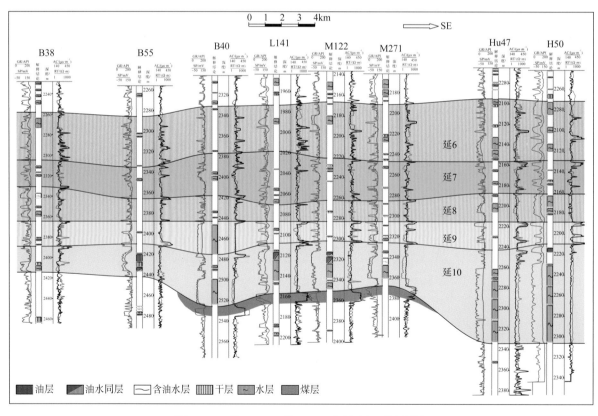

图 4　B38 井—L141 井—H50 井延安组对比剖面

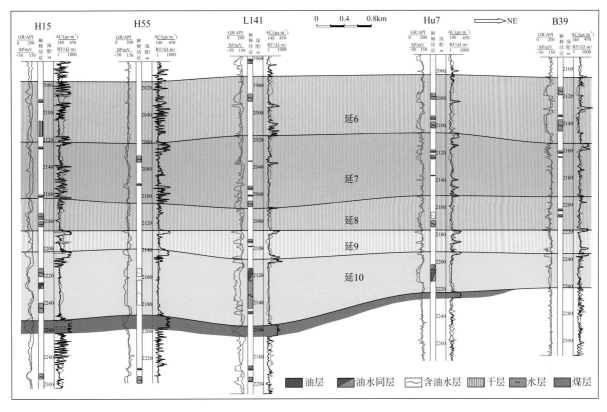

图5　环西地区 H15 井—L141 井—B39 井延 10 之下发育的局部煤层

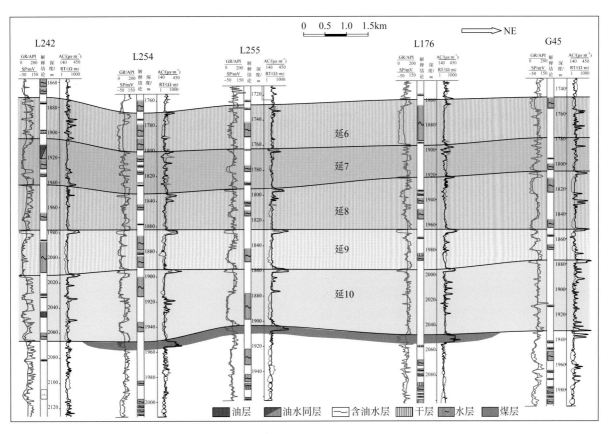

图6　环东地区 L242 井—L255 井—G45 井延 10 之下发育的局部煤层

4 环西地区延 10 之下煤层层位归属

　　由姬塬高地至甘陕古河的等时对比剖面揭

示，在环江油田西部、南部及北部延安组发育的最下部一套煤层明显位于延 10 之下，不是传统分层方案认为的延9底煤。综合分析认为，该套局部分布的煤层应属侏罗系富县组。

根据二维地震资料和钻井对比，环江油田发育有富县组。如图7所示，在延10之下还发育一套富砂、横向厚度变化大、具河道下切特征的地层，其与下伏的以泥质沉积为主的三叠系延长组顶部地层不整合接触、曲线特征差异明显。因此，这套富砂地层应为富县组沉积。根据区域资料，富县组沉积期经历过高温湿润和干燥或半干燥气候环境[1]，具备成煤条件。在甘肃华亭、陕北等地煤矿中均发现富县组煤层[9-10]。综上所述，环江油田延10之下发育的这套厚度较大、呈条带状分布的煤层应划分至侏罗系富县组。

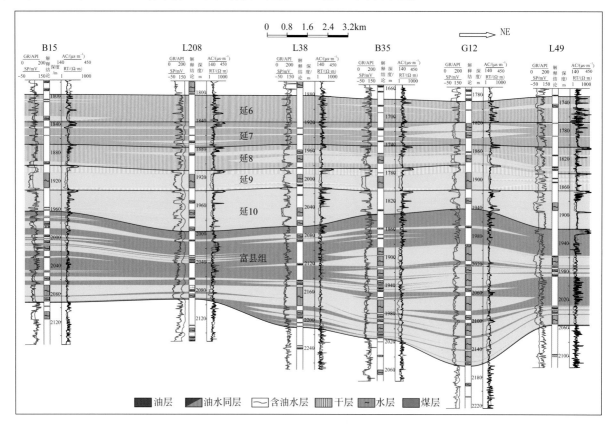

图7 环江油田近东西向侏罗系对比剖面

因此，环江油田原先划定的部分延9地层和油藏应划归到延10。这为进一步深化前侏罗纪古地貌和侏罗系油藏地质研究奠定了良好的基础。

5 结束语

研究发现，环江油田侏罗系发育富县组。环西地区侏罗系富县组顶部发育一套局部分布的较厚煤层，并不是传统分层方案认为的延9底煤。因此，环江油田部分延9油藏应为延10油藏。

参考文献

[1] 冯云鹤. 鄂尔多斯盆地（内蒙古部分）富县组的发现及其意义 [J]. 地层学杂志，2014，38（8）：449-453.

[2] 王国力，张启林，马珂，等. 华亭煤产地含煤岩系成因地层分析及主煤层成因 [J]. 沉积学报，1995，13（4）：55-63.

[3] 王超勇，郭英海，姜波，等. 鄂尔多斯分地西缘延安组层序地层划分 [J]. 中国矿业大学学报，2004，33（1）：15-18.

[4] 郭泳好，吴少波，熊哲. 鄂尔多斯盆地定边地区延9、延10、长1标志层特征及其成因 [J]. 延安大学学报（自然科学版），2012，31（4）：71-74.

[5] 庞军刚，陈全红，李文厚，等. 鄂尔多斯盆地延安组标志层特征及形成机理 [J]. 西北大学学报（自然科学版），2012，42（5）：806-812.

[6] 张泓，孟召平，何宗莲，等. 鄂尔多斯盆地构造应力场研究 [J]. 煤炭学报，2012，25（S）：1-5.

[7] 周凯，魏延平，张昂昂，等. 鄂尔多斯盆地侏罗系地层划分与对比 [J]. 辽宁化工，2011，40（3）：281-284.

[8] 刘瑞东，王宝清，王博，等. 鄂尔多斯盆地环江地区前侏罗纪古地貌恢复研究 [J]. 石油地质与工程，2014，28（5）：9-15.

[9] 王国力，张启林，马珂，等. 华亭煤产地含煤岩系成因地层分析及主煤层成因 [J]. 沉积学报，1995，13（4）：55-62.

[10] 葛道凯，杨起，付泽明，等. 陕西榆林侏罗纪煤系基底古侵蚀面的地貌特征及其对富县组沉积作用的控制 [J]. 沉积学报，1991，9（3）：66-72.

Discussion on the horizon attribution problem of coal seam at the bottom of Yan10 Member in Yan'an Formation of Huanjiang Oilfield

NAN XinFeng, WANG Lei, SUN Ye, LI XiaoHui, and YAN ZhanDong

(No. 7 Oil Recovery Plant of PetroChina Changqing Oilfield Company)

Abstract: In view of the problems of Jurassic Yan'an Formation in Huanjiang Oilfield, Ordos Basin, such as many vertical oil-bearing series, obvious local differential compaction, rapid horizontal changes of strata and sand bodies, and being difficult to unify the standards of small layer division and correlation in whole district, several well by well correlation sections in the study area are established by using the method of regional joint correlation from the Gansu-Shaanxi ancient river development area with clear characteristics at the bottom of Yan10 in the south of the study area. The scheme of sublayer division and correlation of Yan'an Formation in Huanjiang Oilfield is unified, and the isochronous stratigraphic framework is established. The results show that in the western, northern and eastern areas of Huanjiang Oilfield, a set of thick coal seams distributed in strips are locally developed at the bottom of Yan10 of Yan'an Formation, which should belong to Fuxian Formation; In the early stage, this coal seam has been classified as the bottom of Yan9 coal seam. The new understanding has laid a good foundation for correctly restoring and characterizing the pre-Jurassic paleogeomorphology of Huanjiang Oilfield and deepening the understanding of Jurassic reservoir distribution law. For the stratigraphic division and correlation of Jurassic Yan'an Formation in other areas of Ordos Basin, the method of well by well correlation section and regional joint correlation has reference significance for the new understanding of the attribution of Jurassic bottom coal seam.

Key words: Huanjiang Oilfield; Ordos Basin; Yan'an Formation; isochronous stratigraphic division and correlation; coal seam; Fuxian Formation

（上接第 21 页）

Interpretation method of water saturation in low porosity and low permeability gas reservoirs

SONG Xiang[1], HAN Xu[1], CHEN Li[1], MA Qian[2], and YANG WeiZong[3]

(1.Exploration and Development Research Institute of PetroChina ChangQing Oilfield Company; 2. Sulige South Operation Company of PetroChina Changqing Oilfield Company; 3. Department of Quality, Safety and Environmental Protection of PetroChina Changqing Oilfield Company)

Abstract: The reservoirs of He8 (P_1x_8) and Shan1 (P_1s_1) Members in the Changbei block are mixed deposition of meandering and braided rivers channel sand bodies, being mingled with flooded plain and lacustrine sediments. The hydrodynamics is weak, and the low-porosity and low-permeability lithic quartz sandstone is mainly developed with high argillaceous content and complex pore-permeability relationship. The reservoir's water saturation explained with the conventional Archie formula is largely different from that of actual gas test results. In order to solve this problem, the determinants of water saturation of low porosity and low permeability sandstone reservoirs are analyzed, and the reservoir's water saturation is obtained by using the relationship between the J-function and water saturation. The mercury intrusion, water saturation, porosity and permeability data obtained from core testing in Changbei block are used to fit the reservoir J-function, and then the porosity and permeability data obtained from J-function and logging interpretation were used to calculate the reservoir's water saturation. The practical application shows that the interpretation result of water saturation obtained with this method is relatively reliable.

Key words: low porosity; low permeability; quartz sandstone; bound water; mercury; water saturation; J-function; Ordos Basin

姬塬油田西部长 9 油藏控制因素及分布规律研究

陈 霖 [1]，许倩雯 [2]，张 涛 [3]，陈 力 [1]，苏建华 [1]

（1. 中国石油长庆油田分公司勘探开发研究院；2. 中国石油长庆油田分公司第七采油厂；

3. 中国石油长庆油田分公司第十二采油厂）

摘 要：为明确姬塬油田西部长 9 油藏成藏主控因素，指导下一步长 9 油藏勘探，对姬塬油田西部长 9 油藏地质背景、地质特征和主控因素开展研究。研究结果表明，长 9 油藏整体物性较好，孔隙度、渗透率不是成藏的主控因素。油源对比显示，长 9 油源主要来自上部长 7 烃源岩，长 7 烃源岩生成的原油在过剩压力的驱动下，通过裂缝向下运移到长 9 中，然后顺长 9 叠置砂体横向运移到有利圈闭中聚集成藏。油源、通道和过剩压力是控制研究区长 9 油气成藏的主要因素。主要发育岩性—构造油藏，构造油藏和断块油藏。

关键词：姬塬油田西部；长 9 油藏；储层物性；烃源岩；过剩压力；主控因素

鄂尔多斯盆地姬塬地区西部长 9 油藏发育，多口探评井试油发现高产油流，具有良好的开发前景，该区长 9 油藏主要位于盆地长 7 优质烃源岩之下，且断层发育，油藏控制因素复杂，富集规律不明确，有利区筛选困难，制约了勘探开发的深入，因此有必要对研究区油藏控制因素进一步研究。

1 油藏地质特征

1.1 物源分析

重矿物是指密度大于 2.86g/cm³ 的碎屑矿物，稳定性强，在成岩过程中能很好地保留母岩特征，因此其含量及组合特征是物源分析和判断物源方向的重要参数。姬塬油田西部长 9 储层砂岩样品重矿物主要为无色的石榴子石，其次为稳定的锆石、绿帘石。通过重矿物组合分析，姬塬油田与其他地区重矿物组合差异较大，根据物源平面影响范围可知，北西方向物源是研究区的主要物源。

1.2 岩性特征

姬塬油田西部长 9 主要发育三角洲前缘沉积 [1]，储层岩石类型和填隙物在不同地区稍有差异，但总体上以长石砂岩、岩屑质长石砂岩为主，石英含量为 29.9%，长石含量为 33.6%，岩屑含量为 21.7%；填隙物含量相对较高，平均为 9.3%，主要有铁方解石、浊沸石、绿泥石、硅质。平均粒径为 0.23mm，以细砂、中砂为主，含有少量粉砂，碎屑颗粒整体上分选中等，磨圆度差；储层孔隙较发育，平均面孔率为 7.7%，主要发育粒间孔，其次是长石溶孔及浊沸石溶孔。

1.3 物性特征

姬塬油田西部长 9 储层压汞曲线分析显示，储层排驱压力为 0.81MPa，中值压力为 5.8MPa，最大进汞饱和度为 82.8%，退汞效率为 27.5%，分选系数为 1.71，变异系数为 0.53，孔隙半径为 52.5μm，中值半径为 0.34μm；总的来看，长 9 储层发育中小孔、微细喉型孔隙结构。

根据储层含油面积内取心井常规物性分析资料，在剔除小于渗透率下限和孔隙度下限的样品后，长 9 储层平均孔隙度为 12.8%，渗透率为 8.8mD，物性较好；从孔隙度、渗透率频率分布图可以看出，渗透率主要分布在 1~10mD（图 1）范围内，孔隙度主要分布在 10% ~15.0% 之间（图 2）。

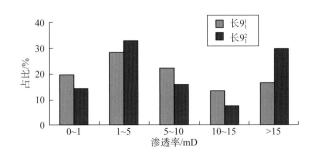

图 1 姬塬地区西部长 9 油藏渗透率分布柱状图

1.4 构造特征

姬塬油田西部主要位于天环坳陷东部，整体

第一作者简介：陈霖（1988—），男，硕士，工程师，现主要从事油藏开发地质综合研究工作。地址：陕西省西安市未央区凤城四路，邮政编码：710018。

收稿日期：2021-03-31

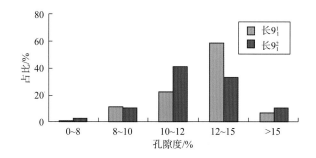

图 2　姬塬地区西部长 9 油藏孔隙度分布柱状图

上继承了盆地东高西低、北高南低的构造格局，局部发育鼻隆构造，区内断层极为发育（图 3）。

2　成藏条件分析

2.1　烃源岩条件

　　鄂尔多斯盆地延长组沉积期，湖盆范围扩大，水体深，形成了大范围的半深湖—深湖相沉积环境，发育巨厚湖相暗色泥质沉积。三叠系延长组烃源岩主要由深灰色—灰黑色碳质泥岩、灰黑色泥页岩组成[2]。长 7 黑色富有机质页岩和深黑色泥岩是盆地主力烃源岩，长 9 黑色泥岩为区带性烃源岩（图 4）。

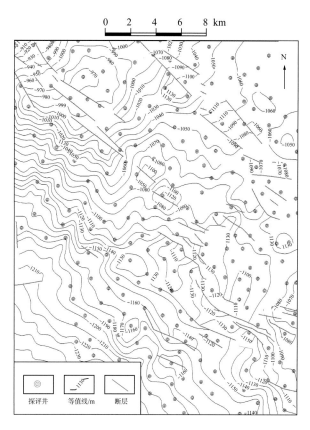

图 3　姬塬油田西部长 9 油藏顶构造图

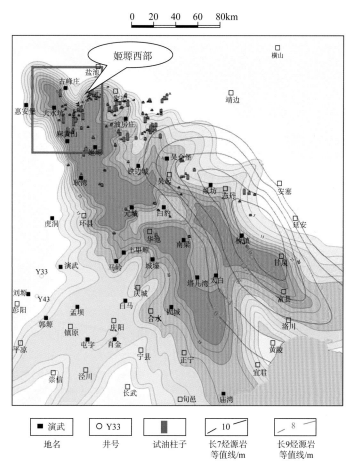

图 4　鄂尔多斯盆地长 7、长 9 烃源岩叠合图

姬塬油田西部长7烃源岩有机质丰度高，TOC含量平均为2.8%，氯仿沥青"A"含量平均为3%；干酪根类型为I—II$_A$型，生油母质较好；R_o为0.75%~1.1%，处于成熟阶段；长9烃源岩有机质丰度偏低，干酪根类型以II$_B$型为主，R_o为0.9%~1.2%，处于成熟—过成熟阶段（图5）[3]。

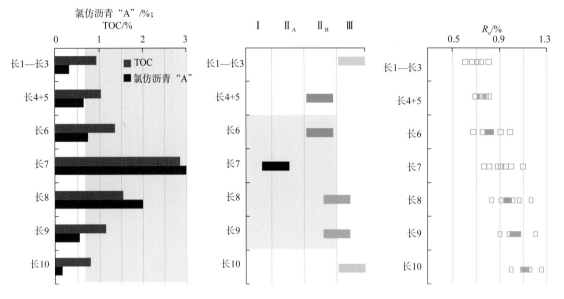

图5 姬塬油田西部烃源岩评价图

为了确定姬塬油田西部长9油藏来源，将长9原油和长7段、长9段烃源岩Pr/Ph、Pr/nC$_{17}$参数进行对比，从散点图（图6）可以看出，长9原油与长7烃源岩样品相似性较高，而与长9烃源岩差距较大，因此长9油源应该主要来自长7烃源岩[4]。

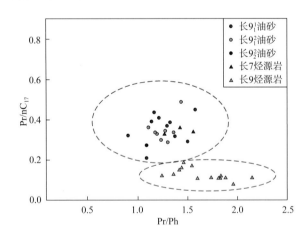

图6 长9原油与长7、长9烃源岩Pr/nC$_{17}$、Ph/nC$_{18}$相关性图

2.2 成藏动力

长7烃源岩在生烃过程中体积膨胀产生异常高压，而流体在生油层和储层中总是遵循从高压力区向低压力区流动的规律。只要长7烃源岩与下部长8、长9储层之间有足够大的压差，就能克服浮力、毛细管力等阻力，驱动油气自上而下运聚成藏（图7），即过剩压力是向下排烃的主要动力。利用平衡深度法计算长7段烃源岩最大埋深时过剩压力为8~20MPa，局部超过24MPa。通过统计姬塬油田过剩压力与烃源岩向下排烃距离，发现当过剩压力超过8MPa时，长7烃源岩可向下排烃穿过长8，进入长9聚集成藏，当过剩压力超过20MPa时，长7烃源岩向下排烃可以穿过长8、长9[5]。

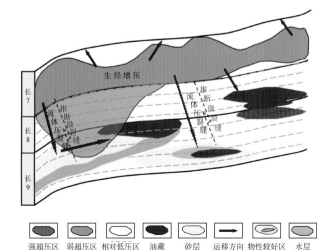

图7 长7烃源岩向上、向下排烃示意图

2.3 运移通道

鄂尔多斯盆地延长组沉积后，经历了印支期、

燕山期、喜马拉雅期构造运动。岩心观察发现，姬塬油田西部延长组长8、长9裂缝较为发育，裂缝长10~500cm，以垂直裂缝、高角度张性裂缝及同生小断层为主，裂缝角度一般为83°~90°，呈纵向延伸。根据裂缝走向，长7、长8与长9所发育的构造裂缝主要为印支期与燕山期形成，时间与长7烃源岩生烃高峰期对应，为石油大规模运移提供了有利的输导条件；这些断层和裂缝沟通砂体，利于烃源岩与储层的沟通，对长7烃源岩生成的烃类运移至长9油层组聚集成藏起到了重要作用。早白垩世末构造运动抬升后，原油沿长9叠置砂体横向运移[4]，在有利圈闭内聚集

成藏（图8）。

3 油藏控制因素

3.1 油藏物性

姬塬油田西部长9油藏整体物性较好，平均渗透率为8.8mD，原油进入长9储层后，浮力作为动力使其在横向上发生运移，原油主要分布于构造与砂体匹配的位置或砂体末端等有利圈闭中[6]。从储层物性与含油性关系图可以看出（图9），出油井点物性分布范围广，储层物性与含油性关系不密切，说明姬塬油田西部长9储层物性较好，储层物性可能不是油气分布的主要控制因素。

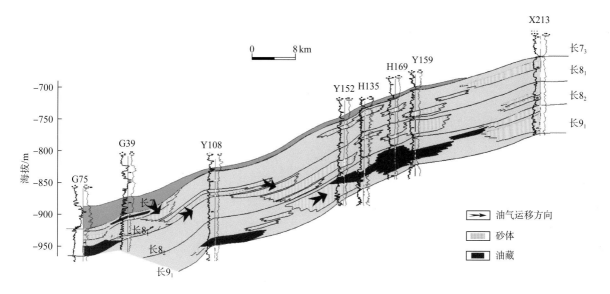

图8 姬塬油田西部长9油藏聚集成藏示意图

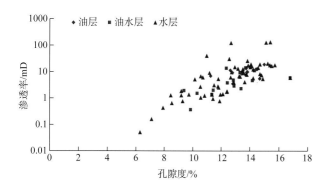

图9 姬塬油田西部长9_1物性与含油性关系图

3.2 构造与断层

姬塬油田西部长9油藏与构造具有一定的相关性，目前已开发的长9油藏通常位于断层上升盘一侧，或在构造位置上处于鼻隆构造高部位，构造低部位出油井较少，姬塬油田西部长9油藏

显示出明显的构造控制特征（图10），主要发育岩性—构造油藏、构造油藏、断块油藏。

3.3 烃源岩

姬塬油田西部长9油源主要来自长7烃源岩，油气分布与烃源岩具有良好的匹配关系，油藏绝大部分分布于优质烃源岩厚度大于15m的范围内（图11），但是油气最富集的地方并不是烃源岩最厚处，表明烃源岩的厚度只控制油藏分布的范围，并不是控制长9油气富集程度的关键因素[6]。从长7烃源岩过剩压力等值线图（图12）可以看出，长9储层出油井主要分布在长7烃源岩过剩压力大于40MPa范围内，且异常压力越大的区域，出油井越多。因此，烃源岩过剩压力是研究区长9油藏分布的主控因素[7]。

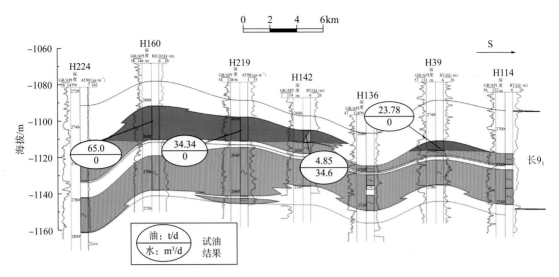

图 10　姬塬油田 H224 井—H114 井长 9₁ 油藏剖面图

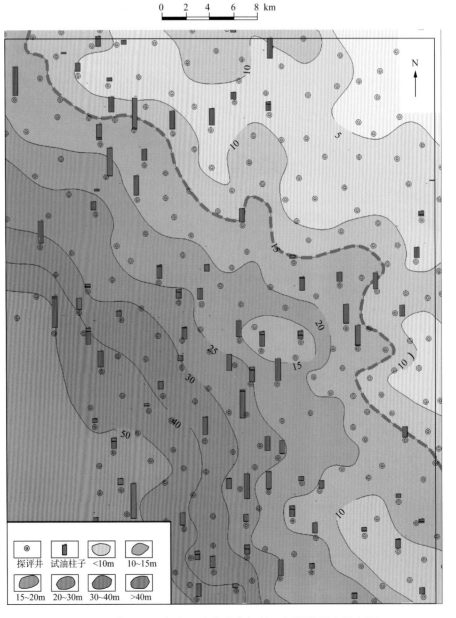

图 11　姬塬油田西部长 9 油水分布与长 7 烃源岩厚度叠合图

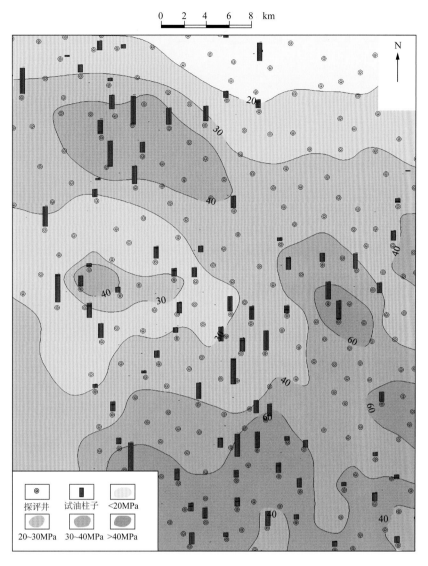

图 12　姬塬油田西部长 9 油水分布与长 7 烃源岩过剩压力叠合图

4　结论

（1）姬塬油田西部长 9 为三角洲沉积体系，水下分流河道发育，油藏物性较好。油源、通道和过剩压力是控制长 9 成藏的主要因素，原油主要来自长 7 烃源岩，烃源岩生成的原油在过剩压力作用下沿着裂缝和叠置砂体向下运移至长 9 储层。

（2）姬塬油田西部长 9 油藏主要受过剩压力及构造控制，发育断块油藏、岩性—构造油藏及构造油藏。

参考文献

[1]　赵宏波，王筱烨，廖永乐，等. 鄂尔多斯盆地姬塬油田长 91 油层组成藏地质特征及油藏类型 [J]. 石油化工应用，2013，32 （3）：60-64.

[2]　刘显阳，邓秀芹，赵彦德，等. 姬塬地区长 9 油层组油气运移规律及模式探讨 [J]. 岩性油气藏，2011，23（5）：9-11.

[3]　马艳丽，辛红刚，杨孝，等. 姬塬地区长 6 油气成藏条件与富集控制因素 [J]. 重庆科技学院学报（自然科学版），2017，19 （1）：5-8.

[4]　姚泾利，赵彦德，刘广林，等. 鄂尔多斯盆地三叠系长 9 段多源成藏模式 [J]. 石油勘探与开发，2018，45（3）：373-376.

[5]　段毅，于文修，刘显阳，等. 鄂尔多斯盆地长 9 油层组石油运聚规律研究 [J]. 地质学报，2009，83（6）：855-858.

[6]　王昌勇，郑荣才，王成玉，等. 鄂尔多斯盆地姬塬地区延长组中段岩性油藏成藏规律研究 [J]. 岩性油气藏，2010，22（2）：84-89.

[7]　曹跃，刘延哲，陈义国，等. 鄂尔多斯盆地东韩油区延长组长 7—长 9 油气成藏条件及主控因素 [J]. 岩性油气藏，2018，30 （1）：30-33.

（英文摘要下转第 40 页）

镇原油田 H20 区延 9 断块油藏地质认识

吴 越[1]，念 彬[2]，杨鹏飞[1]，米 磊[3]，张仕熠[4]

（1. 中国石油长庆油田分公司第十一采油厂；2. 中国石油长庆油田分公司陇东页岩油开发项目部；

3. 中国石油长庆油田分公司第三采气厂；4. 中国石油长庆油田分公司第五采油厂）

摘 要： 随着勘探开发及侏罗系油藏认识不断深入，镇原油田 H20 区围绕 H20 井以延 9 为目的层滚动建产取得了较好效果。通过小层对比、古地貌特征、沉积微相、构造特征、砂体展布、储层研究、油气成藏因素等方面，深入认识 H20 区侏罗系延 9 油藏。结果表明，研究区延 9 砂体为北东—南西走向，H20 区附近砂体最厚。受两侧断层影响，本区延 9 主要发育岩性—构造油藏，油藏主要受构造因素控制，储层物性造成含油性存在差异。结合开发井参数，明确了延 9 的油藏出油下限。甩开井实施结果表明，H20 区西部仍有扩边余地，下一步将针对延 9_2 继续滚动实施。

关键词： H20 区；延 9_2 砂体展布；成藏分析；建产方向

1 研究区概况

1.1 区域概况

甘陕古河两岸石油勘探已经有 30 多年的历史，仅在南部演武油田就发现侏罗系高产油藏群 23 个，快速新增探明储量 6345×10^4t，展现出鄂尔多斯盆地甘陕古河两岸侏罗系油藏良好的勘探前景。通过大量钻井资料及地质综合分析，发现侏罗纪大量发育河流相及三角洲沉积体系，古河道两侧斜坡带形成与古地貌有关的构造，从而形成构造—岩性圈闭。由于构造继承性、差异压实作用及岩性变化的影响，侏罗系油藏纵向上呈宝塔式分布，横向上成排分布[1]。自下而上共有延 10、延 9、延 8、延 7、延 6、延 4+5 等多层油气显示，但除延 10、延 9 含油面积较大、相对连片外，其余各油层组油层均零星分布。随着勘探开发不断深入，侏罗系延安组油藏越来越隐蔽、规模越来越小，但其油层埋深浅、油藏小而肥、单井产量高，一旦发现就能获得很好的经济效益。

研究区 H20 区延 9 油藏位于鄂尔多斯盆地伊陕斜坡西南部，甘肃省庆城县以西，镇原县以北，环县以南，隶属于西南沉积体系的镇原油田。构造单元上属于陕北斜坡西南部，与天环坳陷相连（图 1）。该区域的构造结构为一处坡度较缓的单斜，倾角没有超过 1°，局部地区的地质结构呈现鼻状隆起特征，隆起幅度也不大，主要是因为受到压实差异性的影响，整体表现为东高西低，三角洲平原亚相沉积体系，发育分流河道砂体，受鼻隆构造及断层遮挡控制，位于镇北支河谷斜坡位置，是油气聚集有利区。前期完钻的勘探成果显示，H20 井、东部 Y121 井及东南方向的 Y183 井在侏罗系延安组延 9 层都发现了较好的油气显示，获得了高产工业油流。下一步需了解和掌握研究区延 9 油藏分布规律和主控因素，为镇原油田后期快速上产提供充足的后备资源，也为下步高效建产开发提供指导。

1.2 勘探开发简况

2019 年 H20 区钻探了一口预探井 H20 井，以延 9 油藏为目的，钻遇延 9、长 4+5 油藏，电测解释延 9 油层 11.2m，电阻率为 5.7Ω·m，孔隙度为 14.6%，渗透率为 8.3mD，密度为 2.35g/cm³，含油饱和度为 50.5%，声波时差为 243.84μs/m。延 9 射孔 2.0m（1856.0~1858.0m），压裂加砂 10m³，抽汲 22 班次，抽汲深度 1750m，液面为 1600m，试油日产油 56.55t，日产水 1.60m³。2010 年 7 月 21 日投产试采，初期日产液 11.2m³，日产油 5.6t，含水率为 22.1%。目前日产液 11.0m³，日产油 5.5t，含水率为 23.2%。

第一作者简介：吴越（1993—），女，本科，工程师，主要从事区域地质研究和油田开发工作。地址：陕西省西安市未央区凤城四路长庆油田科研楼，邮政编码：710081。

收稿日期：2021-06-10

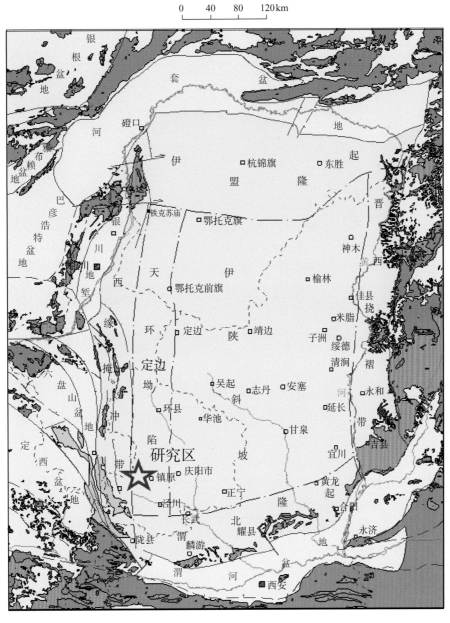

图 1　鄂尔多斯盆地构造单元划分图

　　2019 年 6 月，以延 9 为目的层，围绕 H20 井采用 260m 正方形反九点井网投入滚动勘探开发，主要含油层系为延 9_2 油层。截至目前，钻井 39 口，其中采油井 28 口、注水井 11 口。解释油层井 28 口，平均单井油层厚 10.2m（油水层 7.1m），电阻率为 $6.6\Omega\cdot m$，孔隙度为 12.8%，渗透率为 5.0mD，含油饱和度为 47.0%，声波时差为 $233.4\mu s/m$。试油 25 口，其中油井 20 口、水井 5 口，平均日产油 $17.2m^3$，日产水 $3.6m^3$。投产井 6 口，目前平均日产液 $4.3m^3$，日产油 2.4t，含水率为 33.3%。

2　地质特征

2.1　小层对比

　　研究区自上而下依次钻遇第四系（黄土层），下白垩统环河组、华池组、宜君组，侏罗系安定组、直罗组、延安组、富县组，三叠系延长组（未穿）。本区延安组可与镇原油田其他各区块对比，顶部缺失延1、延2、延3地层，直罗组块状砂岩直接沉积于延4+5之上。延4+5—延9在全区稳定沉积，厚约200m。

　　测井曲线不仅反映近井地带地层，而且定量反映各类岩性特征，便于快速直观地进行岩性识别和地层对比划分。特别是自然电位曲线综合反映了沉积层序、物性、旋回性的变化规律，是目前开发区块单井识别沉积相的主要依据。另外，自然伽马曲线可定量反映地层泥质含量及其变化特征，是识别沉积相的辅助依据。

延安组沉积旋回明显，煤层比较发育，区域可对比性强[1]。同一构造单元 39 口井测井曲线对比分析发现，各油层组顶部多以煤层或碳质泥岩为主，分布稳定，可对比性强，电性特征明显，是主要的对比标志层。延 6 普遍发育向上终止的顶部煤层，厚度为 1m 左右，延 7、延 8、延 9 顶部煤层均有发育。延 7 顶部煤层全区发育最厚，厚度达 4m。其次是延 9 顶部煤层，厚度为 3m 左右。

H20 区延 9 油层组细分为延 9_1、延 9_2、延 9_3，其中延 9_2 为主力油层（图2）。

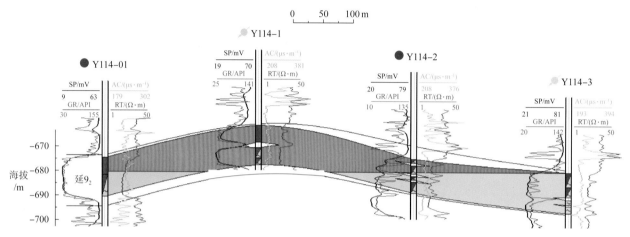

图 2　H20 区近南北向地层对比图

2.2 古地貌特征

鄂尔多斯盆地是华北地台解体后独立发展起来的中生代大型内陆沉积盆地[1]。延长组沉积后，三叠纪末期的晚印支运动使盆地整体抬升，延长组遭受不同程度的风化剥蚀，形成高差达 300m 的高地和沟谷交织的波状丘陵地形，形成了一幅沟谷纵横、丘陵起伏、阶地层叠的古地貌景观。盆地南部为一宽广的东倾河谷系统，以近东西向的甘陕古河、近南北向的庆西古河和宁陕古河为主干，将陇东大致划分为 3 个古高地，即姬塬高地、演武高地、子午高地（图3）。这些高地长 4+5、长 3、长 2 是在湖进—相持（湖泛期）—湖退的大旋回下，存在次一级乃至更次一级的反旋回沉积，影响着局部地区的生储组合。

H20 区古地貌单元处于甘陕古河南岸，殷家城支河谷东岸，紧临演武高地西北坡，处于有利的油气运移通道，下部的油气向上运移在此聚集，井区北西—南东向的两条断层及河道两侧砂体的尖灭成为致密遮挡带，形成良好的成藏条件。

2.3 构造特征

研究区局部发育以 H20 井（最高点 H20 井延 9_2 顶部海拔为 -662.9m）为中心的鼻隆构造，轴向为近东西向，闭合面积为 5.8km²。H20 井延 9_2 钻遇油层 12.6m，沿河道方向砂体展布稳定，虽与 Y183 井位于同一条砂带，但因局部发育断层，不属于同一油藏。

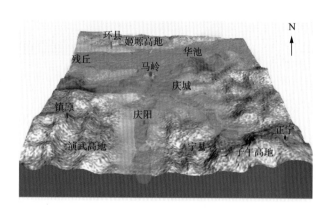

图 3　鄂尔多斯盆地前侏罗纪古地貌特征
三维模拟还原图

2019 年，H20 区延 9 钻遇油层 11.2m，试油获 53.55t 的高产工业油流，通过三维地震精细刻画 T_{J9} 构造，认为该区断层发育，断层遮挡占有主导地位，H20 区是受两条北西—南东向雁列式断层控制的断块油藏（图4、图5）。

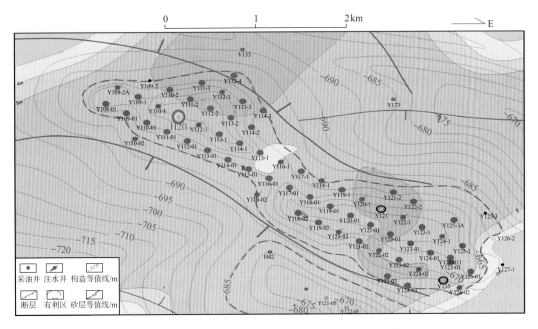

图 4 H20 区延 9₂ 油藏综合成果图

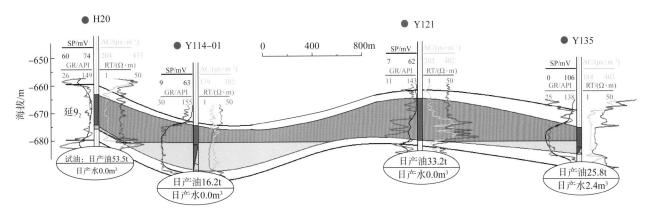

图 5 H20 井—Y135 井延 9₂ 油藏剖面图

2.4 沉积相特征

H20 区处于甘陕古河南岸，殷家城支河谷东岸的古地貌单元，在此基础上接受了侏罗系延安组河流相及沼泽相沉积，发育分流河道、分流间湾、天然堤等微相。在纵向上形成了数个由粗到细的旋回。下侏罗统富县组和延安组沉积早期，由于山高谷深地形高差大（一般高差为 300m），水流湍急，沿着沟谷发育了一套充填式的粗碎屑河流相沉积，厚度巨大，岩性以砾岩、砂砾岩、粗砂岩、中砂岩为主[2]。沟谷为河床相、两侧阶地状平原和残丘分布的河漫滩相，高地残丘往往未接受沉积。总体上看，是一种填平补齐的沉积。到了延 9 沉积期，气候进一步湿润，地形在区域上变得比较平坦，曲流河沉积广泛发育，河流搬运的悬浮物增多，河道趋于稳定，主河道流

向由西向东，但在局部 H20 区为北东—南西向。

2.5 砂体展布特征

H20 区延 9 是一套多期河流沉积叠加的块状砂岩，延 9 油层组沉积厚度为 15~25m，顶部普遍发育厚约 3m 的煤层。主要含油层段延 9₂ 砂体发育，呈北东—南西向展布，砂体厚 4~12m，宽0.8~1.2km，在 H20 井、Y121 井发育厚值带，局部砂体较薄，其中 Y115-1 井砂体厚度仅为 1.8m。

2.6 储层特征

H20 区 1 口有取心井 Y119-01 井，进尺8.00m，岩心长 8.00m，收获率达 100%，含油段长 6.24m。原油浸染色为灰色，含油不饱满，无油脂感，油味浓，不污手，含油面积占15%~20%，滴水缓渗，新鲜面具潮感，无咸味，干后无盐霜，含油条带状，荧光直照为黄白色，

点滴Ⅱ级，含油连通性差，现场定级为油斑。

2.7 油藏特征

H20区周围一级古河（甘陕古河）和支河谷的下切，使得三叠系延长组暗色泥岩生成的油气可沿河道砂岩向上运移，河道砂岩与上覆沼泽相的泥砂淤积层（煤系地层）形成良好储盖组合[3]，这种下生上储的组合对油气运移、储集和分布极为有利[4]。

H20区延9₂为断层控制的岩性—构造油藏，东西方向砂岩尖灭形成岩性遮挡，南北方向受断层控制，初步确定油水界面为−680m左右。油藏

砂体沿主河道发育稳定，渗透性较好，砂岩段基本为油层或油水同层（图5、图6）。

延9₂油藏顶部发育厚6~14m泥岩，作为良好的盖层，下部为块状砂岩，发育泥质砂岩或泥岩隔层，厚0.8~15.0m，给纵向上油水分布和能量供给带来较大影响。油藏中南部泥岩隔层不发育，如Y115-01井仅发育2.5m隔层，底水厚度达6.0m。

H20区延9油层空间展布不均匀[5]，油层较厚的井集中在H20井周围，向外油层逐渐变薄，水层逐渐变厚（图7）。

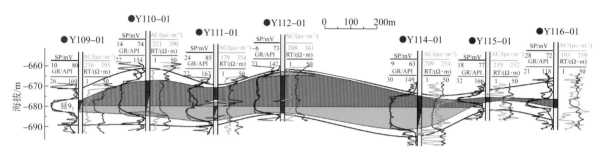

图6　H20区东西向延9₂油藏剖面图

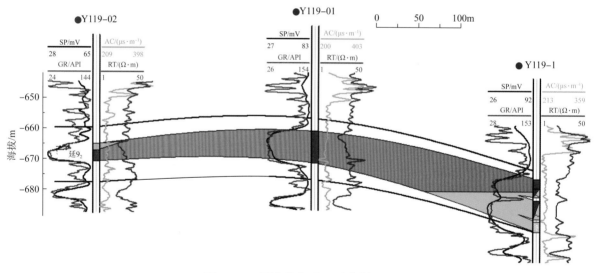

图7　H20区南北向延9₂油藏剖面图

3　有利建产方向

H20区延9砂体呈北东—南西向条带状展布，油藏位于河道交汇处，砂体连续性好，结合三维地震解释成果（图8），认为油藏受南北断层影响形成，与东部Y121井延9油藏呈串珠状分布。油藏主要受构造因素控制，但储层物性也造成含油性存在差异[6]。

为了迅速控制油藏规模，甩开3个开发井距在东部实施Y114-01井，钻遇延9油层6.9m，

与东部Y121井存在连片可能；该井试油获纯油16.2m³，出油潜力落实。同时在西部实施Y117-1井，钻遇延9砂体10.1m，构造降至油水边界，分析H20井—Y121井砂体连片发育，但中部存在构造低点，实施风险较大。向北部断层线外实施Y112-4井，电性、物性变差，分析断层线外无建产潜力，由此落实并控制区块油藏规模。

Y117-1井、Y114-2井位于H20区延9油藏北部断层上盘，边部构造较低部位，录井显示多

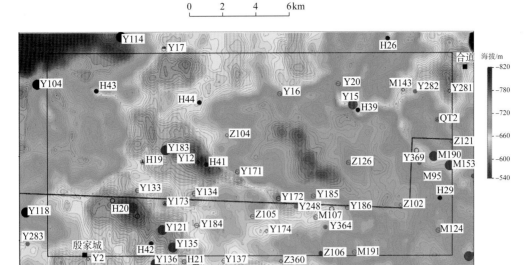

图 8　H20 区三维地震 T_{j9} 成果

为油迹显示，电性、物性多位于区块出油下限以下，电阻率值较相邻出油井略低，预测位于北部油水过渡带，"油水混储"，造成出水。因 Y117-1 井、Y114-2 井均无其他潜力层，建议下步先试采，进一步验证出油潜力。

根据已投产井试采、试油情况，认为该区出油下限为：声波时差不小于 223 μs/m，电阻率不小于 4.2 Ω·m，构造不小于 –680m（图 9、图 10）。

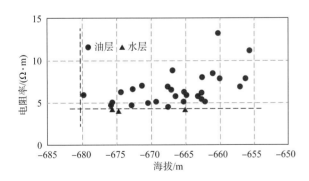

图 9　H20 区延 9 构造—电阻率交会图

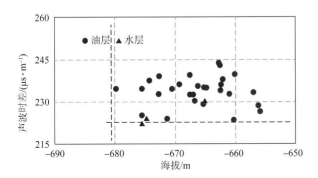

图 10　H20 区延 9 构造—声波时差交会图

4 结论

（1）随着勘探开发不断深入，侏罗系延安组油藏越来越小、越来越隐蔽，寻找此类油藏只能充分利用探井、评价井成果，以及关注开发井的油气显示及成果。

（2）研究区延 9 受沉积期古水流方向影响，砂体延伸方向为北东—南西向。H20 区延 9 油层组细分为延 9_1、延 9_2、延 9_3，其中延 9_2 为主力油层。

（3）对于油层薄、边底水活跃的边部油井，不宜采取规模过大的压裂增产措施，也不适用于高能气体压裂等措施，应以小型压裂为主。

（4）从研究区的有效砂体顶部构造及油层、砂体展布情况出发，结合三维地震精细解释，本区西部仍有扩边余地，下一步将针对延 9_2 继续滚动实施。

参考文献

[1] 叶博．鄂尔多斯盆地演武地区侏罗系延安组油藏成藏特征 [J]．岩性油气藏，2018，30（4）：65-73.

[2] Cross T A. Stratigraphic controls on reservoir attributes in continental strata[J]. 地学前缘，2000，7（4）：322-350.

[3] 张永波，高宇慧，马世忠，等．反向正断层在松辽盆地南部油气聚集中的作用 [J]．西南石油大学学报（自然科学版），2012，34（5）：59-64.

[4] 付广，杨勉，吕延防，等．断层古侧向封闭性定量评价方法及其应用 [J]．石油学报，2013，34（S1）：78-83.

[5] 刘泽容．断块群油气藏形成机制和构造模式 [M]．北京：石油工业出版社，1998.

[6] 于轶星，庞雄奇，陈冬霞，等．东营凹陷沙河街组断块油气藏成藏主控因素分析 [J]．断块油气田，2010，17（4）：389-392.

Geological understanding of Yan9 fault block oil reservoirs in H20 district of Zhenyuan Oilfield

WU Yue[1], NIAN Bin[2], YANG PengFei1, MI Lei[3], and ZHANG ShiYi[4]

(1. No. 11 Oil Recovery Plant of PetroChina Changqing Oilfield Company; 2. Project Department of Development of Shale Oil in Eastern Gansu, PetroChina Changqing Oilfield Company; 3. No. 3 Gas Recovery Plant of PetroChina Changqing Oilfield Company; 4. No.5 Oil Recovery Plant of PetroChina Changqing Oilfield Company)

Abstract: Along with continuous exploration and development, and the deepening of understanding of Jurassic oil reservoirs, taking Yan9 reservoirs as the targeted layers around well H20 in the H20 district of Zhenyuan Oilfield, the snowballing construction of productivity has achieved good results. Through studies on the subzones correlation, paleogeomorphic features, sedimentary microfacies, structural features, distribution of sand bodies, reservoir research, and factors of hydrocarbon SRCA-forming, the understanding of the Jurassic Yan9 oil reservoirs in the H20 district has been deepened. The results show that the Yan9 sand body in the study area is NE-SW trending, and the sand body near the H20 area is the thickest. Affected by the faults on both sides, the type of oil reservoirs in the Yan9 is mainly lithologic-structural, which are mainly controlled by structural factors. The physical properties of reservoirs cause differences in oil-bearingness. Combined with the parameters of development wells, the lower limit of oil production in Yan9 reservoir is clarified. The results of the implementation of outstretching exploration wells show that there is still room for boundary expansion in the western part of the H20 district, and the next step will be to continue snowballing implementation for Yan 9_2 reservoirs.

Key words: H20 district; distribution of Yan 9_2 sandbody; SRCA analysis; productivity construction orientation

（上接第 33 页）

Research on controlling factors and distribution law of Chang9 reservoirs in western Jiyuan Oilfield

CHEN Lin[1], XU QianWen[2], ZHANG Tao[3], CHEN Li[1], and SU JianHua[1]

(1.Exploration and Development Research Institute of Petrochina Changqing Oilfield Company; 2. No.7 Oil Recovery Plant of Petrochina Changqing Oilfield Company; 3. No.12 Oil Recovery Plant of Petrochina Changqing Oilfield Company)

Abstract: In order to clarify the main controlling factors of SRCA-forming of Chang9 reservoirs in western Jiyuan Oilfield, the geological background, geological characteristics and main controlling factors of Chang9 reservoirs in the west of Jiyuan Oilfield are studied to guide the next exploration of Chang9 reservoirs. The results show that the overall physical properties of Chang9 reservoirs are good, and the porosity as well as permeability are not the main controlling factors of SRCA. Oil source correlation shows that the Chang9 oil source is mainly from the upper Chang7 source rock. Driven by the superfluous pressure, the crude oil generated by Chang7 source rock migrates downward to Chang9 through fractures, and then migrates laterally along Chang9 superimposed sand-bodies into the favorable trap(s), accumulating to form a SRCA. Oil source, channel(s) and overpressure are the main factors of controlling the hydrocarbon SRCA of Chang9 reservoirs in the study area. Lithologic-structural reservoirs, structural reservoirs and fault-block reservoirs are mainly developed in the area.

Key words: Western Jiyuan Oilfield; Chang9 reservoirs; reservoir properties; source rock; superfluous pressure; controlling factors

胡尖山油田安 A 延 10 油藏合理流压研究

胡晓雪，路向伟，王　舸，黄延明，朱向前，韩博密，高　扬

（中国石油长庆油田分公司第六采油厂）

摘　要： 低渗透油藏进入高含水开发阶段后，受边底水与注入水双重作用，油井见水风险更大，合理流压是低渗透油藏实现长期稳产的关键性因素之一。结合油井流入动态曲线、经验法、泵效法、矿场实践法等手段，综合确定胡尖山油田安A延10油藏合理流压范围为 4.0~5.5MPa。并根据不同注水单元影响流压的关键因素，结合开发矛盾，针对性进行优化调整，全区流压逐步趋于合理，开发指标明显好转，油田稳产基础进一步夯实，可以为同类型低渗透油藏长期稳产提供参考。

关键词： 合理流压；优化调整；稳产措施；延10油藏；胡尖山油田

油田开发后，井底流压随地层压力降低、含水率上升而下降。对于注水开发油藏，油井产液量并非随着井底流压降低不断增大，当井底流压降低到一定程度时，油井产液量不增反降，因此油井生产中存在如何确定合理井底流压的界限问题[1-3]。

苏联和我国大庆油田曾采用稳定试井得出油井流入动态曲线，但后人在实际计算中由于油井出液量间歇性大、需长时间精确计量等因素而没有成功。合理流压的确定与产能公式有直接的关系，鉴于这种情况，学者通过研究三相油井流入动态关系[4-5]，给出了新型流入动态方程[6]。该方程既适用于井底压力低于饱和压力的情况，又适用于井底压力高于饱和压力下的油井产量计算[7]。

$$q_o = \frac{J_o(1-f_w)}{1+(1-f_w)R}(p_r - p_{wf}) \qquad (1)$$

$$R = 0.02124\gamma_g(p_b \times 10^{1.76875}/\gamma_o^{-0.001638T})^{1.205} \qquad (2)$$

式中　q_o——产油量，m^3/d；

　　　p_r——地层压力，MPa；

　　　J_o——采油指数，$m^3/(d \cdot MPa)$；

　　　p_{wf}——井底流压，MPa；

　　　p_b——原油饱和压力，MPa；

　　　f_w——含水率；

　　　R——井底条件下游离气与原油的体积比[8]；

　　　γ_g——天然气相对密度；

　　　γ_o——原油相对密度；

　　　T——井底温度，K。

低渗透油藏进入高含水开发阶段后，受边底水与注入水双重作用，油井见水风险更大，其中控制难度最大的是底水锥进，生产压差过小不足以驱动启动压力较大的中、低渗透带油层，生产压差过大会加速底水锥进，因此合理流压是低渗透油藏实现长期稳产的关键性因素之一。本文通过对胡尖山油田安A油藏进行合理流压研究，探究低渗透油藏提高油藏最终采收率的有效方法，为同类油藏高效开发提供技术及数据支撑。

1 研究区概况

胡尖山油田安A延10油藏位于鄂尔多斯盆地二级构造单元陕北斜坡中部，构造为一平缓的西倾单斜，储层为粗—中粒长石石英砂岩，砂体沉积厚度为30~60m，砂体较宽，平面上呈条带状展布。油层平均厚度为9.9m，孔隙度为17.6%，渗透率为24.2mD，含油饱和度为51.5%，标定采收率为25.9%。目前综合含水率为72.2%，全区高含水井（含水率80%以上）共计47口（占46.5%）。采液强度长期偏大，部分井水驱前缘已突破，见水井逐年增多。采出程度为19.7%，剩余油受微构造和岩性控制，零星分布于区块中部，后期挖潜难度大。

2 安A油藏合理流压研究

2.1 安A油藏合理流压确定

研究过程中结合油井流入动态曲线、经验

第一作者简介： 胡晓雪（1988—），女，本科，工程师，主要从事油田开发相关研究工作。地址：陕西省西安市高陵区泾渭工业园长庆产业园，邮政编码：710200。

收稿日期：2021-11-01

法、合理泵效确定法及矿场实践法等综合确定合理流压范围。

2.1.1 图版确定法

根据式（1）和式（2），计算油藏合理井底流压为 4.0MPa。

建立不同生产压差下射孔程度与临界产量的图版，匹配油井实际产量，由图1可知，合理射孔程度为 25% 时合理生产压差为 4.5MPa。

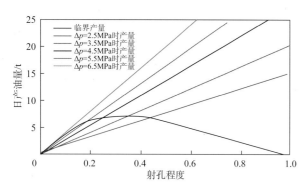

图1 合理生产压差图版

为使数值更加准确，通过单井日产油量与生产压差关系匹配（图2），认为当生产压差为 4.5MPa 左右时，单井产能达到最大值，因此初步认为合理的生产压差为 4.5MPa，合理流压为 5.0MPa（目前地层压力为 9.5MPa）。

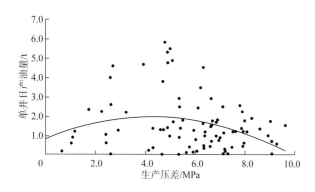

图2 单井日产油量与生产压差关系散点图

2.1.2 经验法

在油藏开发实践过程中，通常会结合饱和压力和原始地层压力来确定合理流压范围。

根据饱和压力确定油井流压：低渗透油藏油井采油指数小，当流动压力远低于饱和压力时，会引起油井脱气半径扩大，使液体在油层和井筒中流动条件变差，因此根据低渗透油藏的开发经验，流动压力应保持在饱和压力的 1/2~2/3。

根据地层压力确定井底最低流压：胡尖山油田长2层以上油藏饱和压力低，该类油藏采油井

流压主要取决于地层能量，以及对油井产量的要求。研究认为，采油井流压控制在原始地层压力的 50% 左右，可以保证油井有足够的生产能力及合理的开采速度。

由于安 A 延 10 油藏饱和压力为 1.6MPa，相对较低，因此根据原始地层压力（10.8MPa）的 50% 确定合理流压为 5.4MPa 左右。

2.1.3 泵效法

合理流压就是要保证深井泵入口气液比在许可范围时，泵筒充满系数较大，由此可以根据合理泵效确定最小流动压力。

根据油层深度、泵型、泵深，得到不同含水率条件下保证泵效所要求的泵口压力，由泵口压力可以计算最小合理流动压力。合理泵效与泵口压力的关系如下：

$$N = \cfrac{1}{\left(\cfrac{F_{go} - a}{10.197 p_p} + B_t\right)(1 - f_w) + f_w} \quad (3)$$

式中 N——泵效；

p_p——泵口压力，MPa；

F_{go}——气油比，m^3/t；

a——天然气溶解系数，$m^3/(m^3 \cdot MPa)$；

f_w——综合含水率；

B_t——泵口压力下的原油体积系数。

根据式（3）计算出不同含水时期泵效与泵口压力的关系。

最小流动压力与泵口压力的关系式为：

$$p_{wf} = p_p + \frac{H_m - H_p}{100}[\rho_o(1 - f_w) + \rho_w f_w]F_x \quad (4)$$

式中 p_{wf}——最小合理流动压力，MPa；

p_p——泵口压力，MPa；

ρ_o——动液面以下泵口压力以上原油平均密度，g/cm^3；

H_m——油层中部深度，m；

H_p——泵下入深度，m；

F_x——液体密度平均校正系数。

根据式（4），可得到最小流动压力与含水率关系。

安 A 延 10 油藏区块综合含水率为 72.2%，平均泵效为 58.0%，泵口压力为 0.6MPa，计算最小合理井底流压为 4.1MPa。

2.1.4 矿场实践法

根据研究区开发效果，统计油藏单井日产油

量、年含水上升速度与井底流压关系，确定最优井底流压为 4.0~5.5MPa。

参考其他油田研究成果，井底流压偏低会导致结蜡点下移，打破井筒内的化学平衡，使易沉淀的 $CaCO_3$、$MgCO_3$ 及 $BaCO_3$ 等无机垢主要成分析出，黏结在近井地带油层、抽油管杆上，对生产造成一定影响。

通过对近几年该区 45 口检泵井结蜡、结垢情况进行统计分析（表 1），发现符合规律。因此认为当井底流压保持在 4.0~6.0MPa 时，有利于井筒净化运行。

表 1 安 A 延 10 油藏近年检泵井结蜡结垢情况统计

单位：口

井底流压范围 /MPa	无结垢	轻微结垢	结垢严重	无结蜡	轻微结蜡	结蜡严重
0~2.0	1	3	4	4	2	2
2.0~4.0	5	6	13	13	6	5
4.0~6.0	1	2	2	2	3	0
> 6.0	2	2	4	6	2	0

综合考虑几种方法，结合边底水油藏开发特征与前期经验，认为该区合理流压应保持在 4.0~5.5MPa。

2.2 合理流压思路与方法

2.2.1 平面整体调控

平面整体调控主要方法有 3 种：（1）注水强度调整：控制注入水影响，均衡地层能量；（2）周期注水：针对地层能量保持水平高、连通性好的注水单元，通过周期注水进行流压调节，实现高、低渗透层间油水置换，提高采油速度；（3）调驱：改善平面水驱效果，均衡采液，使流压趋于合理。

2.2.2 单井优化调整

单井优化调整主要方法有 5 种：（1）控制采液强度：通过生产参数调整，恢复流压（提高流压），防止底水锥进；（2）上提泵挂：恢复流压（提高流压）；（3）措施改造：近井地带解堵，提高渗流能力，提高流压；（4）长周期间开：针对储层物性差或高含水井实施间开，平面上恢复流压，油水分异后可提高采油速度；（5）关井：减少优势通道或高渗带上的无效注水循环，保持地层能量有效利用，促进邻井见效，调节流压。

2.3 合理流压实施方案

根据储层物性、含水分布、压力分布、底水接触类型、开发阶段和开发现状等因素将安 A 区划分为 7 个注水单元。

根据不同注水单元影响流压的关键因素，结合开发矛盾，进一步细化各注水单元合理流压范围，针对性进行优化调整，以西部延 9、延 10 层厚油层薄底水中压中—高含水区为例。

该注水单元储层物性好，油层平均厚度为 10.5m，综合含水率为 65.2%，渗透率为 20.3mD，含油饱和度为 52.6%，平均地层压力为 9.0MPa，根据单井日产液量、日产油量、含水上升速度等与流压关系（图 3、图 4），分析认为合理流压范围为 5.0~5.5MPa。

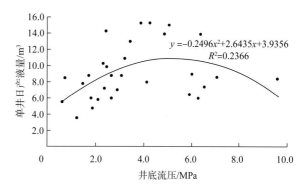

$$y = -0.2496x^2 + 2.6435x + 3.9356$$
$$R^2 = 0.2366$$

图 3 西部延 9、延 10 层厚油层薄底水中压中—高含水区单井日产液量与井底流压散点图

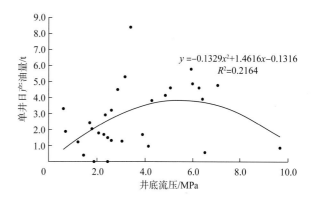

$$y = -0.1329x^2 + 1.4616x - 0.1316$$
$$R^2 = 0.2164$$

图 4 西部延 9、延 10 层厚油层薄底水中压中—高含水区单井日产油量与井底流压散点图

该区开井 31 口，平均井底流压为 4.3MPa。通过逐井分析，根据单井物性、底水接触类型、生产参数、含水上升速度，结合注水见效及平面水驱状况，确定 13 口油井需进行流压优化（表 2）。

表2 西部延9、延10层厚油层薄底水中压中—高含水区流压调整表

优化对策	井号	底水接触类型	油层有效厚度/m	日产液/m³	日产油/t	含水率/%	采液强度/[m³·(d·m)⁻¹]	井底流压/MPa	备注
控制采液强度，恢复液面，提高流压	A53-27	Ⅲ类	9.3	8.9	3.2	56.6	1.0	2.6	冲次由4.5降低至3.5
	A55-20	Ⅰ类	6.6	12.2	3.8	62.8	1.8	4.3	冲次由5.0降低至3.5
	A57-19	Ⅲ类	4.1	6.3	1.7	67.0	1.5	2.3	泵径由38mm减小到32mm
上提泵挂，提高流压	A54-25	Ⅲ类	8.6	4.7	0.0	100.0	0.6	1.9	泵挂由1819m提高至1600m
	A54-23	Ⅲ类	9.0	5.9	2.1	57.9	0.7	1.8	泵挂由1650m提高至1450m
	A61-17	Ⅲ类	1.9	14.2	0.0	100.0	7.5	3.4	泵挂由1600m提高至1450m
	A55-24	Ⅰ类	15.3	8.5	1.9	73.2	0.6	0.7	泵挂由1729m提高至1500m
	A61-18	Ⅲ类	16.7	8.7	2.5	66.5	0.5	1.7	泵挂由1673m提高至1450m
小型措施提液，提高流压	A54-27	Ⅰ类	13.0	5.8	1.8	62.6	0.4	2.1	小型解堵提液
	A56-24	Ⅲ类	8.5	1.5	0.2	81.4	0.2	4.9	严重供液不足，需措施提液
注水调整/调驱，均衡平面水驱后使流压趋于合理	A58-19	Ⅲ类	9.3	11.5	1.9	80.2	1.2	9.0	A58-18井调驱，降低采液强度和流压
	A59-17	Ⅲ类	19.8	5.9	1.3	73.1	0.3	2.6	A58-18井调驱，提高采液强度和流压
	XA64-16	Ⅲ类	8.3	3.5	1.2	58.0	0.4	1.2	通过注水补充能量恢复流压

2.4 流压调整效果

通过油水井双向调整39井次，全区流压由3.7MPa上升至3.9MPa（表3），逐步趋于合理，由于注水调整和深部调驱需逐步见效，因此流压恢复需要一个过程。压力保持水平稳定（91.4%），自然递减同期对比由22.8%降低至14.7%，含水上升率由4.4%下降至2.6%，开发水平由Ⅱ类提升为Ⅰ类。

表3 安A油藏流压调整效果统计表

注水单元	油层有效厚度/m	渗透率/mD	含油饱和度/%	合理流压范围/MPa	调前平均流压/MPa	目前平均流压/MPa	调整方向
西部延9、延10层厚油层薄底水中压中—高含水区	10.5	20.3	52.6	5.0~5.5	4.3	4.4	储层物性好，整体流压趋于合理，以局部单井调整为主
中部延10层薄底水中压中—高含水区	9.5	19.9	52.0	4.0~5.0	3.2	3.5	储层物性好，局部流压偏低，存在见水风险，以单井优化为主
中部延10层薄底水中—高压含水区	7.3	15.9	52.3	4.0~5.0	4.9	4.9	高压区，平面水驱不均，以注水调整和调驱为主
东南部延9₂₊₃层薄底水中压中—高含水区	7.7	16.3	50.8	4.0~4.5	2.3	2.4	整体流压偏低，注水井高压欠注，以恢复注水为主，恢复油井流压
东南部延9、延10层差物性中—高压高含水区	9.5	12.9	49.2	4.0~5.0	4.9	4.8	高压区，以控制注水强度和均衡平面水驱为主，无潜力见水井地关，减少无效水循环
西南部延10层薄底水中压高含水区	9.0	10.6	44.4	4.5~5.0	5.4	5.3	局部流压偏高，控制注水强度减缓油井水上升速度，降低油井流压
中部延9₂₊₃层河道侧翼薄底水低压低含水区	6.9	11.2	45.0	4.5~5.0	1.4	1.7	储层物性差，注水见效差，整体流压偏低，以补充地层能量为主，恢复流压

3 结论与认识

（1）低渗透油藏进入高含水开发阶段后，受边底水与注入水双重作用，油井见水风险更大，生产压差过小不足以驱动启动压力较大的中、低渗透带油层，过大的生产压差会加速底水的锥进，因此合理流压是低渗透油藏实现长期稳产的关键性因素之一。

（2）结合油井流入动态曲线、经验法、合理泵效法及矿场实践法等综合确定胡尖山油田安 A 延 10 油藏合理流压范围为 4.0~5.5MPa。并根据不同注水单元影响流压的关键因素，结合开发矛盾，进一步细化各注水单元合理流压范围，针对性进行优化调整。通过对 39 口油水井实施优化，全区流压逐步趋于合理，开发指标明显好转，油田稳产基础进一步夯实，可以为同类型低渗透油藏长期稳产提供参考。

参考文献

[1] 童敏，齐明明，马培新，等 . 高气液比气井井底流压计算方法研究 [J]. 石油钻采工艺，2006，28（4）：71-73.

[2] 李相方，隋秀香，谢林峰，等 . 论天然气藏测试生产压差确定原则 [J]. 石油钻探技术，2002，30（5）：1-3.

[3] 冯其红，石飞，王守磊，等 . 提液井合理井底流动压力的确定 [J]. 油气地质与采收率，2011，18（3）：74-76，89.

[4] 李晓良，王厉强，李彦，等 . 启动压力梯度动态变化对 IPR 方程影响分析 [J]. 石油钻探技术，2007，35（2）：70-72.

[5] 钟富林，彭彩珍，贾闽惠，等 . 新型 IPR 曲线的研究与应用 [J]. 西南石油学院学报，2003，25（4）：30-33.

[6] 王俊魁，李艳华，赵贵仁 . 油井流入动态曲线与合理井底流压的确定 [J]. 新疆石油地质，1999，20（5）：414-417.

[7] 高飞，何玉发，陈昱林 . 油井合理井底流压的确定 [J]. 重庆科技学院学报，2005，16（5）：30-32.

[8] 高文君，尹永光，胡银权，等 . 油井流入动态方程理论研究及应用 [J]. 新疆石油地质，2005，26（1）：87-89.

Research of reasonable flow pressure of An-A Yan10 reservoirs in Hujianshan Oilfield

HU XiaoXue, LU XiangWei, WANG Ge, HUANG YanMing, ZHU XiangQian, HAN BoMi, and GAO Yang

(No.6 Oil Recovery Plant of PetroChina Changqing Oilfield Company)

Abstract: After the low permeability reservoir has entered the high water-cut development stage, effected by dual factors of edge-or-bottom water and injected water, the risk of water breakthrough in oil wells is greater. Reasonable flow pressure is one of the key factors for low-permeability reservoirs to achieve long-term stable production. The reasonable flow pressure range of An-A Yan10 oil reservoirs in Hujianshan Oilfield is comprehensively determined to be 4.0~5.5 MPa in combination with means of the inflow dynamic curves, empirical method, pump efficiency, and field practice methods. According to the key factors affecting the flow pressure of different water injection units, combined with the development contradictions, the targeted optimization and adjustment are carried out. The flow pressure in the whole area tends to become reasonable gradually. The development indicators are significantly improved, and the stable production foundation of the oilfield is further consolidated.

Key words: reasonable flow pressure; optimization adjustment; production-stabilization measures; Yan10 reservoir; Hujianshan Oilfield

长庆油田侏罗系边底水油藏剩余油潜力评价及挖潜技术研究

杜守礼 [1, 2]，张皎生 [1, 2]，刘俊刚 [1, 2]，李永宗 [3]

（1.中国石油长庆油田分公司勘探开发研究院；2.低渗透油气田勘探开发国家工程实验室；

3.中国石油长庆油田分公司第八采油厂）

摘　要：长庆油田侏罗系油藏由于边底水突进及套损井影响，近年来开发矛盾逐渐突出，约20%的油藏在低采出程度阶段已达高含水，产能损失大，储量失控井多，大量剩余油无法采出。针对长庆油田侏罗系油藏地质特点和开发状况，采用灰色关联分析法，对储量失控井的剩余油挖潜潜力进行评价，建立剩余油定量评价体系。通过油藏工程方法，对储量失控井的泄油半径及所在井组的水驱前缘进行计算，明确剩余油在平面上的分布状况，合理部署挖潜井井位在水驱前缘以外、泄油半径以外的区域。最终形成侏罗系边底水油藏剩余油潜力评价及挖潜井位优选技术，在生产现场开展规模应用，取得显著效果，为同类型油藏高效开发提供了经验和借鉴。

关键词：边底水油藏；剩余油挖潜；灰色关联分析法；水驱前缘；泄油半径；距离指数

长庆油田侏罗系油藏产量占到油田总产量的近30%，其开发效果直接关系到长庆油田的持续稳产[1]。由于侏罗系储层渗透率较高（一般大于10mD），普遍发育边底水，如果开发技术政策不合理，易导致边底水突进，造成油井水淹[2-4]；部分侏罗系油藏井筒腐蚀严重，套损井逐年增多，进一步加剧了开发矛盾。目前长庆油田1/5的侏罗系油藏在低采出程度阶段（地质储量采出程度小于15%）已达高含水（含水率大于80%），储量失控井多，产能损失大。因此，亟须开展侏罗系油藏的剩余油挖潜，以提高地质储量动用程度。

边底水油藏剩余油分布规律及挖潜技术前人已经做了大量研究，提供了宝贵的理论和实践经验。但对剩余油分布规律的研究大都从地质角度进行定性评价[5-9]，或采用1~2个参数进行半定量评价[10-14]，且所研究的油藏具有一定的特异性，评价结果缺乏系统性和科学性。

本文在借鉴其他油田剩余油研究方法的基础上，通过灰色关联分析法[15-17]，采用能全面反映油井开发特征的静态参数（3项）和动态参数（3项），对侏罗系油藏储量失控井的剩余油潜力进行系统性评价，建立剩余油潜力定量评价体系，保证评价结果的科学性和可靠性；同时，采用油藏工程结合矿场数据分析的方法，对储量失控井的泄油半径和所在井组水驱前缘进行研究，以确定挖潜井的井位合理部署，形成侏罗系油藏剩余油潜力评价及井位优选技术。

1 灰色关联分析法

灰色关联分析法是分析系统中各因素关联程度的方法，可在不完全信息中对所要分析研究的各因素进行数据处理，在随机因素序列间找出它们的关联性，发现主要矛盾，找到主要特性和影响因素。

为了评价目标事物与其影响因素之间的联系，要选取某个指标作为主因素来反映目标事物的特性，把主因素数据按一定顺序排列成的序列称为灰色关联分析的母序列，记为：

$$x_0 = \{x_0(k) \mid k = 1, 2, \cdots, n\} \qquad （1）$$

把影响目标事物的各子因素数据按母序列顺序排列成的序列称为灰色关联分析的子序列，若目标事物有m个子因素，则标记为：

基金项目：中国石油天然气股份有限公司重大科技专项"低渗透油田稳产及提高采收率技术研究"（编号：2016E-0508）。

第一作者简介：杜守礼（1985—），男，本科，工程师，主要从事油田开发研究工作。地址：陕西省西安市兴隆园小区，邮政编码：710018。

收稿日期：2021-12-16

$$x_i = \{x_i(k) \mid k = 1, 2, \cdots, n\}$$
$$(i = 1, 2, \cdots, m) \qquad (2)$$

根据母序列和子序列，可构成原始数据矩阵：

$$\boldsymbol{x}_0(k) = \begin{cases} x_1(0) & x_1(1) & \cdots & x_1(m) \\ x_2(0) & x_2(1) & \cdots & x_2(m) \\ \vdots & \vdots & \vdots & \vdots \\ x_n(0) & x_n(1) & \cdots & x_n(m) \end{cases} \qquad (3)$$

本文将挖潜井初期单井产能（投产前 3mon 平均值）作为主因素，将采油井的油层厚度、渗透率、初始含油气饱和度、可采储量采出程度、剩余可采储量和剩余油饱和度 6 项参数作为子因素（可采储量采出程度、剩余可采储量和剩余油饱和度均采用容积法计算[18]），选取 2018—2019 年实施挖潜的 36 口井作为分析样本，计算各评价参数与对应挖潜井初期产能的关联度（表 1）。

其中，单井剩余油饱和度计算公式为：

单井剩余油饱和度 = 单井原始含油饱和度 ×（单井控制地质储量 – 单井累计产油量）/ 单井控制地质储量 (4)

单井控制储量由文献 [16] 计算，其余参数分别根据测井解释和生产数据求得。

表 1 采油井评价参数与对应挖潜井初期产能

序号	采油井井号	油层厚度 /m	渗透率 /mD	初始含油气饱和度 /%	可采储量采出程度 /%	剩余可采储量 /10⁴t	剩余油饱和度 /%	挖潜井初期产能 /（t·d⁻¹）
1	C95-10	9.5	15.4	50.4	21.2	1.69	46.2	0.00
2	C95-24	11.1	14.5	44.6	9.4	2.03	42.9	0.35
3	C95-25	5.5	15.9	41.8	3.9	1.05	41.1	2.89
4	M29-22	9.2	16.4	51.7	58.4	0.89	39.6	0.51
5	M29-23	9.0	16.1	55.8	68.6	0.72	40.5	0.08
6	M50-27	7.9	25.5	53.8	7.7	1.82	52.1	1.89
7	M55-32	14.6	9.6	50.4	7.9	2.68	48.8	1.43
8	T8-12	6.9	33.6	50.6	63.2	0.60	37.8	2.32
9	T8-31	10.3	13.3	39.3	15.1	1.55	36.9	0.55
10	T8-39	8.7	27.1	47.4	36.1	1.25	40.6	2.97
11	T8-50	8.5	37.8	54.4	12.5	2.05	51.7	3.14
12	T8-52	8.5	17.3	44.6	16.8	1.50	41.6	1.68
13	T91-75-17	6.9	32.0	51.5	4.7	1.73	50.5	1.40
14	T91-75-19	4.6	19.4	46.2	28.1	0.71	41.0	1.29
15	W15-18	13.8	12.8	42.6	1.0	2.59	42.4	1.07
16	W15-19	12.5	18.1	49.0	16.5	2.34	45.7	2.08
17	W8-16	8.5	8.0	42.7	7.8	1.39	41.3	1.22
18	WP2	8.2	29.5	60.2	29.3	1.64	53.1	2.76
19	X10-10A	9.1	29.0	57.4	75.2	0.61	40.1	2.91
20	X26-5	12.4	11.3	40.9	12.0	2.00	38.9	1.26
21	X27-9	16.7	21.9	45.1	22.6	2.85	41.0	0.00
22	X3-12	12.8	7.9	41.8	26.6	1.62	37.4	2.05
23	X3-19	10.2	22.0	57.9	46.2	1.46	47.3	0.71
24	X3-21	7.4	16.0	54.3	95.7	0.08	33.5	3.05
25	X3-25	10.2	18.6	53.3	84.3	0.39	35.3	3.23
26	X3-29	7.0	14.4	40.3	27.1	0.94	35.9	0.99
27	X3-30	8.0	12.7	56.0	77.4	0.35	38.6	0.51
28	X34-14	9.1	23.0	56.9	11.3	2.15	54.4	3.02

续表

序号	采油井井号	油层厚度 /m	渗透率 /mD	初始含油气饱和度 /%	可采储量采出程度 /%	剩余可采储量 /10⁴t	剩余油饱和度 /%	挖潜井初期产能 / (t·d⁻¹)
29	X3-6	11.6	15.4	50.4	31.8	1.79	44.0	3.25
30	X3-7	7.5	15.9	41.8	49.5	0.75	33.5	1.37
31	X3-8	8.0	6.8	46.7	67.8	0.46	34.0	0.84
32	X3-9	8.3	10.2	44.4	28.2	1.12	39.4	0.58
33	X81-67	10.0	20.0	45.8	25.2	1.71	41.2	0.12
34	Y44-60	14.0	7.4	53.4	23.5	2.18	48.4	1.61
35	Y47-2	12.7	59.5	55.5	29.4	2.72	49.0	1.36
36	Y47-3	8.6	51.2	59.3	40.9	1.47	49.6	2.03
	平均值	9.7	20.1	49.4	32.9	1.5	42.6	1.57

1.1 灰色关联度及权重系数计算

（1）评价指标标准化处理。

由于各评价指标的物理性质不同，量纲一般也不一致，为了评价准确，必须统一指标量纲，本文采用式（5）对各项参数进行无量纲处理：

$$x_i(k)' = [x_i(k) - \min x_i(k)]/[\max x_i(k) - \min x_i(k)] \tag{5}$$

（2）关联度与权重系数计算。

数据经过无量纲处理后，由式（6）计算 $x_i(k)$ 与 $x_0(k)$ 的关联系数：

$$\xi_i(k) = \frac{\min\limits_i \min\limits_k \Delta_i(k) + \rho \max\limits_i \max\limits_k \Delta_i(k)}{\Delta_i(k) + \rho \max\limits_i \max\limits_k \Delta_i(k)} \tag{6}$$

其中，ρ 为分辨系数，取值范围为（0，1），通常取 0.5。$\Delta_i(k) = |x_0(k) - x_i(k)|$ 为第 k 个时刻（指标或空间）x_i 与 x_0 的差的绝对值，据此可求出 x_i 与 x_0 的关联系数 $\xi_i = \{\xi_i(k) | k=1, 2, \cdots, n\}$，然后再利用平均值法计算关联度：

$$\gamma_k = \frac{1}{n} \sum_{i=1}^{n} \xi_i(k) \tag{7}$$

得到关联度后，式（8）经归一化处理得到权重系数：

$$\alpha_k = \frac{\gamma_k}{\sum\limits_{k=1}^{m} \gamma_k} \times 100 \tag{8}$$

通过上述方法和步骤，计算 6 项采油井评价参数与对应挖潜井初期产能关联度与权重系数（表 2）。由计算结果可知，剩余油饱和度占权重系数最大，其次为初始含油气饱和度。

表 2　采油井评价参数与对应挖潜井初期产能关联度及权重系数计算结果

序号	采油井井号	油层厚度 /m	渗透率 /mD	初始含油气饱和度 /%	可采储量采出程度 /%	剩余可采储量 /10⁴t	剩余油饱和度 /%
1	C95-10	0.92	1.25	0.80	1.16	0.77	0.75
2	C95-24	0.89	1.54	1.29	1.60	0.75	0.99
3	C95-25	0.63	0.68	0.65	0.61	0.80	0.81
4	M29-22	1.32	1.36	1.46	1.36	1.18	1.37
5	M29-23	1.10	0.77	0.97	1.34	0.80	1.01
6	M50-27	1.04	1.16	1.00	1.18	1.33	1.29
7	M55-32	1.10	1.04	1.02	1.08	1.03	1.32
8	T8-12	1.22	1.11	1.03	1.41	1.22	0.90
9	T8-31	1.59	1.10	1.39	0.88	1.34	1.13
10	T8-39	1.37	1.26	1.10	1.57	1.63	1.21
11	T8-50	1.33	1.53	0.73	0.72	1.49	1.41
12	T8-52	0.90	0.62	0.86	0.71	0.94	0.83
13	T91-75-17	0.79	0.96	1.28	0.79	1.06	1.41
14	T91-75-19	0.81	0.85	1.57	1.36	0.69	0.77
15	W15-18	0.69	0.66	1.15	1.48	0.58	0.58
16	W15-19	1.52	0.75	0.82	0.96	1.45	0.88
17	W8-16	1.11	1.45	0.71	1.09	1.08	0.88
18	WP2	0.55	1.05	1.07	1.14	0.55	0.96
19	X10-10A	0.77	0.81	0.81	0.80	0.84	0.77
20	X26-5	1.03	1.14	1.36	0.82	1.52	1.03
21	X27-9	1.04	1.52	1.24	1.59	0.96	1.64
22	X3-12	0.73	0.95	1.12	1.10	1.10	1.39
23	X3-19	1.19	1.22	1.09	0.98	1.65	1.32
24	X3-21	1.12	1.52	1.27	0.93	1.25	0.94
25	X3-25	0.92	1.26	1.46	1.35	1.24	1.54

续表

序号	采油井井号	油层厚度 /m	渗透率 /mD	初始含油气饱和度 / %	可采储量采出程度 / %	剩余可采储量 /10⁴t	剩余油饱和度 /%
26	X3-29	0.89	1.16	1.23	1.00	0.77	1.39
27	X3-30	1.62	0.90	1.23	0.85	1.23	1.50
28	X34-14	0.99	1.27	0.65	0.70	1.17	1.02
29	X3-6	1.15	1.58	0.89	0.87	1.31	1.31
30	X3-7	0.71	1.42	1.36	0.76	0.96	1.51
31	X3-8	0.50	0.53	0.55	0.52	0.52	0.55
32	X3-9	1.50	0.97	1.16	1.03	1.39	1.65
33	X81-67	0.81	1.18	1.23	1.49	0.81	0.82
34	Y44-60	0.94	0.94	1.40	0.96	0.83	1.05
35	Y47-2	0.80	0.65	1.01	1.35	0.60	0.59
36	Y47-3	0.78	0.74	1.42	0.63	1.22	1.46
平均值		1.01	1.07	1.09	1.05	1.06	1.11
权重系数		15.8	16.8	17.1	16.4	16.5	17.4

1.2 剩余油潜力定量评价指标

获得各项参数的权重系数之后，分别乘以上述各评价参数得到各参数的权衡分数，将各权衡分数累加，便得到剩余油潜力评价的指标 ROE，表达式为：

$$ROE = \sum_{k=1}^{n} \alpha_k X_k \qquad (9)$$

ROE 作为剩余油潜力评价指标，对于剩余油潜力评价具有重要意义，其值越大，说明剩余油挖潜潜力越大。

通过上述方法，得出各采油井对应的剩余油潜力评价指标 ROE，然后做挖潜井初期单井日产油与采油井 ROE 值关系图。剔除油层变化、改造方式等造成的异常值后，采油井剩余油潜力可以划分为 3 个等级：Ⅰ 级，ROE 值大于 27，挖潜效果最好；Ⅱ 级，ROE 值介于 22~27 之间，挖潜效果次之；Ⅲ 级，ROE 值小于 22，挖潜效果相对较差（图 1）。

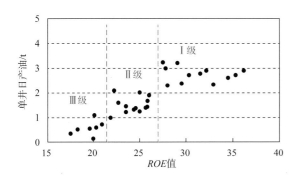

图 1　挖潜井初期单井日产油与 ROE 值关系图

2　挖潜井合理井位优选

优选出具备挖潜潜力的井后，就要确定挖潜井的合理井位。剩余油分布一方面受井组内注入水的影响，另一方面也受到采油井采出程度的影响，因此，合理的井位部署既要考虑注水井水驱前缘的影响，也要考虑采油井泄油半径的影响。

2.1　确定与水驱前缘的距离

对于注水开发油藏，水淹以后物性较好储层的渗流能力会进一步增强，物性较差的储层渗流能力会减弱[19]。因此注入水波及区域油井更易见水，物性较差储层里的剩余油更难以动用，挖潜井要部署在水驱前缘范围以外，以避免注入水过早突破。

2.1.1　计算水驱前缘

对比计算水驱前缘的各种方法[20-22]，并结合长庆油田侏罗系油藏开发特征，本文采用文献 [18] 中的方法。将注入水驱动范围简化为以注水井为中心的圆形，考虑油井在生产过程中压降对水驱前缘的影响，引入影响因子参数，根据势的叠加原理，得到水驱半径计算公式：

$$r_i = I_i \sqrt{\frac{W_i - W_p}{\pi h E_z \phi (1 - S_{or} - S_{wi})}} \qquad (10)$$

通过上述公式，可以计算出井组的水驱前缘（表 3），从而将挖潜井部署到水驱前缘以外区域，以减缓注入水突破时间。

表 3　Y267 延 9 油藏 T8-8 井组和 T8-14 井组水驱半径与泄油半径计算结果

井组	采油井	累计产油量 /t	累计产水量 /m³	水驱半径 / m	泄油半径 / m
T8-8	T8-18	5299	9720	110.6	65.5
	T8-20	9528	8837	169.0	65.3
	T8-79	5750	6231	109.5	40.0
	T8-7	2184	2227	44.8	52.9
	T8-91	7264	2121	165.1	26.8
	T8-98	3225	11904	39.9	37.3
	T8-9	4935	5102	60.6	81.4
T8-14	T8-13	9789	6860	93.5	65.2
	T9-71	5810	4119	65.3	65.7
	T9-73	3862	6341	26.5	32.0
	T9-87	3583	2733	33.7	42.7

2.1.2 矿场统计

定义距离指数 L_a 为挖潜井与水驱前缘距离除以采油井可采储量采出程度，表达式为：

$$L_a = \frac{d_a - r_i}{E_r} \qquad (11)$$

通过式（11）计算出每口井的 L_a 值后，做挖潜井初期单井日产油、含水率与 L_a 值关系图（图2、图3）。从结果可以看出，当 L_a 值大于4.0时，挖潜井初期单井日产油较高，且含水率相对较低，挖潜效果较好。

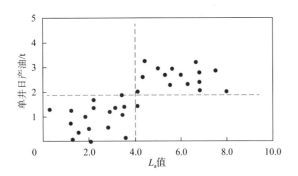

图2 挖潜井初期单井日产油与 L_a 值关系图

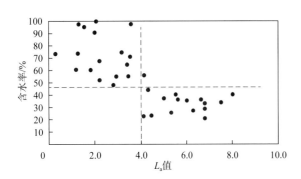

图3 挖潜井初期含水率与 L_a 值关系图

2.2 确定与采油井的距离

低渗透油藏由于存在启动压力梯度，采油井具有一定的泄油半径。泄油半径内的驱替压力梯度大于启动压力梯度，流体能有效流动；泄油半径之外流体不能有效流动，剩余油相对富集[23]。因此，要计算出采油井的泄油半径，将挖潜井部署在采油井泄油半径以外。

2.2.1 计算泄油半径

采油井泄油半径主要受油层物性、裂缝分布（包括天然裂缝和人工裂缝）、油井产量等影响[23-25]。长庆油田侏罗系油藏渗透率高、渗流能力强，天然裂缝不发育；为了防止沟通边底水，一般都采用小规模加砂压裂或射孔直投方式进行储层改造。

因此，油井泄油面积可以近似为一个圆形，其大小主要受采油井产量影响，泄油半径可由如下公式计算：

$$r_e = \sqrt{\frac{N_p B_o}{\pi \rho h \phi S_{oi}}} \qquad (12)$$

通过式（12）计算出采油井的泄油半径（表3），在部署挖潜井时，将井位部署到泄油半径边缘或以外的区域，以提高单井控制地质储量。

2.2.2 矿场统计

定义距离指数 L_o 为挖潜井与泄油半径边缘距离除以采油井可采储量采出程度，表达式为：

$$L_o = \frac{d_o - r_e}{E_r} \qquad (13)$$

通过式（13）计算出每口井 L_o 值后，做挖潜井初期单井日产油和含水率与 L_o 值关系图（图4、图5）。由图可以看出，当 L_o 值大于1.0时，挖潜井初期单井日产油较高，且含水率相对较低，挖潜效果较好。

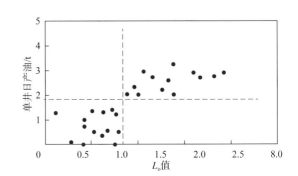

图4 挖潜井初期单井日产油与 L_o 值关系图

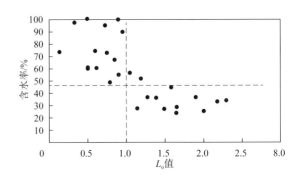

图5 挖潜井初期含水率与 L_o 值关系图

3 现场应用效果

2020年，在Z277区延10、S106区延9、Y267区延9等10余个侏罗系油藏中优选潜力井实施剩余油挖潜，共完钻并投产45口井，投产初期平均单井日产油 1.89t，含水率为 57.5%。与 2018 年和 2019 年实施井相比，挖潜井单井初期产能逐步上升，含水率下降，当年累计产油 2.13×10⁴t，挖潜效果明显（表 4）。

表 4 侏罗系油藏 2018—2020 年剩余油挖潜井生产数据

年份	实施井数 /口	当年末产量			当年累计产油 /10⁴t
		单井日产液 /m³	单井日产油 /t	含水率 /%	
2018	80	3.96	1.38	61.5	2.23
2019	76	4.28	1.59	58.9	1.91
2020	45	4.46	1.82	55.3	2.13

如 Y267 区延 9 油藏优选 2 口套破井（T8-13、T8-18）实施挖潜，两口井的 ROE 值及对应挖潜井的 L_a 和 L_o 值计算结果见表 5。两口井投产初期平均单井日产油 4.2t，含水率为 34.8%，当年末平均单井日产油 2.4t，含水率为 37.7%，当年累计产油 1354t，达到了预期效果（图 6、图 7）。

表 5 T8-13 井和 T8-18 井剩余油潜力评价及距离指数计算结果

采油井	油层厚度 /m	孔隙度 /%	渗透率 /mD	初始含油饱和度 /%	ROE 值	对应挖潜井	L_a 值	L_o 值
T8-13	8.3	20.3	62.7	62.0	38.7	XT8-13	8.4	1.5
T8-18	8.8	17.3	24.0	41.5	26.5	XT8-13	7.2	2.0

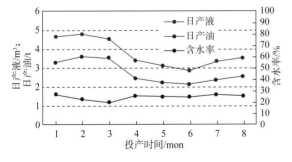

图 6 Y267 区延 9 油藏 XT8-13 井生产曲线

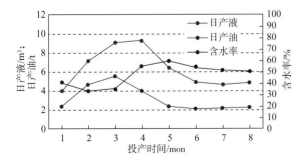

图 7 Y267 区延 9 油藏 XT8-18 井生产曲线

4 结论

（1）采用灰色关联理论，优选 6 项采油井参数对剩余油挖潜潜力进行评价，并根据计算出的剩余油潜力评价指标 ROE 值，将剩余油潜力分为 3 个等级：Ⅰ级，ROE 值大于 27，挖潜效果最好；Ⅱ级，ROE 值介于 22~27 之间，挖潜效果次之；Ⅲ级，ROE 值小于 22，挖潜效果相对较差。

（2）注入水波及到的区域，油井见水风险大，剩余油难以动用，应将挖潜井部署到水驱前缘以外；通过矿场数据分析，当距离指数 L_a 大于 4.0 时，挖潜效果最好。

（3）泄油半径以外的区域，剩余油相对富集，应将挖潜井部署到泄油半径以外的区域，通过矿场数据分析，当距离指数 L_o 大于 1.0 时，挖潜效果最好。

（4）形成了长庆油田侏罗系边底水油藏剩余油潜力定量评价及挖潜井井位优选技术，2020 年开展了 45 口现场试验，取得了较好效果。

符号注释：

x_k——剩余油潜力评价参数；γ_k——评价参数的关联度；α_k——评价参数的权重系数；ROE——剩余油潜力评价指标；r_i——不同方向的水驱半径，m；I_i——生产井影响因子系数；h——油层有效厚度，m；W_i——累计注水量，m³；W_p——累计产水量，m³；E_z——水驱纵向波及系数；ϕ——孔隙度，%；S_{or}——残余油饱和度，%；S_{wi}——束缚水饱和度，%；r_e——油井泄油半径，m；N_p——累计产油量，t；B_o——原油体积系数，常数；ρ——原油密度，g/cm³；S_{oi}——初始含油饱和度，%；π——圆周率，取值 3.1416；d_a——挖潜井与本井组注水井距离，m；d_o——挖潜井与采油井距离，m；E_r——采油井可采储量采出程度，%；L_a、L_o——距离指数。

参考文献

[1] 李超，张皎生，杜守礼，等．低渗透侏罗系油藏天然水体与注水开发驱替机理研究 [C]// 低渗透油藏水驱提高采收率技术文集．北京：石油工业出版社，2020．

[2] 李传亮．油藏工程原理 [M]．北京：石油大学出版社，2005．

[3] 杜殿发，王玉靖，侯加根，等．薄层边底水油藏水淹模式：以陆梁油田陆 9 井区呼二三油藏为例 [J]．油气地质与采收率，2012，19（5）：91-93．

[4] 章威，龙明，李军，等．生产动态确定底水油藏油井水淹范围的新方法 [J]．油气勘探与开发，2017，35（4）：68-72．

[5] 李春晨，周练武．边底水油藏剩余油挖潜研究与实践 [J]．延安大学学报（自然科学版），2015，34（3）：76-80．

[6] 王建．边底水稠油藏剩余油挖潜技术研究 [J]．长江大学学报（自然科学版），2013，10（20）：143-144．

[7] 郑爱玲，王新海，刘德华. 复杂断块油藏高含水期剩余油精细挖潜方法 [J]. 石油钻探技术，2012，41（2）：99-103.

[8] 王文，周旭，蔡玉川，等. 欢 2-7-13 边底水油藏二次开发技术 [J]. 特种油气藏，2007，14（6）：44-47.

[9] 唐韵. 边底水块状油藏剩余油分布研究与应用 [J]. 复杂油气藏，2019，12（3）：56-67.

[10] 王友启. 特高含水期油田"四点五类"剩余油分类方法 [J]. 石油钻探技术，2017，45（2）：76-80.

[11] 陈元千. 预测油气田可采储量和剩余可采储量的快速方法 [J]. 新疆石油地质，2005，26（5）：544-548.

[12] 焦霞蓉，江山，杨勇，等. 油藏工程方法定量计算剩余油饱和度 [J]. 特种油气藏，2009，16（4）：48-50.

[13] 郑春峰，赵忠义，郝晓军，等. 高含水、高采出程度阶段油田剩余油定量表征及其综合评价 [J]. 石油天然气学报，2012，34（2）：131-135.

[14] 丁帅伟，姜汉桥，周代余，等. 中高含水期油藏剩余油潜力定量化评价新方法及其应用 [J]. 复杂油气藏，2016，9（1）：41-45.

[15] 吴育平，孙卫，魏池，等. 基于聚类分析和灰色关联分析法的储层综合评价：以鄂尔多斯盆地姬塬地区长 61 储层为例 [J]. 油气藏评价与开发，2018，8（1）：12-15.

[16] 许宏龙，刘建，乔诚，等. 灰色关联分析法在双河油田储层评价中的应用 [J]. 油气藏评价与开发，2015，5（5）：17-21.

[17] 左代容. 灰色关联分析法在剩余可采储量品位评价中的应用 [J]. 断块油气田，2013，40（3）：354-356.

[18] 徐春华，范小秦，池建萍，等. 面积权衡劈分方法计算单井地质储量 [J]. 特种油气藏，2005，12（2）：43-45.

[19] 何文祥，杨乐，刘逸，等. 水驱前后储层渗流单元变化特征研究 [J]. 油气田开发，2010，29（2）：54-57.

[20] 赵芳，沈瑞，李兆国，等. 非均质油藏水驱前缘理论计算方法研究 [J]. 特种油气藏，2014，21（6）：101-104.

[21] 贾金伟，张伟，贾嵩，等. 砂岩油藏注水井水驱前缘计算方法研究 [J]. 重庆科技学院学报（自然科学版），2013，15（1）：104-108.

[22] 马莉，张皎生，王睿恒，等. 一种利用生产动态资料确定水驱前缘的方法 [J]. 新疆石油地质，2020，41（5）：612-615.

[23] 张舒琴. 一种泄油半径计算方法及其在冷西低渗油藏井位部署中的应用 [J]. 石油地质与工程，2015，29（1）：131-136.

[24] 陈民锋，李晓凤，赵梦盼，等. 启动压力影响下确定油藏有效动用半径 [J]. 断块油气田，2013，20（4）：462-465.

[25] 叶治续. 岩心视渗透率模型及泄油半径计算方法研究 [J]. 石油地质与工程，2014，28（6）：133-136.

Research on remaining oil potential evaluation and tapping technology of Jurassic edge-and-bottom water reservoirs in Changqing Oilfield

DU ShouLi[1,2], ZHANG JiaoSheng[1,2], LIU JunGang[1,2], and LI YongZong[3]

(1. Exploration and Development Research Institute of PetroChina Changqing Oilfield Company; 2. National Engineering Laboratory for Exploration and Development of Low Permeability Oil and Gas Fields; 3. No. 8 Oil Recovery Plant of PetroChina Changqing Oilfield Company)

Abstract: In recent years, development contradictions of Jurassic oil reservoirs in Changqing Oilfield has become increasingly prominent due to the impact of edge and bottom water onrush and casing damage wells. Nearly 20% of the reservoirs have reached high water cut in the stage of low recovery percent of reserves, with large loss of productivity, and many wells with out-of-control reserves. Thus a large amount of remaining oil remains underground and cannot be recovered. In view of the geological characteristics and development status of the Jurassic reservoirs in Changqing Oilfield, the remaining oil potentials of out-of-control wells is evaluated by using grey correlation analysis method, and the remaining oil quantitative evaluation system is established. Through the reservoir engineering method, the oil drainage radius of the out-of-control reserves wells and the waterflooding front in the out-of-control reserves well group are calculated, and the distribution of the remaining oil on the plane is clarified. The well locations of the tapping-potential wells are reasonably arranged in the areas outside the waterflooding front and outside the oil drainage radius. The technology of remaining oil potential evaluation and potential-tapping well location optimization for the Jurassic edge-and-bottom water reservoirs are finally formed through the above research. The technology has been applied on a large scale to the production site and has achieved remarkable results.

Key words: edge-bottom water reservoir; remaining oil tapping-potential; grey correlation analysis; waterflooding front; oil drainage radius; distance index

长庆油田未动用储量经济评价方法研究

蒋远征[1,2]，魏明霞[1,2]，周小英[1,2]，焦 军[1,2]，李晓芳[3]

（1.中国石油长庆油田分公司勘探开发研究院；2.低渗透油气田勘探开发国家工程实验室；

3.中国石油长庆油田分公司第五采油厂）

摘 要：未动用储量分类评价考虑到油田初期单井产量、开发指标预测、含水变化等油藏实际情况，利用技术经济学中的动态盈亏平衡分析方法，结合油田开发投资的估算，计算经济结果。根据基准收益率将未动用储量标准分为3类，而后根据实际参数，分别论证了油价、钻井投资、成本、单井日产量对内部收益率的影响。在其他经济评价参数不变的情况下，油价与内部收益率呈对数关系，单井日产量、钻井投资、成本和内部收益率为多项式关系，评价结果可靠，误差较小。基于此研究规律建立快速评价模型，最后利用实例验证。

关键词：分类评价；油价；钻井投资；成本变化；快速评价

未动用储量是指油田提交探明储量后未进行产能建设开发的地质储量，这部分储量经过探井、评价井（简称探评井）钻探已对地质特征有了基本明确的认识，在探评井或地质条件相同的临近区块资料的基础上，进行单井初期产能评估、产量预测、估算投资及操作成本，结合经济评价原理进行效益分类[1-5]，分为效益一类、效益二类、效益三类。然后按照效益类别进行产能建设，避免风险，取得油田效益最大化。传统计算方法准确、可靠，但是难以应对低油价或油价不稳定情况下的经济评价。本次未动用储量经济评价模型的建立和应用，既是对传统经济评价的完善和补充，又是对未动用储量经济评价新方法的尝试，可以作为油田开发经济评价一种新的思路和探索[6-8]。

1 未动用储量经济评价可行性评价标准

未动用储量的开发建设必须考虑储量的落实程度，对其可动用性进行充分论证。针对陆上特殊性油气开采，国家基准收益率（税前）是8%，中国石油天然气集团有限公司（简称中国石油）基准收益率（税后）是6%。在现有技术水平、财务政策、开发方式、经营管理体制条件下，按照未开发储量投入开发后预期的内部收益率，将其分为3类：（1）效益一类，内部收益率大于8%；（2）效益二类，内部收益率介于6%~8%之间；（3）效益三类，内部收益率小于6%。效益一类和效益二类近期可建产，效益三类为目前情况下不可动用储量。

2 未动用储量经济评价方法

未动用储量的经济评价可分为常规经济评价和风险经济评价。对于近期可开发储量的经济评价通常采用常规经济评价，根据投入产出均衡原理，首先确定各种投资、产量等开发指标，根据油价、成本和国家税收政策，编制现金流量表，计算储量投入开发后的财务净现值、内部收益率、投资回收期等经济指标。

财务净现值是指项目寿命期内各年的净现金流量，按照要求达到的收益率折算到建设期初的现值之和。

$$财务净现值 = \sum_{t=1}^{n} (CI - CO)_t (1 + i_c)^{-t}$$

内部收益率是使项目从开始建设到寿命期（计算期）末各年净现金流量现值之和等于零的折现率，即 $\sum_{t=1}^{n} (CI - CO)_t (1 + IRR)^{-t} = 0$。

静态投资回收期是指净现金流量等于零的年

第一作者简介：蒋远征（1975—），男，本科，高级工程师，现从事低渗透油藏经济评价工作。地址：陕西省西安市兴隆园小区，邮政编码：710021。

收稿日期：2021-07-09

份，即 $\sum_{t=1}^{P_t}(CI-CO)_t=0$

其中 P_t 可以从现金流量表中求得：

$$P_t = m-1+\frac{\left|\sum_{t=1}^{m-1}(CI-CO)_t\right|}{(CI-CO)_m}$$

式中　$(CI-CO)_t(1+i_c)^{-t}$——第 t 期净现金流量折算到项目起始点上的现值；

$(CI-CO)_m$——第 m 年净现金流量；

$\left|\sum_{t=1}^{m-1}(CI-CO)_t\right|$——第 1 年至第 $m-1$ 年累计净现金流量的绝对值；

CI——现金流入量；

CO——现金流出量；

t——年份；

i_c——项目基准收益率或目标收益；

IRR——内部收益率；

m——累计净现金流量开始出现正值的年份数。

3　未动用储量经济评价参数的选择

3.1　基础参数

原油商品率用当年油田实际销售收据，本次研究取 98%；原油价格选取近期油田实际销售价格，本次取 2300 元 /t；外汇汇率选取近期汇率选值，本次取 6.7，税率选值根据国家下发相关标准，本次取城市建设维护税 7%、原油资源税率 4.91%、教育附加税 5%。

3.2　成本参数

未动用储量评价期间的成本数据依据油田发生的操作成本和期间费用，本次取值如表 1 所示。遵照《中国石油天然气集团有限公司投资项目经济评价参数》（2020）（简称《公司投资项目经济评价参数》）和国家相关规定，利用中国石油相关规范经济评价软件，评价操作成本组成必须包含以下参数：营业费和安全生产费依据《公司投资项目经济评价参数》，直接材料费、直接燃料费、直接动力费、驱油物注入费、井下作业费、测井试井费、维护及修理费、油气处理费、运输费、其他直接费、厂矿管理费等均来自实际数据。本文所有数据只是为了研究并说明方法，并非实际数据。

表 1　未动用储量操作成本及期间费用参数表

序号	项目	计算单位	取值
1	直接材料费	万元 / 油井	3.01
2	直接燃料费	万元 / 油井	1.32
3	直接动力费	万元 / 油井	4.37
4	直接人员费	万元 / 油井	4.31
5	驱油物注入费	元 /t	7.17
6	井下作业费	万元 / 开发井	10.23
7	测井试井费	万元 / 开发井	3.71
8	维护及修理费	%（占地面工程投资的比例）	2.50
9	油气处理费	元 /t 液	18.35
10	运输费	万元 / 油井	3.27
11	其他直接费	万元 / 开发井	4.18
12	厂矿管理费	万元 / 开发井	3.75
13	营业费用	%（占销售收入比例）	1.00
14	安全生产费	元 /t	17.00

3.3　生产经营数据

生产经营数据很大程度确定经济评价结果，最终影响未动用储量效益分类，尤其是油井初期单井产量及产量递减规律。其他主要包括油井开井数、注水井开井数、动用地质储量、单井日产油、单井日产液、单井日注水、区块年产油、区块年产液、区块年产水、区块年注水、区块采油速度，这些指标匹配合理，经济评价结果可靠程度就高。

3.4　钻井工程投资

油田注水开发产能建设钻井工程投资主要包括钻井工程、测井工程、录井工程、试油工程等。影响钻井工程投资大小的主要影响因素是油藏埋深、注水比例和单位进尺综合成本，可以参照油田注水开发产能建设钻井工程设计进行测算。本次单位进尺综合成本按 3100 元 /m 估算。

3.5　地面建设及配套工程投资

油田注水开发地面建设及配套工程投资主要包括原油集输管网、联合站和抽油机配套设施等。相关投资可以参照油田注水开发地面建设及配套工程设计进行测算，本次取 1400 万元 /10⁴t 进行估算。

3.6　其他相关评价参数

根据中国石油经济评价规定，陆上油田开采建设期为 1~3 年，运营期为 10~15 年，经济评价期为 11~18 年；本次取建设期 1 年、运营期

14 年、评价期 15 年；油藏的开采期限根据油藏开采特征，选择 15 年，可以参照同类油藏，也可根据未动用区块探评井开采特征进行计算，本次年综合递减选取 5%~10%，前期递减较大，后期递减较小，也可根据油藏递减曲线计算递减指数。在此需要说明的是，递减曲线类型较多，有指数递减、双曲递减、调和递减、直线递减、衰竭递减等，根据长庆油田油藏工程研究[2-3]，低渗透油藏符合指数递减规律，特低渗油藏、超低渗油藏、致密油藏符合双曲递减规律；含水递增有 3 种方式：直线递增、调和递增、凸型递增，同时也可根据数据统计分析含水递增规律[4-5]，本次根据油田开发规律回归函数选取递增方式。

除考虑影响经济评价的主要因素外，还要考虑一些次要因素，包括弃置成本占油气资产的比例、油气资产折耗综合年限、其他资产摊销年限、无形资产摊销年限，本次分别取值为 5%、10%、5%、10%；流动资金估算方法选取详细费用估算法，参数包括应收账款周转天数、材料周转天数、燃料周转天数、在产品周转天数、产成品周转天数、现金周转天数、应付账款周转天数，本次研究分别取值 40、20、20、2、20、40、40；外购材料占操作成本比例、外购燃料占操作成本比例、现金占操作成本其他管理费用和营业费用之和的比例、应付账款占操作成本其他管理费用和营业费用之和的比例，本次分别取值 10%、5%、30%、40%。

融资方案参数根据实际情况选取，如果没有可以不参与计算。其中包括投资方建设投资与银行借款各占比例、流动资金建设方与银行借款各占比例，如果有银行借款进行项目建设，要根据银行最新借款利率计算。本次研究中无借款项，该经济评价参数不参与计算。

4 内部收益率与油价、单井日产量、钻井投资、成本的关系

4.1 油价与内部收益率的关系

在一般情况下，油价对未动用储量经济评价较为敏感。根据历年实际工作来看，单井日产量最为敏感，敏感系数一般为 1.9 左右；其次是油价，敏感系数为 1.7 左右；再次是投资，敏感系数为 1.5 左右；最后是成本，敏感系数为 0.3 左右。本次以长庆油田三叠系低渗透油藏为例，钻井深度分别为 2000m、2100m、2200m、2300m、

2400m、2500m，油价分别取 40 美元 /bbl、45 美元 /bbl、50 美元 /bbl、55 美元 /bbl、60 美元 /bbl、65 美元 /bbl、70 美元 /bbl、75 美元 /bbl、80 美元 /bbl，对不同深度的钻井进行评价。研究发现，油价为 70 美元 /bbl 前，内部收益率与原油价格的关系基本为直线段；油价达到 70 美元 /bbl 后，直线段开始弯曲，整体为对数函数关系，公式如下：

$$y = A\ln x + C，R^2 = 99.88 \tag{1}$$

基本符合实际，尤其是低油价下拟合程度更高。表 2 中各式的经济意义为油价上升直接影响内部收益率变化，油价越高内部收益率越大，投资建设风险越小，效益类别提高。

表 2　内部收益率与油价关系式

钻井深度 / m	拟合式	拟合度 (R^2)	拟合计算结果	实际计算结果	误差值	说明
2000	$y=32.802\ln x-115.88$	0.9986	8.99	8.96	0.03	规律性较好
2100	$y=31.2\ln x-110.84$	0.9987	7.93	7.87	0.06	规律性较好
2200	$y=29.796\ln x-106.47$	0.9988	6.95	6.88	0.07	规律性较好
2300	$y=28.553\ln x-102.63$	0.9988	6.06	5.96	0.10	规律性较好
2400	$y=27.447\ln x-99.26$	0.9989	5.22	5.10	0.12	规律性较好
2500	$y=26.459\ln x-96.28$	0.9989	4.44	4.31	0.13	规律性较好

4.2 内部收益率与单井日产量的关系

单井日产油是经济评价方案决定性因素，其敏感系数可达 1.9 左右。研究发现，在不同油价、不同井深情况下，单井日产量与内部收益率接近线性关系，其拟合式为二次多项式（表 3）：

$$y = Ax^2 + Bx - C, R^2 = 1 \tag{2}$$

拟合计算结果与实际计算结果误差最小平均值为 0.21。表 3 中各式的经济意义单井日产量越高，内部收益率越大，开发投资风险越小，方案通过率越高，效益分类级别越高，所以多打高产井是经济评价优的关键因素。

表 3　内部收益率与单井日产量关系

钻井深度 /m	拟合式	拟合度 (R^2)	拟合计算结果	实际计算结果	误差值	说明
2000	$y=-0.1025x^2+9.0416x-18.235$	1	6.02	5.79	0.23	规律性较好
2100	$y=-0.142x^2+9.003x-18.815$	1	5.03	4.82	0.21	规律性较好
2200	$y=-0.1599x^2+8.8182x-19.057$	1	4.14	3.92	0.22	规律性较好
2300	$y=-0.1813x^2+8.7043x-19.408$	1	3.31	3.08	0.23	规律性较好
2400	$y=-0.1889x^2+8.5137x-19.588$	1	2.55	2.30	0.25	规律性较好
2500	$y=-0.2154x^2+8.5016x-20.092$	1	1.80	1.56	0.24	规律性较好

4.3 内部收益率与钻井投资的关系

钻井投资是油田开发设计中数额最高的一次性投资，钻井投资越小，方案的可执行性越高，钻井深度分别为 2000m、2100m、2200m、2300m、2400m、2500m，钻井投资分别上升5%、10%、15%、20%、25%时，评价钻井投资与内部收益率的关系。研究发现两者呈非线性关系，公式为三次多项式（表4）：

$$y=Ax^3+Bx^2+Cx+D，R^2=1 \tag{3}$$

钻井投资变化幅度为5%时可以快速预测方案可执行性，尤其对规模性开发的低渗透油藏区块多、计算量大的情况下可以快速计算，误差值仅为 -0.01。表4中各式的经济意义为钻井投资越大，方案执行风险越大，内部收益率越小，效益分类级别越低，降低钻井投资是油田开发建设持续追求，也是开发建设效益最大化的关键因素。

表4 内部收益率与钻井投资关系式

钻井深度/m	拟合式	拟合度（R^2）	拟合计算结果	实际计算结果	误差值	说明
2000	$y=-25.253x^3+26.082x^2-29.138x+23.933$	1	26.11	26.11	0	规律性好
2100	$y=-24.242x^3+25.147x^2-28.102x+22.495$	1	24.59	24.60	-0.01	规律性好
2200	$y=-21.818x^3+24.234x^2-27.203x+21.173$	1	23.20	23.20	0	规律性好
2300	$y=-22.02x^3+23.42x^2-26.29x+19.954$	1	21.92	21.92	0	规律性好
2400	$y=-21.347x^3+22.558x^2-25.494x+18.824$	1	20.73	20.73	0	规律性好
2500	$y=-21.01x^3+21.81x^2-24.754x+17.774$	1	19.62	19.62	0	规律性好

4.4 内部收益率与成本的关系

油田开发过程中必然会发生成本费用，具体包括燃料费、材料费、动力费、人员费、测井测试费、驱油注入物费、维护及修理费、油气处理费、矿区管理费、安全生产费、其他直接费等。不同深度的油井所发生的成本也不同，选择油井深度分别为 2000m、2100m、2200m、2300m、2400m、2500m，不同深度成本变化幅度为 -5%~5%。统计发现不同钻井深度下内部收益率与成本变化呈直线形式，其函数为二次多项式 $y=Ax^2+Bx+C$（表5），计算误差为0.01。表5中各式的经济意义为开发成本越高，油田开发后期利润越低，降低成本可提高财务净现值，延长油田开发年限，提升效益类别。尤其在低油价形势下，长庆油田持续提质增效，采取一切成本皆可降的思路，使得长庆油田可持续效益发展[2-5]。

表5 内部收益率与成本关系式

钻井深度/m	拟合式	拟合度（R^2）	拟合计算结果	实际计算结果	误差值	说明
2000	$y=-0.0914x^2-6.1889x+23.936$	1	24.86	24.86	0	规律性较好
2100	$y=-0.1x^2-5.9378x+22.191$	1	23.08	23.08	0	规律性较好
2200	$y=-0.125x^2-5.7144x+20.615$	1	21.47	21.47	0	规律性较好
2300	$y=-0.1318x^2-5.5267x+19.179$	1	20.01	20.00	0.01	规律性较好
2400	$y=-0.1573x^2-5.3567x+17.867$	1	18.67	18.66	0.01	规律性较好
2500	$y=-0.1616x^2-5.2111x+16.658$	1	17.44	17.43	0.01	规律性较好

5 应用

实例1：长庆油田某区块探明石油地质储量为 $152×10^4t$，方案设计部署新井 30 口，其中油井 20 口、注水井 10 口，平均井深 2000m，建产能 $2.97×10^4t$，单井日产油 4.94t，递减率为 6.6%，初期含水率为 31.54%。利用石油工业建设经济评价软件，所有经济评价参数按照中国石油经济评价参数标准，油价选取 70 美元/bbl，计算得内部收益率为 23.74%，大于基准收益率 6%，未动用储量可开发，按照未动用储量效益分类标准为效益一类；深度为 2000m 时，油价与内部收益率关系为 $y=32.802\ln x-115.88$，计算结果为 23.48，误差值为 0.06，符合未动用储量分类标准。

实例2：探明石油地质储量为 $299×10^4t$，方案设计部署新井 60 口，其中油井 40 口、注水井 20 口，平均井深 2000m，建产能 $5.94×10^4t$，单井日产油 2.80t，递减率为6.6%，初期含水率为 31.54%。利用石油工业建设经济评价软件，所有经济评价参数按照中国石油经济评价参数标准，油价选取 70 美元/bbl，计算内部收益率为 6.06%，大于基准收益率 6%，未动用储量可开发，按照未动用储量效益分类标准为效益二类；深度为 2000m 时，单井日产油与内部收益率关

系 为 $y=-0.1025x^2+9.0416x-18.235$，计算结果为 6.28，误差值为 0.22，符合未动用储量分类标准。

6 结论与认识

探索经济效益与油田开发之间的关系，尝试通过对低渗透油藏未动用储量进行经济评价，建立了油价、单井日产量、钻井投资、成本与内部收益率之间的关系，并利用中国石油经济评价软件进行了验证，回归函数拟合程度高，关系明显，计算值与实际值误差较小，可通过函数关系式在成本、油价、钻井投资、单井日产量变化下快速计算出未动用储量效益分类结果。通过研究，得出以下结论：

（1）内部收益率与单井日产量、油价、钻井投资、成本均有相关性，一般情况下，单井日产量影响最大，其次是油价、钻井投资、成本。油藏工程研究中单井日产量对经济评价起到关键性作用，快速分类评价可以根据油价变化和其他因素变化进行分类评价。

（2）在其他经济评价参数不变的情况下，油价与内部收益率呈对数关系，单井日产量、钻井投资、成本和内部收益率为多项式关系，并可建立未动用储量快速经济评价模型。

（3）快速经济评价模型只是一种根据相关函数快速处理的结果，并非经济评价真实结果，对于分类临界值需要利用经济评价软件进行必要计算。

参考文献

[1] 侯春华. 油田注水开发经济评价方法研究 [J]. 西南石油大学学报，2014，16（2）：1-6.

[2] 袁庆峰. 认识油田开发规律，科学合理开发油田 [J]. 大庆石油地质与开发，2004，23（5）：60-66.

[3] 李道品，罗迪强. 低渗透油田开发的特殊规律 [J]. 断块油气田，1994，7（4）：30-35.

[4] 靳文奇，王小军，何奉朋. 安塞油田长 6 油层长期注水后储层变化特征 [J]. 地球科学与环境学报，2010，32（3）：239-244.

[5] 刘德华，刘志森，汪伟英，等. 低渗低阻油藏开发特征分析 [J]. 断块油气田，2008，15（6）：68-70.

[6] 付金华，郭正权，邓秀芹. 鄂尔多斯盆地西南地区上三叠统延长组沉积相及石油地质意义 [J]. 古地理学报，2005，7（1）：34-44.

[7] 杨龙，李世辉，刘磊，等. 靖安油田白于山区长 $4+5_2$ 油藏精细解剖 [J]. 石油化工应用，2010，29（2-3）：102-106.

[8] 蒋远征，金拴联，杨晓刚，等. 特低渗透油田注水效果存水率和水驱指数评价法 [J]. 西南石油大学学报，2009，31（6）：63-65.

Study on economic evaluation method of non-producing reserves in Changqing Oilfield

JIANG YuanZheng[1,2], WEI MingXia[1,2], ZHOU XiaoYing[1,2], JIAO Jun[1,2], and LI XiaoFang[3]

(1.Exploration and Development Research Institute of PetroChina Changqing Oilfield Company;
2.National Engineering Laboratory for Exploration and Development of Low Permeability Oil & Gas Fields;
3. No.5 Oil Recovery Plant of PetroChina Changqing Oilfield Company)

Abstract: The classification and evaluation of non-producing reserves takes into account the actual reservoir conditions of the oilfield, such as the individual well production in the early stage, development index prediction and water cut change, which is used to calculate the economic results by the dynamic break-even analysis method in technical economics combined with the estimation of oilfield development investment. First of all, the non-producing reserves are divided into three categories based on the benchmark yield. Then, on the basis of the actual parameters, the effects of oil price, drilling investment, cost and daily output of an individual well on the internal rate of return (IRR) are expounded and proved respectively. Under the condition of not-change of other economic evaluation parameters, the oil price has a logarithmic relationship with the IRR, and the individual well daily production, drilling investment, cost, and IRR is polynomial relationship. The evaluation result is reliable with small errors. Based on the law of researches, the rapid evaluation model is established and finally example-verified.

Key words: classification and evaluation; oil price; drilling investment; cost variation; rapid evaluation

西峰油田白马中区长8油藏开发中后期稳产对策探讨

刘　佳[1]，魏浩培[1]，张仕熠[2]

（1.中国石油长庆油田分公司第二采油厂；2.中国石油长庆油田分公司第五采油厂）

摘　要： 西峰油田白马中区长8油藏进入中—高含水阶段，油藏含水上升率和年自然递减率两项指标逐渐变差。开发矛盾包括：油藏含水接近等渗点，含水率上升加快；纵向水驱差异大，低渗透层动用程度低。跟踪开发动态变化，根据液量平稳、含水上升，液量上升、含水上升，液量下降、含水上升，液量下降、含水平稳4种不同情况有针对性实施治理及稳产措施。通过优化注采政策、优化周期注水、低含水层定向压裂和主力层堵水压裂等手段，油藏含水保持稳定，开发指标向好。研究指出，提高水驱波及体积是油藏进入中高含水阶段后控水稳油的主要方向。

关键词： 白马中区；开发中后期；稳产措施；水驱波及体积；西峰油田

西峰油田白马中区油藏2003年投入开发，主力层为延长组长8段，目前单井产能1.2t/d，地质储量采油速度为0.54%，地质储量采出程度为21.5%。目前油藏进入中—高含水期，该阶段主力油层普遍见水，层间和平面矛盾加剧，含水上升快，产量递减加大，因此，分析动态变化原因、制定稳产措施以保障油藏持续高效开发就显得尤为重要。

1 储层地质特征

1.1 基本情况

西峰油田白马中区长8油藏处于伊陕斜坡的西南部（图1），为典型的岩性油气藏，构造较平缓，呈近东西向展布。开采层系为延长组长8段，平均渗透率为1.8mD，属于特低渗透、裂缝—岩性油藏[1]。受岩性变化控制，长8油层基本上分布在海拔−770m以上，油层埋深在1950~2300m之间，砂体厚度为10~30m，基本无边水、底水，属特低渗透、高饱和大型岩性油藏[2]。

1.2 物性特征

该油藏长8储层可分为长8_1^1、长8_1^2、长$8_1^3$3个小层，其中长8_1^2层为主产层，平均有效厚度为15.8m，平均孔隙度为10.5%，储层孔隙度发育中等，原始地层压力18.1MPa，油藏物性南部好于北部。

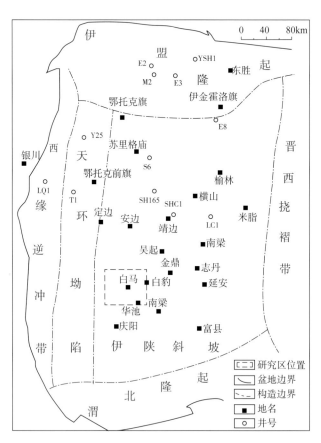

图1　西峰油田白马中区长8油藏位置示意图

1.3 流体性质

原油分析资料表明，该区原油具有低密度（0.8579g/cm³）、低黏度（6.84mPa·s）、低凝

第一作者简介： 刘佳（1984—），男，硕士，工程师，现从事油田开发工作。地址：甘肃省庆阳市庆城县庆城镇人民路，邮政编码：745100。

收稿日期： 2021-01-13

固点（20.5℃）、低沥青质（1.795%）不含硫、不含蜡、含水低（痕迹）的特点。原始地层压力18.1MPa，饱和压力为13.02MPa，原油黏度为1~1.54mPa·s，平均为1.21mPa·s，平均气油比为106m³/t，地层原油密度为0.723~0.745g/mL。天然气相对密度平均为1.062。地层水水型以CaCl₂型为主，总矿化度达到49.35g/L，属于原生地层水，反映出该区油气保存条件较好。

1.4 储层敏感性

储层敏感性分析表明，长8₁储层属弱酸敏、弱—无速敏、中等—弱水敏、弱—中等偏弱盐敏；长8₂储层属弱酸敏、弱速敏、中等偏弱水敏、盐敏。2012年开展岩性水敏性实验，研究发现（图2、图3）：开发初期，黏土矿物中高岭石（9.2%）主要充填在孔隙中，随着流体矿化度降低，黏土矿物分散运移加剧，释放更多的微粒，堵塞孔喉，使渗透率下降[3]。

| a. 开发初期（2003年） | b. 注入3 PV（2012年） |

图2　白马中区 X17 井扫描电镜

| a. 开发初期（2003年） | b. 注入3PV（2012年） |

图3　白马中区 X17 井铸体薄片

2 开发矛盾及对策

2.1 开发现状

白马中区油藏自投入开发以来历经开发准备阶段、快速建产阶段、方案调整及完善阶段3个阶段。在开发早期，保持高注水强度，促进油藏建立驱替；开发中期，油藏整体见水后，优化注水强度，改善水驱效果；开发中后期，控制注水强度，控水稳油，抑制含水上升。目前油藏进入中—高含水期，平均含水率为61.3%，地质储量采出程度为21.5%，可采储量采油速度为2.62%。

2.2 开发矛盾

2.2.1 油藏含水率接近等渗点，含水上升加快

通过实验室岩心模拟水驱油过程，可以得到该岩心的油水相对渗透率曲线。该曲线有几个关键点：一是 S_{wi}（初始含水饱和度），该点值的大小直接影响水驱油起始阶段的地质储量；二是 S_{wc}（等渗点饱和度），位于 S_{wc} 左边区域表明油的相对渗透率大于水的相对渗透率，反之水的相对渗透率大于油的相对渗透率；三是 S_{or}（残余油饱和度），表示水驱油的极限状态，数值反映储层内不能靠注水采出的残余油占孔隙空间比例[4]。

从白马中区油藏油水相对渗透率曲线（图4）可知，当含水饱和度超过51.6%时，油的相对渗透率小于水的相对渗透率；当含水饱和度达到71%时，进入油相非流动区，此时油井表现为

纯产水。根据含水率与含水饱和度之间的关系[5]，通过式（1）计算得到等渗点含水率为67%。目前油藏综合含水率为61.3%，含水上升率表现出加速增大的趋势。

$$\lg[1000\lg(1/f_w)]=a+b\cdot\lg[\lg(100S_w)] \quad (1)$$

式中　f_w——含水率，%；

　　　S_w——含水饱和度，%；

　　　a——直线模型截距；

　　　b——直线模型斜率。

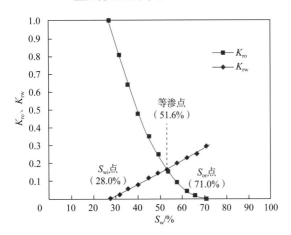

图 4　白马中区油藏油水相对渗透率曲线

2.2.2 纵向水驱差异大，低渗透层动用程度低

纵向渗透率的变化是导致储层纵向水驱差异的主要因素。渗透率变异系数指渗透率标准偏差与渗透率平均值的比值，表征各层渗透率的变化程度，变异系数越小，储层越均质。渗透率突进系数是层内渗透率最大值与其平均值的比值，其值越小表明垂向上渗透率变化越小，水驱效果好，相反突进系数越大，水驱效果越差。

白马中区油藏主力层长 8_1^{2-1} 和长 8_1^{2-2} 变异系数分别为 1.168、1.208，突进系数为 5.270~7.533，渗透率级差分别为 156.30、399.26（表 1），非均质性严重，是造成纵向水驱差异大的根本原因。

表 1　白马中区储层层内非均质评价参数表

小层	渗透率 /mD		评价参数		
	区间值	平均值	变异系数	突进系数	级差
长 8_1^{2-1}	0.041~6.446	1.223	1.168	5.270	156.30
长 8_1^{2-2}	0.005~1.996	0.265	1.208	7.533	399.26
长 8_1^{2-3}	0.006~0.092	0.348	0.568	2.639	15.33
长 8_1^{2-4}	0.012~0.079	0.040	0.433	1.982	6.58

层内剩余油的分布主要受层内非均质性及夹层分布影响，非均质性越强，注入水越容易沿高渗透段指进，造成含水率高（表 2），驱油效率低。白马中油藏主力层受储层非均质性影响，高含水层占比大，剩余油相对较少。

表 2　白马中区近 5 年剩余油测试情况统计表

层号	低含水层厚度 /m	中含水层厚度 /m	高含水层厚度 /m	含水层总厚度 /m	高含水层占比 /%
长 8_1^{2-1}	13.2	26.9	103.7	143.8	72.1
长 8_1^{2-2}	18.4	14.6	73.5	106.5	69.0
长 8_1^{2-3}	30.4	10.4	36.9	77.7	47.5
长 8_1^{2-4}	28.8	94.5	27.8	151.1	18.4
合计	90.8	146.4	241.9	479.1	50.5

2.3 动态变化

近年来，白马中油藏油量下降主要受含水率上升影响，根据液量和含水率变化情况，分为 4 类。分别为液量平稳、含水率上升；液量上升、含水率上升；液量下降、含水率上升；液量下降、含水率平稳。其中，液量平稳、含水率上升占比（40.6%）最大，是后期治理的重点（表 3）。

表 3　白马中区近 3 年动态变化分类情况统计表

分类		变化原因	井数 /口	影响油量 /t	占比 /%
液量	含水率				
平稳	上升	含水接近等渗点，油水渗透率比值变化加剧	33	57.3	40.6
上升	上升	油井渗流通道与水线沟通	9	16.9	12.0
下降	上升	储层结垢，地层堵塞	15	31.3	22.2
下降	平稳	油藏边部，物性差，注水不受效	21	35.6	25.2
合计			78	141.2	100

2.4 治理对策

根据油藏开发矛盾及剩余油分布规律，结合动态变化情况，开展分类治理是白马中油藏开发中后期稳产的关键。

2.4.1 液量平稳、含水率上升的治理

该类动态变化主要原因是油井周围储层含水率接近等渗点，油的相对渗透率降低，水的相对渗透率上升速度加大，水驱效率降低引起。治理对策是扩大波及体积，提高水驱效率，油藏全面实施并优化周期注水。

根据目前开发现状，对不同周期注水方式下油藏的采收率与含水率进行数值模拟（图 5），可知当同增同减注水井与裂缝呈一定夹角时，可以对剩余油形成面积切割（图 6），开发效果

好于以往平行裂缝方向同增减的周期注水方式。

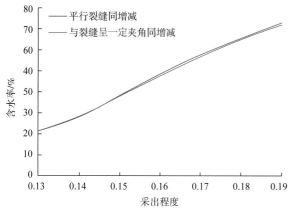

图 5　不同周期注水方式采收率数模图

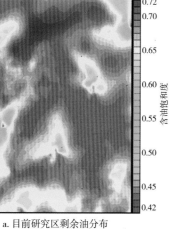

a. 目前研究区剩余油分布

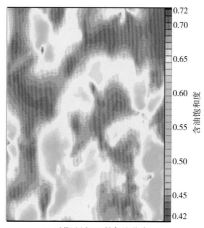

b. 后期研究区剩余油分布

图 6　剩余油分布模拟图

选取 8 个井组进行矿场试验。周期注水方式由前期北东 75°，即平行裂缝方向水井同增同减，转换为北东 40°，与裂缝呈一定夹角同增同减（图 7）。实施井组动态变化表现为液量下降，含水率下降，油量平稳。

微球调驱的大规模实施也是解决该类问题的关键。白马中油藏自 2017 年底全面实施微球调驱，先后 4 次对注入浓度和粒径进行调整。其中，2018 年注入浓度（由 0.2% 降低至 0.1%）及微球粒径（由 100nm 减小至 50nm），消除了压力上升造成的欠注问题；2019 年因含水率上升再次调整注入浓度（由 0.1% 提高至 0.12%）及微球粒径（由 50nm 增大至 100nm），改善调驱效果。

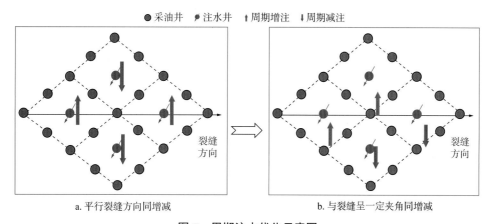

a. 平行裂缝方向同增减

b. 与裂缝呈一定夹角同增减

图 7　周期注水优化示意图

2.4.2　液量上升、含水率上升的治理

白马中油藏自 2003 年投入开发，到目前已经历时 18 年，平均单井注水量为 $14 \times 10^4 m^3$，部分油井采出程度超 25%，油井渗流通道与水线沟通，现场表现为示功图载荷下降，油井液量上升，出液连喷带抽。治理对策以老层治理挖潜为主，根据剩余油纵向分布特征，开展低含水层定向压裂、高含水层暂堵压裂和主力层堵水压裂试验等储层改造工艺。

2.4.3　液量下降、含水率上升的治理

储层属弱酸敏、弱—无速敏、中等—弱水敏、弱—中等偏弱盐敏，长期注水后造成储层结

垢，使得储层孔喉流通断面不断缩小，渗透率降低，地层出液能力降低。由于原油地下黏度远大于地层水黏度，油井表现为液量下降、含水率上升。根据液量、含水率变化情况，区分地层是近井地带堵塞还是深部堵塞，采取相应的工艺技术解堵是治理这类动态变化的关键。

2.4.4 液量下降、含水率平稳的治理

油藏边部油层变薄，泥质含量增加，物性变差。导致边部油井长期注水不见效，地层能量保持程度不到 80%，表现为低液量、低含水率。液量缓慢下降，含水率平稳是这类油井主要的动态变化。延缓这类油井的产量下降需要整体优化平面注水，调整注采压差。从油藏角度出发，中部砂体厚、物性好的区域，控制注采比；边部砂体薄、物性差的区域，加强注水。一般情况下，中部位置注采比为 1.6~2.2，边部注采比为 2.5~3.3，边部油井流压也相应控制在 8.5~9.5MPa，注采压差控制在 27.0~29.0MPa，促使油井见效。

2.5 实施效果

油藏整体含水率平稳，全年含水率保持平稳；油量下降趋势得到控制，同期标定自然递减率由 9.8% 下降至 7.3%，标定综合递减率由 8.1% 下降至 5.4%，主要开发指标向好。

3 结论

白马中油藏进入中高含水阶段后，开发矛盾由前期的如何"稳液"转变为如何"控水"，而提高水驱波及体积是控水稳油的主要方向。

（1）根据油藏储层特征，分单元、有针对性地调整水井注水、优化油井流压，达到双向调控，均衡地层压力分布是特低渗透油藏中高含水阶段稳产的主要手段。

（2）规模实施周期注水，并且定期根据数值模拟情况就行优化调整，可以很好地改善开发效果。

（3）微球调驱也能很好地提高水驱波及体积，但需要及时调整微球粒径及注入浓度，以保证调驱效果持续有效。

（4）贯彻"油井高含水不等于每个层都高含水"的理念，对水淹井进行精细研究，找出有挖潜价值的低含水层也是油藏中高含水阶段的稳产手段。

参考文献

[1] 姚永朝，文志刚．西峰油田长 8 段油藏地质研究及储层评价 [J]．江汉石油学院学报，2005，27（3）：419-421.

[2] 薛永超，程林松．西峰油田长 8 油层组成岩储集相研究 [J]．石油天然气学报，2010，32（6）：6-10.

[3] 李红，柳益群，刘林玉．鄂尔多斯盆地西峰油田延长组长 8 低渗透储层成岩作用 [J]．石油与天然气地质，2006，27（2）：210-211.

[4] 康丽侠，李玉强．相渗曲线在精细油藏描述中的应用 [J]．石油化工应用，2013（7）：34-37.

[5] 胡兴中，郭元岭，黄杰，等．含水率与含水饱和度直线模型的物流意义及变化特征 [J]．断块油气田，2005，5（3）：55-57.

Discussion of countermeasures for stabilizing production in the middle and late stages of development of Chang8 reservoirs in Baimazhong Block of Xifeng Oilfield

LIU Jia[1], WEI HaoPei[1], and ZHANG ShiYi[2]

(1. No.2 Oil Recovery Plant of PetroChina Changqing Oilfield Company;
2. No.5 Oil Recovery Plant of PetroChina Changqing Oilfield Company)

Abstract: Chang8 reservoirs in Baimazhong Block has entered the medium-and-high water cut stages, and these two indicators of water-cut rising rate and annual natural decline rate of the reservoirs are gradually getting worse. The contradictions during the development include getting close to the isoperm point of the reservoir's water cut, quickened water-cut rising; large differences in vertical water drive, and low degree of producing reserves of low permeability layers. Tracking the changes of development performance, measures of governance and production stabilization are aimingly implemented according to four different situations such as the water-cut rising while the liquid volume stable, rising, and falling, and the water-cut steady while liquid volume falling. Through measures of optimizing the injection policy, adjusting the periodic water injection, directional fracturing in low water-bearing layers and fracturing with water blocking in the main layers, the reservoir's water cut has remained stable and the development index has improved. To increase the water-drive swept volume is the main direction to stabilize oil-production by water-control after the reservoir enters medium-to-high water cut stage.

Key words: Baimazhong Block; middle-to-late development stages; measures of production stabilization; water-drive swept volume; Xifeng Oilfield

基于一种呈"非达西渗流"特征储层的加密井网研究

路云峰[1]，张卫刚[2]，尚教辉[3]，杜守礼[4]，陈德照[2]，郭龙飞[2]

（1. 中国石油集团测井有限公司长庆分公司；2. 中国石油长庆油田分公司第八采油厂；

3. 中国石油长庆油田分公司第二采油厂；4. 中国石油长庆油田分公司勘探开发研究院）

摘　要： 姬塬油田 J71 区长 6_3 油藏储层致密，渗透率低（平均为 0.16mD），呈现"非达西渗流"特征。在一次井网条件下，注采井间有效驱替压力系统难以建立，油井注水不受效，产量递减大。开展井网加密调整研究，探索改善油藏水驱的方式，是提高油藏开发效果的必然选择。通过对 J71 区长 6_3 油藏加密时机及加密潜力等的研究，论证了加密调整的可行性；同时，对已实施加密井开发效果进行评价，试验井组实施加密后采油速度和预测采收率明显提高，加密调整取得了较好效果。

关键词： 姬塬油田；致密储层；有效驱替压力系统；加密调整

长庆超低渗透油藏以长 6、长 8 油藏为主，一方面由于岩性致密，渗透率低（一般小于 1mD），储层渗流呈"非达西渗流"特征，注水波及系数低，油井注水不受效[1]；另一方面，储层微裂缝较为发育（包括天然裂缝和人工压裂裂缝），注入水沿裂缝快速推进，导致裂缝主向油井水淹，而裂缝侧向油井注水不见效，影响了超低渗透油藏开发水平的进一步提升[2]。井网加密调整是改善超低渗透油藏开发效果、提高采收率的重要手段。姬塬油田 J71 区长 6_3 油藏是典型的超低渗透油藏，本文从油藏合理加密时机、加密潜力等入手，结合已加密井效果分析，对油藏加密调整适应性进行评价，探索油藏合理的井网加密方式。

1 研究区开发特征

铁边城地区 J71 区长 6_3 油藏属于三角洲前缘亚相沉积，平均油层厚度为 10.7m，平均孔隙度为 8.8%，平均渗透率为 0.16mD，储层物性较差，属于超低渗透Ⅲ类油藏[3]。

区块于 2013 年开始规模开发，一次井网采用 480m×160m 菱形反九点井网注水开发，井排方向为 NE75°，井网密度为 13.0 口 /km^2，共建产能 11.5×10^{4}t。

由于储层物性较差，渗透率低，再加上井网排距较大（160m），导致注采井间有效驱替压力

系统难以建立[4]，油井注水不受效，开发效果差（图 1）。目前油藏平均采油速度仅为 0.35%，地质储量采出程度仅为 1.14%（图 2）。

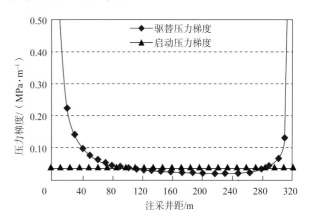

图 1　J71 区长 6 油藏注采井间压力梯度分布特征

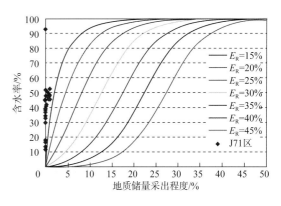

图 2　J71 区长 6 油藏含水与采出程度关系曲线

第一作者简介： 路云峰（1969—），男，本科，高级工程师，公司技术专家，主要从事测井解释评价及盆地地质综合研究工作。地址：陕西省西安市高陵区泾河工业园区方元大厦，邮政编码：710201。

收稿日期： 2021-12-16

因此，开展油藏井网加密调整研究，探索通过缩小排距，促进超低渗储层建立有效驱替的方法，是提高油藏地质储量动用程度，改善开发效果的必然途径[5]。

2 加密可行性研究

2.1 加密时机研究

考虑超低渗透油藏的地质和开发特征，通过数值模拟研究，并结合最终采收率、经济效益等，确定合理的加密调整时机为中含水期（含水40%~60%），此时加密效果最好，经济效益最高（图3、图4、图5）。J71区目前综合含水45.4%，可采储量采出程度为6.4%，处于合理的加密调整时机。

2.2 加密潜力分析

本文采用经济最佳井网密度和经济极限井网密度作为油田加密潜力分析的基础[6]。

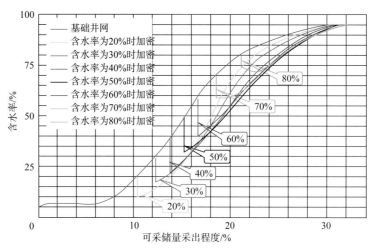

图3 不同含水阶段加密时含水率—采出程度关系曲线

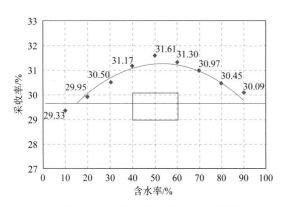

图4 不同加密时机预测采收率对比曲线

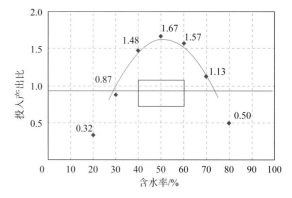

图5 不同加密时机预测经济效益对比曲线

对于某一具体油藏，在一定开发期内，仅考虑静态收入，忽略未来收入贴现，通过出售产出原油获得的经济收入为：

$$C_{in} = NE_R W_i d_o (P - O) \qquad (1)$$

开发总投资为：

$$C_{out} = \frac{100}{S} A (I_D + I_B)(1 + T)^{T/2} \qquad (2)$$

那么式（1）减式（2）即为未来总利润：

$$G = C_{in} - C_{out} = Nbe^{-cs}W_i d_o (P - O) -$$
$$\frac{100}{S} A (I_D + I_B)(1 + T)^{T/2} \qquad (3)$$

令 $G=0$，并对式（3）进行数学变换处理，得到计算经济极限井网密度 S_L 的计算公式：

$$\ln S_L - cS_L = \ln \left[\frac{100A(I_D + I_B)(1 + R)^{T/2}}{bNW_i d_o (P - O)} \right] \qquad (4)$$

令 $G'=0$，并对式（3）进行数学变换处理，得到计算经济最佳井网密度 S_B 的计算公式：

$$2\ln S_B - cS_B = \ln \left[\frac{100A(I_D + I_B)(1 + R)^{T/2}}{bcNW_i d_o (P - O)} \right] \qquad (5)$$

式中 C_{in}——原油销售收入，万元；

N——地质储量，10^4t；

E_R——采收率；

W_i——评价期内可采储量采出程度；

d_o——原油商品率；

P——原油销售价格，元/t；

O——操作成本，元/t；

C_{out}——开发总投资，万元；

A——含油面积，km^2；

I_D——单井钻井投资，万元/口；

I_B——单井地面建设及工程投资，万元/口；

T——评价期，a；

r——贷款利率；

S——井网密度，口/km^2；

b、c——常量系数。

通过上述方法计算，绘制 J71 区总利润与井网密度关系曲线，根据曲线可知，区块经济最佳井网密度为 18 口/km^2，经济极限井网密度为 46 口/km^2（图6）。

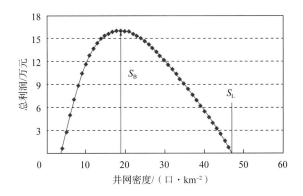

图6 J71 区总利润与井网密度关系图

根据"加三分差"的原则，即经济最佳井网密度加经济极限井网密度与经济最佳井网密度差值的三分之一，作为合理井网密度，表达式如下：

$$S_r = S_B + \frac{S_L - S_B}{3} \quad (6)$$

式中 S_r——合理井网密度，口/km^2；

S_B——经济最佳井网密度，口/km^2；

S_L——经济极限井网密度，口/km^2。

通过计算，J71 区合理井网密度为 27.0 口/km^2，J71 区一次井网密度为 13.0 口/km^2，远小于合理井网密度；因此，具备加密调整潜力。

3 加密井效果评价

3.1 井网加密形式

为了提高 J71 区长 6_3 油藏开发效果，2018年在 T226-50 井组部署加密井 4 口，开展缩小

井排距加密试验。井网加密形式为在原井网 NE45° 边井与注水井连线两侧对称加密 4 口采油井，原 NE45° 方向边井适时转注，井网转换为 288m×140m 近似排状井网，井网密度由 13 口/km^2 变为 26 口/km^2（图7）。

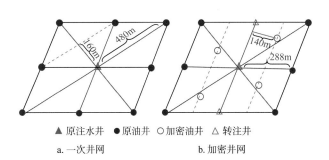

▲ 原注水井 ● 原油井 ○ 加密油井 △ 转注井

a. 一次井网　　b. 加密井网

图7 J71 区加密井网转换部署图

3.2 加密井效果评价

加密井于 2018 年 7 月全部完钻，平均钻遇油层 11.5m，平均渗透率为 0.15mD。油层改造采用水力加砂压裂，平均加砂量在 35~40m^3，投产初期平均单井日产液量为 2.70m^3，平均单井日产油量为 1.46t，综合含水率为 43.44%，好于周围老井（平均单井日产液 1.56m^3，平均单井日产油 0.88t，综合含水率 38.56%）；加密后井组采油速度加快，采出程度明显提高，加密调整取得了初步的效果[7]（图8）。

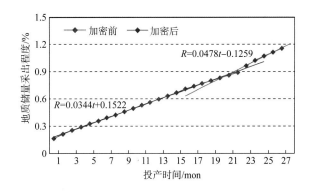

图8 J71 区加密前后井组采出程度变化曲线

根据甲型水驱特征曲线公式，并引入极限含水率的概念（$f_{wl}=0.98$），可以计算出加密井组的最终可采储量[8]。

甲型水驱特征曲线公式为：

$$\lg W_p = a + b N_p \quad (7)$$

井组采收率计算公式：

$$N_R = \frac{\lg\left(\frac{f_{wl}}{1-f_{wl}}\right) - [a + \lg(2.303b)]}{b} \quad (8)$$

式中　W_p——累计产水量，$10^4 m^3$；

　　　N_p——累计产油量，$10^4 t$；

　　　f_{wl}——极限含水率，取值 0.98；

　　　a、b——常数。

根据上式计算，井组加密后可采储量由 $2.9 \times 10^4 t$ 上升至 $5.2 \times 10^4 t$，井组采收率提高 3.4%（图 9）。

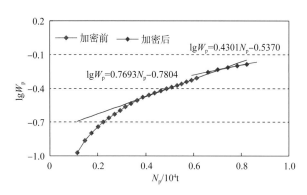

图 9　J71 区加密前后井组甲型水驱曲线变化对比图

4　结论及认识

（1）J71 区储层物性较差，渗透率低，储层呈"非达西渗流"特征；再加上井网排距较大（160m），导致注采井间有效驱替压力系统难以建立，油井注不受效，开发效果差。因此，有必要开展油藏加密调整研究，探索改善油藏水驱的合理井网形式。

（2）根据数值模拟及油藏工程计算结果，油藏合理加密时机为含水率分布在 40%~60% 之间；合理井网密度为 27.0 口 /km²，J71 区长 6_3 油藏目前综合含水率为 45.4%，可采储量采出程度为 6.4%，基础井网密度为 13.0 口 /km²，具备井网加密潜力。

（3）通过缩小井排距实施加密（井网形式由 480m×160m 菱形反九点井网转换为 288m×140m 近似排状井网），加密井平均单井产量相对于老井由 0.88t/d 提高到 1.46t/d，达到了 1.66 倍，开发效果较好。

（4）试验井组加密后储量动用程度明显提高，预测采收率提高 3.4%，加密调整具有较好的推广前景。

参考文献

[1] 史成恩，万晓龙，赵继勇，等 . 鄂尔多斯盆地超低渗透油层开发特征 [J]. 成都理工大学学报（自然科学版），2007，34（5）：538-542.

[2] 吴小斌，陈引弟，高浩，等 . 鄂尔多斯盆地吴起地区长 6 储层裂缝系统研究及意义 [J]. 新疆地质，2014，32（4）：514-517.

[3] 程启贵，雷启鸿，熊维亮 . 致密油藏有效驱替压力系统建立理论与技术 [J]. 天然气地球科学，2012，23（3）：571-575.

[4] 何贤科，陈程 . 低渗透油田建立有效驱替压力系统研究 [J]. 特种油气藏，2006，13（2）：56-57.

[5] 陈民锋，杨子由，杨金欣 . 低渗透油藏井网整体加密调整技术界限 [J]. 中国海上油气，2020，32（4）：78-84.

[6] 侯建锋，胡亚斐，刘畅，等 . 水驱油藏经济极限和合理井网密度确定方法 [J]. 新疆石油天然气，2018，47（3）：53-57.

[7] 张大飞 . 五里湾一区长 6 油藏井网适应性评价 [D]. 西安：西安石油大学，2011：73-76.

[8] 郑奎，卜广平，刘吉斌，等 . 低渗透油藏剩余油研究及加密调整效果评价 [J]. 石油化工应用，2014，33（6）：24-26.

Study on infill drilling well pattern based on reservoirs with a "non-Darcy percolation" characteristics

LU YunFeng[1], ZHANG WeiGang[2], SHANG JiaoHui[3], DU ShouLi[4], CHEN DeZhao[2], and GUO LongFei[2]

(1. Production Logging Center of CNPC Logging Co., Ltd; 2. No.8 Oil Recovery Plant of PetroChina Changqing Oilfield Company; 3. No.2 Oil Recovery Plant of PetroChina Changqing Oilfield Company; 4. Exploration and Development Research Institute of PetroChina Changqing Oilfield Company)

Abstract: The Chang6₃ oil reservoir in J71 block of Jiyuan Oilfield has tight reservoirs with low permeability (average 0.16 mD), showing the characteristics of "non-Darcy percolation". Under the condition of primary well pattern, it is difficult to establish an effective displacement pressure system between injection and production wells, so the water injection of oil wells is not effective, and the production rate declines greatly. To carry out well pattern infill adjustment research and explore ways to improve reservoir water drive is an inevitable choice to improve reservoir development effect. The feasibility of infill drilling adjustment is demonstrated through research of infill timing and infill potential of Chang6₃ reservoir in J71 block. At the same time, the development effect of the implemented infill drilling wells is evaluated. After implementation of infilling in the test well group, the oil recovery rate and predicted recovery efficiency are significantly improved, and the infill drilling adjustment has achieved good results.

Key words: Jiyuan Oilfield; tight reservoir; effective displacement pressure system; infill drilling adjustment

吴起油田 X193 长 7 页岩油藏耐盐泡沫体系评价

段文标[1, 2]，王靖华[1, 2]，杨　帅[3]，王春礼[1, 2]，陈　栋[3]

（1. 中国石油长庆油田分公司勘探开发研究院；2. 低渗透油气田勘探开发国家工程实验室；
3. 中国石油长庆油田分公司第九采油厂）

摘　要：长庆油田长 7 页岩油藏以岩性油藏为主，岩性致密，储层渗透率小于 0.3mD，非均质性强，微裂缝发育，开发中多以准自然能量开发为主，油藏初期产量较高，但产量递减大，采收率低。为进一步改善开发效果和提高采收率，针对高温、高盐和高含油饱和度的油藏特点，参考泡沫驱体系筛选规范，对常用的 9 种阴离子复合性表面活性剂和 3 种聚合物稳泡剂进行评价和优选，最终优选出耐盐、耐温、耐油的 Y802A+FP3330S 泡沫体系，利用该体系进行岩心驱油实验。结果表明：岩心在水驱达到 100% 后该体系与氮气驱交替驱后仍可提升 10% 以上的驱油效率，为下一步探索页岩油氮气泡沫驱改善开发效果奠定了基础。

关键词：页岩油藏；提高采收率；泡沫体系；驱油效率

长庆页岩油在上三叠统延长组长 7 段分布稳定、面积广，为一套半深湖—深湖相细粒沉积，为泥页岩夹多期薄层粉细砂岩岩性组合，是页岩油勘探开发主要对象，是长庆现实稳产的战略接替资源。长 7 页岩油储层岩性致密，基质渗透率小于 0.3mD，储层非均质性强，微裂缝发育，缝网复杂，具有矿化度高、含油饱和度高、地层温度高等特点。开发注水补能见效难、效果差，水驱无法建立有效的压力驱替系统，整体表现为低产低效井多、含水率高、见水风险大、定向井注水开发适应差。

为进一步验证泡沫在页岩油藏的适应性，2013 年 4 月在 A83 区长 7 页岩油开展试注试验 1 口，具有较好的注入性，1 年后试注停止，累计注入体积 0.06PV。注入后单井日产油由 0.59t 增加到 0.84t，综合含水率由 65.9% 下降到 26.6%，未发生气窜，见到了一定的效果[1-2]。

为进一步加强泡沫封堵效果，气体进入基质进行驱替，建立气驱压力驱替系统，提高地层压力，实现泡沫封堵，形成页岩油氮气泡沫驱应用技术[3-7]。本文利用试验区采出水，在油藏温度条件下，重点考虑发泡剂的配伍性、耐盐性、耐油性等性能，对 9 种发泡剂单剂和对 3 种 800 万相对分子质量的聚合物稳泡剂进行了优选，最终优选出 1 组适合试验区的泡沫体系，并利用与试验区渗透率相近的岩心进行水驱后氮气泡沫驱替实验。结果表明，在水驱含水率至 100% 后进行氮气泡沫驱，驱油效率仍可提高 10% 以上。

1 试验区简况

试验区为吴起油田 X193 长 7 油藏，储层致密，平均孔隙度为 8.1%，渗透率为 0.11mD。该区块油藏原始地层压力为 16.16MPa，油层温度为 69.1℃，原油黏度为 1.013mPa·s。地层水平均矿化度为 33.99g/L，水型为 $CaCl_2$ 型。该区储层天然裂缝发育，与主应力方向一致，多为高角度裂缝；体积压裂后缝网系统更加复杂，初期压裂缝沟通见水 12 井次，注水开发见水 20 井次，呈多方向，见水速度快，见水后控水治理难度大。

2 实验条件

2.1 实验设备

实验设备包括科氏力 WT-VSA2000B 吴茵搅拌发泡仪、西班牙 FUNGILAB 旋转黏度测试仪、德国 JULABO-F12 黏度测量控温仪水浴锅、HJ-2 磁力加热搅拌器、德国 DataPhysics SVT20N 超低界面张力测试仪、过滤因子测试仪、柜式氮气泡沫注入装置（平流泵、恒温箱、岩心夹持器、环压泵等）、烧杯、量筒若干。

基金项目：中国石油天然气股份有限公司科学研究与技术开发项目“三次采油提高采收率关键技术”（编号：2019B-1109）。

第一作者简介：段文标（1975—），男，硕士，高级工程师，主要从事提高采收率研究工作。地址：陕西省西安市未央区凤城四路长庆兴隆园小区，邮政编码：710018。

收稿日期：2021-11-24

2.2 实验材料

实验材料包括吴起油田 X193 区采出地层水与原油，相近渗透率的 30cm 人造岩心 2 块，KEW1、KEW4、Y802A、HY、CFP1 等 9 种发泡剂，SCS、CQS、FP3330S 聚合物类稳泡剂 3 种。

2.3 实验方法

使用 Waring Blender 法评价发泡效果，通过多组实验效果对比评价，优选出发泡率高、稳泡时间长、配伍性好的耐盐发泡体系[8-9]。按照一定浓度配置发泡剂溶液和稳泡剂溶液，观察并测试发泡剂溶液与目标油藏地层油和地层水配伍性、搅拌发泡率及析液半衰期、发泡剂浓度对发泡性能的影响等因素，并进行对比评价；对稳泡剂溶解性能、黏度、浓度和对发泡剂的稳泡效果等因素进行综合对比。优选出一套泡沫体系，并对所选的体系进行物模驱油实验。

3 实验结果与讨论

3.1 发泡剂性能评价

选择 9 种具有代表性常用发泡剂用作表面活性剂，在油藏温度下与目标地层水进行配伍性实验，并对发泡剂降低油水界面张力的能力和起泡性能、稳泡性能进行测试，对配伍性好的 6 种发泡剂进行评价和测试。

3.1.1 发泡剂优选

发泡剂与地层水混合后易发生物理化学变化产生沉淀，对发泡性能产生较大影响[10]。通过对比 9 种发泡剂与目标地层水混合后配伍状况发现（表 1），KEW1 等 3 种发泡剂与地层水混合后溶液变浑浊并产生白色沉淀，配伍性差，不适合作为该区域发泡剂。其余 6 种发泡剂溶解后为无色或浅黄色的透明溶液，配伍性好，可作为备选目标。

配制质量分数为 0.4%（有效含量，下同）的发泡剂溶液 100mL，在目标油藏温度下，用吴茵搅拌器 1 档搅拌 60s 后，迅速将泡沫倒入 1000mL 量筒中，读取泡沫体积和半衰期。可以看出 3 种发泡剂 CFP1、XPD1 和 XPD2 发泡能力受目标地层矿化度影响较大，其中 CFP1 和 XPD1 发泡率最低，不足 400%，XPD1 和 XPD2 析液半衰期短，不足 200s（表 1）。

表 1 发泡剂各项性能对比

名称	类型	界面张力 / (mN·m^{-1})	表面张力 / (mN·m^{-1})	配伍性	发泡率 /%	泡沫半衰期 /s
KEW1	两性	0.4796	27.89	溶液浑浊，溶解慢	550	423
KEW4	两性	0.6477	28.24	溶液无色、透明	600	251
CFP1	阴离子	0.4505	26.58	溶液无色、透明	380	345
CFP2	阴离子	0.7325	26.95	絮状物质	440	277
XPD1	两性	1.0247	29.66	溶液无色、透明	330	180
XPD2	两性	0.4826	27.12	溶液无色、透明	420	199
FP1688	阴离子	0.7214	28.63	白色沉淀	370	236
HY	两性	0.3522	26.35	溶液无色、透明	520	285
Y802A	两性	0.4166	25.04	溶液无色、透明	610	310

注：实验用水为试验区地层水，矿化度为 3.81×10^4 mg/L，水型为 $CaCl_2$ 型。

实验选取 Y802A 发泡剂配制不同浓度溶液，观察不同浓度条件下发泡率与析液半衰期的变化。试验表明，当溶液质量分数低于 0.8% 时，发泡率与发泡剂浓度正相关，当溶液质量分数高于 0.8% 时，随浓度的增加，发泡率上升幅度增加不明显，同时析液半衰期呈下降趋势（图 1）。

3.1.2 耐油性评价

原油能抑制发泡剂的发泡能力，并破坏泡沫的稳定性。原油对泡沫的抑制和破坏主要体现在液膜排液和气体在气泡之间的扩散。原油的存在，一方面使得表面活性剂分子离开水气界面，进入油相，泡剂的有效浓度降低；另一方面，原油接触泡沫后，在水气界面液膜铺展或乳化成小油珠，在外力和界面张力的驱动下进入泡沫结构内，产生 Marangoni 效应，以不同形式在不同程度上影响和破坏液膜的完整性[11-12]。通过对相同体积发泡溶剂加入定量 10mL 原油。发泡率和析液半衰期均受较大影响，二者约为未加前的

70%，并且多数发泡剂与原油乳化，发泡性能消失，包括 CFP2 等 6 种发泡剂无法在该油藏实现泡沫的封堵与驱油功能（图 2）。以 Y802A 为例，随着原油量的增加，泡沫性能急剧变差，当油量达到 60mL 时，发泡溶液被乳化，发泡能力完全消失。

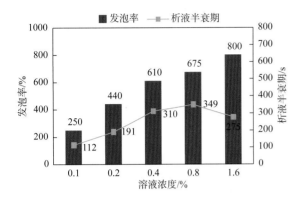

图 1 不同浓度体系发泡率和半衰期对比

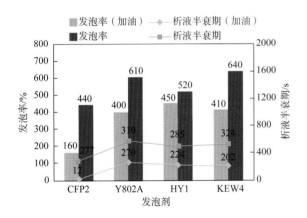

图 2 发泡剂耐油性发泡率及析液半衰期对比

3.1.3 吸附性评价

岩石颗粒对发泡剂具吸附作用，造成发泡溶液浓度降低，从而影响发泡能力[13]。采用目标区块岩心碎屑颗粒（80~120 目）与发泡剂溶液混合，通过恒速搅拌，充分吸附。然后通过剪切发泡，对比后可以看出，经过岩屑的吸附，原发泡剂的发泡率受到影响，与原性能比较，发泡剂与岩心碎屑颗粒充分吸附后，溶液中发泡剂浓度降低，发泡率受到一定影响，析液半衰期降至原来的 2/3，但仍能保证发泡性能（图 3）。

3.2 稳泡剂效果评价

如果使用单一的表面活性剂溶液，其半衰期一般较短，不能满足现场需要。为了提高泡沫的稳定性，延长泡沫寿命，目前主要通过添加高分子聚合物增黏的方式来提高泡沫液膜强度，达到

稳泡效果[14]。本次结合试验区地层水情况，对 3 种 600 万 ~800 万相对分子质量的聚合物开展稳泡剂筛选，以期能与最优起泡剂 Y802A 复配形成最优发泡体系。

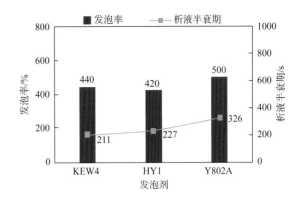

图 3 抗吸附性发泡率及析液半衰期对比

3.2.1 性能评价

泡沫的稳定性主要取决于液膜的厚度和表面膜的强度，泡沫液膜的表面黏度越大，溶液所形成的气泡寿命越长，即有利于泡沫稳定。对比 200mL 空白发泡剂溶液和含 3 种 0.05% 稳泡剂后的泡沫性能表明，加入稳泡剂后发泡剂溶液的发泡体积略有减小，但是泡沫的析液半衰期明显增加，表明泡沫的稳定性大幅提高（表 2）。

表 2 泡沫体系泡沫性能对比表

稳泡剂	起泡剂溶液（质量分数 0.4%）	发泡体积 / mL	析液半衰期 /s	泡沫综合指数 / (mL·s⁻¹)
空白	Y802A	1220	310	378200
SCS	Y802A	1190	467	555730
CQS	Y802A	1200	533	639600
FP3330S	Y802A	1210	636	769560

注：发泡体积是在一定搅拌条件下，200mL 起泡剂溶液在空气中的发泡量，一般也用发泡率 V [(V/200)×100] 来表示。

3.2.2 稳泡剂浓度评价

泡沫体系中加入稳泡剂后提高了泡沫液膜的黏度，从而提高了泡沫体系的稳定性；但若持续增大，会影响气液分散效果，使得气液的分散性变差，造成泡沫稳定性变差。当稳定剂质量分数低于 0.05% 时，泡沫体积随稳定剂浓度的增加而增加；当稳定剂质量分数高于 0.05% 时，随着稳泡剂质量分数的增大，发泡体积增加幅度较小，甚至略小于不加稳定剂的泡沫体积。

3.2.3 稳泡老化评价

连续测试 6h，黏度达到稳定，其中 FP3330S 和 CQS 均能提高黏度水平高至 3.0mPa·s 左右，

FP3330S 溶解速度相对较快，60min 即可完全溶解。

再通过对比 3 种稳泡剂溶液黏度与老化时间的关系，得出黏度随时间延长呈下降趋势，超过 50h 后 CQS 和 FP3330S 黏度下降幅度较大，至 144h 后，黏度由 3.0mPa·s 下降至 2.0mPa·s 以下，但仍较 SCS 黏度高（图 4）。

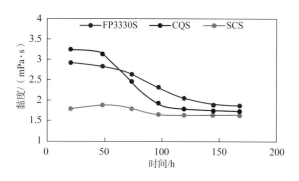

图 4　3 种泡沫体系黏度与保持时间对比曲线

4　驱油实验

通过氮气泡沫驱油室内物理模拟实验研究起泡体系的驱油效果。在温度 69.2℃条件下，采用直径为 25.12mm、长 29.4cm、孔隙度为 12.1%、渗透率为 0.28mD 的人造岩心，再通过人工饱和 X193 区长 7 层原油和地层水。首先进行水驱，当水驱含水率上升至 100% 时，停止水驱，折算出水驱采收率为 32.5%，然后注入氮气泡沫体系，直到含水率再次上升至 100%，此时累计注气量为 1.64PV，随后形成气窜，折算出氮气泡沫驱可提高驱油效率 10.0% 以上（图 5）。

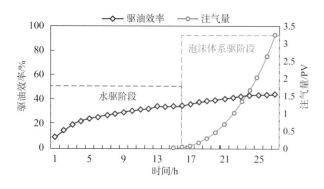

图 5　氮气泡沫驱油物理模拟实验曲线

5　结论与认识

（1）在地层水和原油存在的条件下，Y802A 发泡剂的耐盐、耐油效果最好，为最优发泡剂。

（2）综合考虑溶解速度和与发泡剂的配伍性能，稳泡剂 FP3330S 具有较好的适应性，且黏度保持率较好。

（3）优选出 Y802A（浓度 0.4%）+FP3330S（浓度 0.05%）体系，进行氮气泡沫岩心驱油实验表明，在水驱至含水率 100% 时进行氮气泡沫驱油，驱油效率可在水驱基础上提高 10% 以上。

参考文献

[1]　林炳龙，陈岩，宛利红，等.安 83 井区长 7 储层水驱特征研究[J].长江大学学报：自科科学版，2015（34）：16-18.

[2]　吴永彬，张运军，段文标.致密油油藏空气泡沫调驱机理实验[J].现代地质，2014，28（6）：1315-1321.

[3]　李雪松，王志军，王曦.多孔介质中泡沫驱油微观机理研究[J].试油钻探技术，2009，37（5）：110-113.

[4]　李士伦，郭平，戴磊，等.发展注气提高采收率技术[J].西南石油学院学报，2000（3）：41-45+3.

[5]　Falls A H，Hirasaki G J，Patzek T W，et al. Development of a mechanistic foam simulator：the population balance and generation by snap-off[J]. SPE Reservoir Engineering，1988，3（3）：884-893.

[6]　Farajzadeh R，Andrianov A，Krastev R，et al. Foam oil interaction in porousmedia：implications for foam assisted enhanced oil recovery[J]. Advances in Colloid and Interface Science，2013（183）：1-13.

[7]　Khatib Z I，Hirasaki G J，Falls A H. Effects of capillary pressure on coalescence and phase mobilities in foams flowing through porous media[J]. SPE Reservoir Engineering，1988，3（3）：919-926.

[8]　Rossen W R，Zhou Z H，Mamun C K. Modeling foam mobility in porous media[J]. SPE Advanced Technology Series，1995，3（1）：146-153.

[9]　雷金华，张永忠，曾云，等.致密油藏空气泡沫驱用发泡剂的室内实验筛选[J]. 中州煤炭，2016，8（248）：161-164.

[10]　曹维政，罗琳，张丽平，等.特低渗透油藏注空气、N₂ 室内实验研究[J]. 大庆石油地质与开发，2008，29（2）：113-117.

[11]　裴戈，杜朝锋，张永强，等.长庆高矿化度致密油藏空气泡沫驱适应性研究[J]. 油田化学，2015，32（1）：88-92.

[12]　赵田红，蒲万芬，金发扬，等.空气泡沫驱油室内实验研究[J].计算机与应用化学.2013，30（9）：1007-1010.

[13]　徐冬梅，蒋晓敏，韩晓强，等.用泡沫扫描分析仪考察泡沫剂的性能[J].石油化工，2010，39（11）：1285-1288.

[14]　胡小冬.低界面张力泡沫驱油体系研究与性能评价[D].荆州：长江大学，2011：83-102.

（英文摘要下转第 85 页）

特—超低渗透油藏周期注水效果定量评价方法

张原立[1,2]，王　晶[1,2]，王睿恒[1,2]，刘俊刚[1,2]，王　萍[1,2]，杨焕英[1,2]，

欧泉旺[1,2]，余雪英[1,2]

（1.中国石油长庆油田分公司勘探开发研究院；2.低渗透油气田勘探开发国家工程实验室）

摘　要：基于前人的研究并结合特—超低渗透油藏6年周期注水的规模实践，应用灰色关联法建立了包括优选评价参数、确定评价参数权重、确定分类系数、确定综合评价指数4个方面9项评价参数的特—超低渗透油藏周期注水效果定量评价方法。评价参数中引入了综合吸水强度参数，该参数可以克服传统方法仅能通过经验对吸水效果进行定性判断的缺陷。应用该方法评价了特—超低渗透油藏的周期注水效果，得到了3点认识：（1）周期注水效果定量评价结果与现场认知相符性较高；（2）周期注水实施区域地层能量应保持充足（压力保持水平90%~110%）；（3）一次井网适应性好的油藏根据注水时机开展周期注水，一次井网适应性差的油藏应先进行井网调整，再开展周期注水。

关键词：灰色关联法；周期注水；定量评价；综合吸水强度

特—超低渗透油藏主要为注水开发，但由于受到油藏储层非均质性、天然微裂缝及人工压裂缝的影响，注入水会优先进入渗流阻力较小的高渗透层。随着注水开发时间的延长，特—超低渗透油藏暴露出一定的问题：（1）随着渗透率的降低，注水利用率逐渐变差，其中低渗透油藏注水利用率为87.2%，特低渗透油藏注水利用率为53.2%，超低渗透油藏注水利用率为32.9%；（2）油藏管理过程中，根据油藏的开发特征、渗流规律及开发矛盾等提出了一些改善水驱效果的措施，如加密调整、常规注水调整等工作，取得了一定效果，但是加密井产量低，措施有效期短，常规注水调整有效率也逐年下降，同时随着油藏进入中—高含水期，含水上升速度加快等矛盾显现出来；（3）受储层非均质性的影响，岩心观察、测井解释、剩余油测试结果显示，水驱后纵向上的剩余油呈互层式分布。

苏联学者首次提出了周期注水的概念[1]，国内外石油科技人员在此基础上，对周期注水的机理、适用性和特点进行了实验室研究、理论研究、矿场试验3方面的研究[2-5]。国内外矿场实践表明，周期注水是中高含水期改善油田开发效果的有效手段之一，具有投资小、见效快、简单易行的优点，可以在一定程度上减缓含水上升率，提高最终水驱采收率。

近年来，长庆油田在前人研究的基础上开展周期注水工作，已规模化开展6年，截至2019年底，开展注水井7412口，对应油井1.9万余口，覆盖了特—超低渗透主力油藏，具备了综合评价周期注水效果的基础。综合评价周期注水效果的方法尚未见报道，目前主要的评价方法有单一指标数学模型评价法、典型指标定性描述等：单一指标数学模型评价法指将理论曲线与实际曲线对比，该方法简单、明了，在油田得到了广泛应用，但其未能反映注水开发过程中的系统性特征；典型指标定性描述指通过递减率、含水上升率等指标来分析描述从而判断实施效果，但其没有明确的评价指标界限。因此，对于特—超低渗透油藏迫切需要一个综合定量评价周期注水效果的方法。本文采用灰色关联法确定评价参数的权重，最终建立周期注水效果定量评价方法。

1　周期注水动态参数研究

前人对周期注水的机理研究已较为成熟，这里不再赘述。中—高渗透油藏周期注水相关研究较多，而低渗透油藏存在启动压力梯度、裂缝及应力敏感性等问题，低渗透油藏周期注水时机、周期注水方式如何选择，周期注水参数如何优

第一作者简介：张原立（1986—），男，本科，工程师，主要从事超低渗油田开发研究工作。地址：陕西省西安市凤城四路，邮政编码：710018。

收稿日期：2021-04-07

化，有待研究。

1.1 油藏优选

周期注水具有较广泛的适应性[6]。由于特—超低渗透油藏应力敏感性较强，压力下降过大时，易对储层物性造成不可逆的伤害。因此，充足的地层能量是周期注水的前提。规模矿场实践分析认为，油藏压力保持水平越低，周期注水见效程度越低。因此，特—超低渗透油藏开展周期注水时，压力水平应保持在 90%~110% 之间（图 1）。

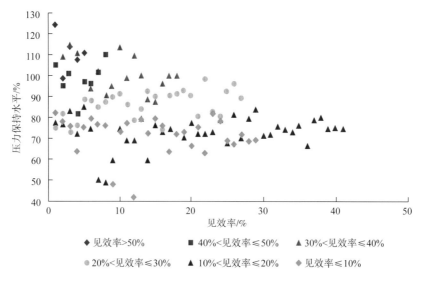

图 1　周期注水见效率与压力保持水平的关系

1.2 注水时机

俞启泰[7]等通过数值模拟认为中—高渗透油藏含水率达 30% 以前是转周期注水的最佳时机；梁春秀[8]等通过微观驱油研究认为中—高渗透油藏周期注水的最佳时机是含水率为 40% 时，数模研究认为最佳时机为含水率为 60%~80% 时。而特—超低渗透油藏数值模拟认为，含水率大于 50% 后，含水率与采出程度关系曲线才开始向右偏移，134 个油藏规模矿场实践分析认为，含水率大于 60% 时，增油效果明显，周期注水效果越好。因为对于储层非均质性强的油藏来讲，含水率大于 60% 时，高、低渗透层间饱和度差异变大，周期注水交渗物质基础良好（图 2、图 3）。

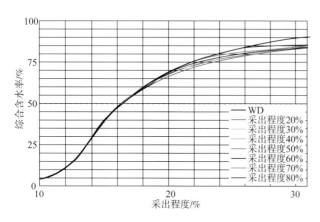

图 2　含水率与采出程度关系曲线（级差为 4）

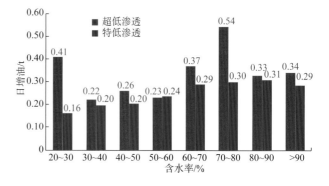

图 3　不同含水分级下的日增油对比

1.3 注水周期

目前针对注水周期的确定方法主要有油藏工程方法、数值模拟方法和示踪剂方法 3 种。其中应用最广泛的是油藏工程方法，但该方法存在以下缺陷：一是该方法所确定的注水周期为注水见效时间，而实际注水周期是要保证停注后地层中某一点处油水置换所需时间；二是该方法未考虑裂缝对油水置换时间的影响。

以油水井压力测试资料为基础，探索出了更符合周期注水机理、更适用于低渗透油藏、更易于矿场操作的注水周期确定方法，即压力恢复速度法。该方法主要原理：依据周期注水原理，注水周期实际就是周期注水后地层中压力平衡的时间，因此以压力恢复（或压力降落）测试资料为基础，利用 Honer 曲线近似消除井筒储集效应，得到较真实的地层中压力平衡时间。

根据油井压力恢复测试数据，绘制 Horner 曲线，利用直线拟合确定直线段开始时间，计算近似井筒储集效应结束时间 Δt_1；Horner 图直线段外推得到外推压力 p_i；近似井筒储集效应结束时间对应压力 p_1；压力测试结束时间对用压力 p_2。计算油井压力平衡速度，根据压力平衡速度计算压力平衡时间（图 4）。

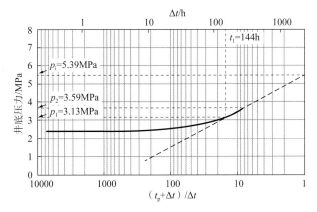

图 4 A 井 Horner 曲线

1.4 注水方式

中—高渗透油藏及部分特低渗透油藏数值模拟及矿场实践表明，不对称周期注水效果好于对称周期注水。特—超低渗透油藏矿场实践表明，在不对称周期注水方式中，异步周期注水效果要好于同步周期注水。

特—超低渗透油藏存在应力敏感，采用增注—减注方式效果要好于增注—停注，因为增注—停注方式下层压力下降会导致渗透率的下降，恢复注水后渗透率也不能完全恢复（图 5、图 6）。

受井网、沉积相及非均质性影响，特—超低渗透油藏含水率达 60% 以后剩余油仍较为富集。因此，不同的剩余油分布模式也决定了不同的注水方式。孔隙渗流油藏剩余油主要富集在油井间，应采用轮换异步注水模式。裂缝渗流油藏剩余油主要富集在裂缝的侧向，应采用排状异步注水模式。对于裂缝发育且高含水油藏采用轮注轮采模式，轮注轮采是指通过注水井和采油井交互关停，以实现更充分的油水交渗。裂缝型油藏注

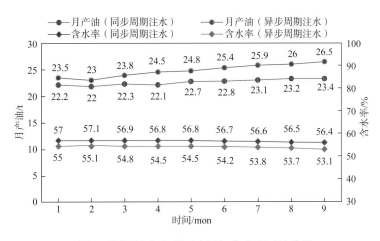

图 5 不同注水方式下产量与含水率对比曲线

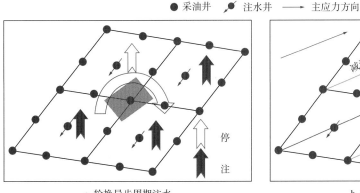 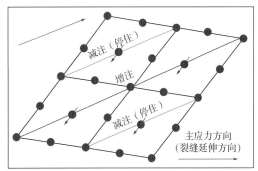

a. 轮换异步周期注水　　　　　　　b. 排状异步周期注水

图 6 不同剩余油分布模式对应不同周期注水方式

采反应敏感，采油井停井后，能够有效防止注入水沿裂缝水窜。

1.5 波动幅度与注水频率

周期注水采油的关键是，既要造成地层压力的明显波动，又要保证油藏有足够的驱油能量。周期注水通过注水波动幅度来表示地层压力的波动，该参数等于增注时注水量和减注时注水量差值与两倍稳定注水时注水量的比值。

通过数值模拟方法和矿场试验结合，结果表明：由于应力敏感的存在，低渗透油藏注水波动幅度并不是越大越好，而是存在一个最优点，一般范围为 0.6~0.8（图 7）。

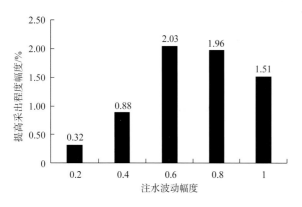

图 7　不同注水波动幅度下提高采出程度对比图

相对注水频率是开注时间与减注时间的比值。通过数值模拟研究，孔隙型和裂缝型低渗透油藏均随着相对注水频率的减小，周期注水效果变好。

但是当相对注水频率过低时，在保证地层能量的前提下，增注期间注水量过大，会导致注水压力超过岩石破裂压力，裂缝进一步扩张。因此，建议孔隙型低渗透油藏应采用低相对注水频率，选择 0.5；裂缝型低渗透油藏应采用高相对注水频率，选择 1（图 8）。

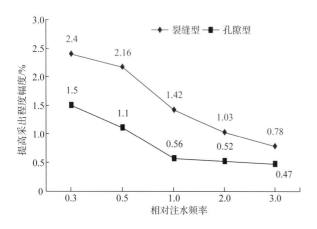

图 8　不同相对注水频率下的采出程度提高值对比图

2 周期注水效果评价方法

周期注水效果定量评价方法包括 4 个方面：（1）筛选评价参数；（2）确定评价参数的权重；（3）确定分类系数；（4）确定综合评价指数。

2.1 评价参数

在油田开发水平分级[9]和井网适应性评价[10]的基础上，筛选出注水井注入压力、注水强度、压力保持水平、存水率、递减率、含水上升幅度、稳产时间 7 个评价参数。为了评价注水井吸水效果，引入了综合吸水强度参数，该参数是以吸水剖面测试数据为基础，统一评价吸水效果的量化标准，更准确、更快捷地定量评价注水井吸水效果。

综合吸水强度 θ 是指均匀吸水面积除以吸水总面积。均匀吸水面积 S_0 为测试段中各测试点中测试前后的伽马值之差的最小值与有效吸水厚度的乘积，公式为

$$S_0 = \min(GR_j - YGR_j) \cdot L_0 \qquad (1)$$

吸水总面积 $S_{总}$ 为各测试点的吸水面积之和，公式为

$$S_{总} = \sum L_j \cdot (GR_j - YGR_j)/B_0 \qquad (2)$$

$$\theta = \frac{S_0}{S_{总}} \qquad (3)$$

式中　S_0——均匀吸水面积；

　　　　$S_{总}$——吸水总面积；

　　　　L_j——测试点吸水厚度；

　　　　L_0——有效吸水厚度；

　　　　GR_j——测试后伽马值；

　　　　YGR_j——测试前伽马值；

　　　　B_0——标准长度的伽马值。

运用综合吸水强度 θ 对注水井的吸水效果分级。根据注水井吸水效果的定量评价，将注水井吸水效果分为 5 类：当 $L_0=0$ 时，归为不吸水；当 $L_0 > 0$ 时，将 $0.6 < \theta \leqslant 1$ 归为 I 级，吸水均匀；将 $0.4 < \theta \leqslant 0.6$ 归为 II 级，吸水不均匀；将 $\theta \leqslant 0.4$ 归为 III 级，吸水异常。其余 7 个参数可以通过矿场统计得到。

2.2 评价参数权重及分类系数

2.2.1 灰色关联法

灰色关联分析法是分析系统中各因素关联程度的方法[10]，它可在不完全的信息中，对所要分析研究的各因素进行数据处理，在随机因素序列

间找出它们的关联性，发现主要矛盾，找到主要特性和影响因素。

2.2.1.1 数据无量纲

以平均单井年增油为参考序列。设 $x_0=\{x_0(k)|k=1，2，\cdots，m\}$ 为参考数列，$x_i=\{x_i(k)|k=1，2，\cdots，m\}（i=1，2，\cdots，n）$ 为比较数列。

由于各参数的因次不同，为使其具有可比性，本文采用式（4）对各项参数进行无量纲处理。

$$x_i(k)'=[x_i(k)-\min x_i(k)]/[\max x_i(k)-\min x_i(k)] \tag{4}$$

2.2.1.2 权重系数确定

数据经过无量纲处理后，由式（5）计算 $x_i(k)$ 与 $x_0(k)$ 的关联系数[10]：

$$\xi_i(k)=\frac{\underset{i}{\min}\,\underset{k}{\min}\Delta_i(k)+\rho\,\underset{i}{\max}\,\underset{k}{\max}\Delta_i(k)}{\Delta_i(k)+\rho\,\underset{k}{\max}\,\underset{k}{\max}\Delta_i(k)} \tag{5}$$

其中分辨系数一般取值为（0，1），通常取0.5。计算出关联系数，然后利用平均值法计算关联度[10]：

$$\gamma_k=\frac{1}{n}\sum_{i=1}^{n}\xi_i(k) \tag{6}$$

得到关联度后，经式（7）归一化处理得到权重系数[10]：

$$W_k=\frac{\gamma_k}{\sum_{k=1}^{m}\gamma_k}\times 100 \tag{7}$$

2.2.2 分类系数确定

根据周期注水效果定量评价参数的具体数

值确定分类系数的值，其中分类系数根据长庆油田不同类型油藏开发水平分类分级技术规范[11]确定，Ⅰ、Ⅱ、Ⅲ级分类系数分别为1、0.5、0。

综合以上评价参数、参数权重、分类系数建立周期注水效果定量评价方法。

$$Q=\sum_{m=1}^{8}w_m N_m \tag{8}$$

综合评价指数：$Q\geqslant 70$，表示周期注水效果好；$50\leqslant Q<70$，表示周期注水效果较好；$Q<50$，表示周期注水效果较差。

3 应用实例

3.1 长庆油田实施概况

特—超低渗透油藏储层孔喉细小，溶蚀孔发育，孔隙以粒间孔隙为主；天然裂缝优势方位均为北东向。从油藏整体来看，表现为岩性更致密、孔喉更细微、物性更差、微裂缝较发育[12-15]等。截至2019年底，已实施周期注水油藏134个，注水井6598井次，对应油井19000余口，累计增油 8.4×10^4t，累计降水 13.3×10^4t，少注水 246×10^4m³，按60美元/bbl计算，预计利润2.8亿元，取得了良好的效果。

3.2 周期注水效果定量评价

以特—超低渗透油藏10个主力区块为例，应用上述方法计算各参数的影响程度，特—超低渗透油藏参数见表1，表1中除稳产时间外，各参数均为周期注水前后各参数的差值。

表1 超低渗透油藏周期注水油藏基本参数

区块	单井年增油/t	注入压力/MPa	压力保持水平/%	存水率/%	递减率下降幅度/%	含水率下降幅度/%	综合吸水强度/%	注水强度/[m³·(d·m)⁻¹]	水驱指数/(m³·t⁻¹)	采收率/%
A1	44	−1.20	9.62	0.0003	7.97	6.00	0.02	0.003	0.38	3
A2	10	1.63	10.07	−0.0007	−9.31	11.25	−0.03	0.000	0.19	1.5
A3	15	−0.57	−19.22	−0.0037	−15.80	−2.09	−0.04	−0.035	0.88	2
A4	37	0.70	−13.81	−0.0021	23.10	−12.41	−0.04	−0.017	3.07	2.2
A5	15	−6.34	14.18	−0.0037	−0.91	2.15	−0.05	−0.008	−0.09	1.5
A6	80	−9.33	−0.91	0.0163	40.37	10.18	0.03	0.002	2.03	3.2
A7	75	1.14	0.69	−0.0271	9.79	6.10	0.02	−0.006	−0.57	2.3
A8	10	0.96	−3.33	−0.0451	−5.12	−4.98	0.02	−0.001	−0.34	2.3
A9	12	0.48	−10.29	−0.0058	−0.19	−15.29	−0.02	−0.001	3.40	2

灰色关联法计算：根据表 1 数据进行计算，以平均单井年增油为参考序列，其余 8 个参数为比较序列。计算出的关联系数结果见表 2。根据表 2 中的关联系数得到各参数关联度并进行排序，得到各参数的关联度排序。

根据上述确定的各参数的权重，结合分类系数，建立了周期注水效果定量评价方法见表 3，评价结果见表 4。

表 2　周期注水效果影响参数关联系数及权重系数

区块	注入压力 /MPa	压力保持水平 /%	存水率 /%	递减率下降幅度 /%	含水率下降幅度 /%	综合吸水强度 /%	注水强度 /[m³·(d·m)⁻¹]	水驱指数 /(m³·t⁻¹)	采收率 /%
A1	0.665	0.573	0.668	0.882	0.616	0.565	0.495	0.666	0.560
A2	0.333	0.363	0.409	0.812	0.333	0.667	0.354	0.724	1.000
A3	0.407	0.875	0.454	0.875	0.540	0.903	0.875	0.630	0.692
A4	0.483	0.695	0.611	0.616	0.648	0.661	0.848	0.482	0.942
A5	0.713	0.350	0.454	0.721	0.460	0.875	0.445	0.911	0.875
A6	0.333	0.525	1.000	1.000	0.926	1.000	0.940	0.591	1.000
A7	0.949	0.601	0.440	0.514	0.803	0.903	0.742	0.350	0.522
A8	0.347	0.513	1.000	0.724	0.563	0.364	0.362	0.897	0.515
A9	0.366	0.677	0.450	0.667	0.946	0.591	0.366	0.340	0.653
关联度	0.511	0.575	0.610	0.757	0.648	0.725	0.603	0.621	0.751
权重系数	9	10	11	13	11	13	10	11	13

表 3　周期注水效果定量评价方法

编号	评价参数	权重分值（w）	分类系数 N			综合评价指数 Q
			Ⅰ级 N=1	Ⅱ级 N=0.5	Ⅲ级 N=0	
1	注入压力 /MPa	9	<-6	[-6, 0)	≥ 0	
2	压力保持水平 /%	10	≥ 10	(10, -4)	≤ -4	
3	存水率 /%	11	≥ -0.010	[-0.015, -0.010)	<-0.015	
4	递减率 /%	13	>7	(0, 7]	≤ 0	$Q = \sum\limits_{m=1}^{8} w_m N_m$
5	含水率上升幅度 /%	11	>5	[5, -2)	<-2	
6	综合吸水强度 /%	13	>0.02	(0, 0.02]	≤ 0	
7	注水强度 /[m³·(d·m)⁻¹]	10	>0	(-0.01, 0]	≤ -0.01	
8	水驱指数 /(m³·t⁻¹)	11	>2	(0, 2]	≤ 0	
9	提高采收率 /%	13	>3	(2, 3]	≤ 2	

表 4　周期注水效果定量评价结果

区块	油藏类型	见效率 /%	压力保持水平 /%	总分	效果
A1	特低渗透	60	96.0	82	好
A2	超低渗透	46	92.7	52	较好
A3	超低渗透	34	136.6	23	差
A4	特低渗透	45	98.0	51	较好
A5	特低渗透	36	102.2	32	差
A6	特低渗透	55	82.8	87	好
A7	超低渗透	50	86.2	63	较好
A8	超低渗透	35	87.8	39	差
A9	超低渗透	32	60.1	43	差

3.3 实例分析

A1 油藏平均孔隙度为 10.5%，平均渗透率为 2.72mD，2002 年采用菱形反九点井网大规模注水开发。受微裂缝发育影响，平面上裂缝性见水井较多，主向井见水快，同时随着水驱波及范围的扩大，平面见水呈多方向性；纵向受非均质性影响，水驱差异大，不同水洗程度交互分布，低渗层动用程度低。剩余油井间富集，根据上述分析选择了轮换异步周期方式，周期注水后两项递减及含水上升率大幅下降，油藏开发形势明显好转，含水率与采出程度关系曲线向右偏移，提高了水驱波及体积，以及油藏的最终采收率（图 9）。

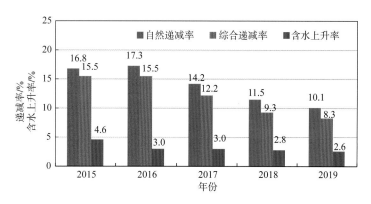

图 9 A1 油藏历年递减率及含水率上升率

A8 油藏平均渗透率为 0.38mD，2010 年实施规模建产，采用 480m×130m 菱形反九点井网超前注水井，粒径 300nm，单方向见水，水驱主向与井网长对角线方向不一致，注入水沿裂缝窜流明显，裂缝主向油井见水快，侧向油井见效程度低。裂缝侧向水驱范围窄，剩余油分布在水线侧向，一次井网适应性差。2015 年在裂缝线侧向开展缩小排距加密，加密后主侧向压差明显下降，平面压力分布趋于均衡，排距缩小后有效驱替系统更容易建立。在含水率为 65% 区域开展了周期注水试验，对应油井 138 口，见效比例为 26.8%，自然递减率由 12% 下降至 10.5%，综合含水率由 76.2% 下降至 70%，周期注水效果较好（图 10）。

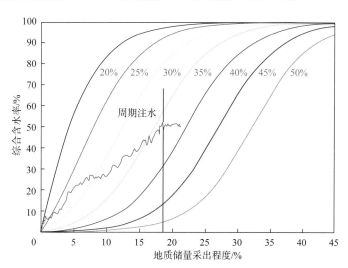

图 10 A1 油藏含水率与采出程度关系曲线

统计 134 个实施油藏认为水驱见效程度高（50% 以上），一次井网适应性好的油藏，周期注水实施效果好。对于实施效果好的油藏，继续开展周期注水；对于一次井网适应性差的油藏，应先进行井网调整，再开展周期注水。

4 结论

（1）周期注水效果评价中引入了综合吸水强度参数，该参数可以克服传统方法仅能通过经验对吸水效果进行定性判断的缺陷。

（2）建立了周期注水效果定量评价方法，该方法应用了灰色关联法、信息量分析法，消除了人为因素对权重分配的影响，使得评价更加的科学、严谨。

（3）应用该方法评价了特—超低渗透油藏的周期注水效果，周期注水效果定量评价结果与现场认知相符性较高；周期注水实施区域地层能量应保持充足（压力保持水平 90%~110%）；一次井网适应性好的油藏根据注水时机开展周期注水，一次井网适应性差的油藏，应先进行井网调整，再开展周期注水。

参考文献

[1] 沙尔巴托娃．层状非均质油层周期注水开发 [M]．北京：石油工业出版社，1988：30-45.

[2] George M，Guidroz E T，Daniel O. Project A sueeessful spraberry flood[J]. Journal of Petroleum Technology，1967（9）：1137-1140.

[3] Enright R J.Spraberry cyelieal flood teehnique may net 500 million bbl of oil[J].Oil and Gas Journal，1962，10（1）：63-77.

[4] 殷代印，翟云芳，张雁. 裂缝性砂岩油藏周期注水数学模型及注水效果的影响因素 [J]. 大庆石油学院学报，2000，24（1）：88-90.

[5] 计秉玉，袁庆峰. 垂向非均质油层周期注水力学机理研究 [J]. 石油学报，1993，14（2）：74-80.

[6] 俞启泰，张素芳. 周期注水的油藏数值模拟研究 [J]. 石油勘探与开发，1993，20（6）：46-53.

[7] 俞启泰，张素芳. 再述周期注水的油藏数值模拟研究 [J]. 石油勘探与开发，1994，21（2）：56-61.

[8] 梁春秀，刘子良，马立文. 裂缝性砂岩油藏周期注水实践 [J]. 大庆石油地质与开发，2000，19（2）：24-26.

[9] 中国石油天然气总公司. 油田开发水平分级：SY/T 6219—1996[S]. 北京：中国石油天然气总公司，1996.

[10] 赵继勇，安小平，王晶，等. 超低渗油藏井网适应性定量评价方法：以鄂尔多斯盆地三叠系长 6、长 8 油藏为例 [J]. 石油勘探与开发，2018，45（3）：482-488.

[11] 中国石油天然气股份有限公司长庆油田公司. 长庆油田不同类型油藏开发水平分类分级技术规范：Q/SY—2016[S]. 西安：中国石油天然气股份有限公司长庆油田公司，2016.

[12] 任大忠，孙卫，赵继勇，等. 鄂尔多斯盆地岩性油藏微观水驱油特征及影响因素 [J]. 中国矿业大学学报，2015，44（6）：1043-1052.

[13] 史成恩，万晓龙，赵继勇，等. 鄂尔多斯盆地超低渗透油层开发特征 [J]. 成都理工大学学报（自然科学版），2007，34（5）：538-542.

[14] 樊建明，屈雪峰，王冲，等. 鄂尔多斯盆地致密储集层天然裂缝分布特征及有效裂缝预测新方法 [J]. 石油勘探与开发，2016，43（5）：740-748.

[15] 张忠义，陈世加，杨华，等. 鄂尔多斯盆地三叠系长 7 段致密油成藏机理 [J]. 石油勘探与开发，2016，43（4）：590-599.

Quantitative evaluation method of periodic water injection effect in extra-to-ultra low permeability reservoirs

ZHANG YuanLi[1,2], WANG Jing[1,2], WANG RuiHeng[1,2], LIU JunGang[1,2], WANG Ping[1,2], YANG HuanYing[1,2], OU QuanWang[1,2], and YU XueYing[1,2]

(1. Exploration and Development Research Institute of PetroChina Changqing Oilfield Company;
2. National Engineering Laboratory for Exploration and Development of Low Permeability Oil & Gas Fields)

Abstract: Based on the predecessors' research and combined with the large-scale practice of 6-year periodic water injection in extra-to-ultra low permeability reservoirs, by using grey correlation technique, a quantitative evaluation method of periodic water injection effect is established that includes 9 evaluation parameters in four aspects of optimization of evaluation parameters, determination of evaluation parameter weight, determination of classification coefficient and determination of comprehensive evaluation indexes. The parameter of comprehensive water-intake intensity is introduced into the evaluation parameters, which can overcome the disadvantage that the traditional method can only qualitatively judge the water intake effect by experience. This method is applied to evaluating the effect of periodic water injection in extra-to-ultra low permeability reservoirs, and three understandings are obtained: (1) The quantitative evaluation results of periodic water injection effect are highly consistent with the on-site cognition; (2) The formation energy in the implementation area of periodic water injection should be kept sufficient (the maintaining level of formation pressure is 90%-110%); (3) For reservoirs with good adaptability of primary well pattern, periodic water injection should be carried out in the basis of water injection timing. For reservoirs with poor primary well pattern adaptability, well pattern adjustment should be carried out first, and then periodic water injection should be conducted.

Key words: grey correlation method; periodic water injection; quantitative evaluation; comprehensive intensity of water-intake

聚合物微球调驱在 S218 区块应用效果评价

南　煜[1]，张　祯[2]，辛元丹[2]，张春晖[2]，李　卓[2]

（1. 中国石油长庆油田分公司对外合作部；2. 中国石油长庆油田分公司第一采油厂）

摘　要：随着注水时间的延长，安塞油田目前平均含水率已达 60% 以上，进入中—高含水开发阶段，水驱控制程度逐渐变低，水驱效率逐年降低，致使剩余油高度分散。S218 区块位于安塞油田 S37 油藏西南部，目前主要面临油藏排状连片含水率整体上升、油井呈多方向见水、见水速度加快等开发矛盾。2019 年开始在 S218 区块实施聚合物微球调驱试验，依据 S37 油藏实施效果，特选用粒径 300nm、浓度 0.2% 的聚合物微球，注入量 2000m³，整体注入。结果显示，聚合物微球调驱有效缓解了区块含水率上升的矛盾，取得了良好的控水效果。

关键词：S218 区块；含水率；聚合物微球；调驱；参数设计

安塞油田 S218 区块于 2003 年投入勘探开发，2015 年油藏整体加密调整后，注水强度加大，地层能量逐年升高，油藏水驱规律日益复杂。2019 年初，油藏排状连片含水率上升，油井多方向见水，见水速度加快，目前油藏综合含水率为 64.6%，已进入中—高含水开发阶段，油水井之间的水淹现象日益加剧，阶段采收率降低，常规注水调整已无法解决这些问题。针对该开发矛盾，2019 年起，S218 区块开展聚合物微球调驱试验，通过将高渗透地层优先封堵，改变注入水流动方向，降低高含水油井产水量，进而提高油井的水驱采收率和开采效益[1]。

1 聚合物微球调驱机理

聚合物微球主要是由水溶性单体聚合而成的圆球状凝胶颗粒，具有可膨胀、可物理吸附交联和抗盐抗剪切的作用[2]。聚合物微球注入油层后，优先进入高渗透地层，位于其表面的活性基团可在极性作用下吸附于油层孔道的内壁上，微球吸水膨胀后，孔道间隙变小，形成类似表面亲油的毛细孔，水滴经过该孔道时，在毛细管力的作用下其运移受到阻碍，导致不能顺利通过孔道。而油滴则因为与油相的亲和性及渗流作用通过孔道，最终达到选择性堵水的效果。此外，聚合物微球在油层孔道中通过架桥及滞留来降低高渗透地层渗透率，而后又在压差作用下继续进行运移、封堵、再变形运移的循环过程，以此达到逐级封堵油层孔道、改变注入水流方向和扩大油层深部水流波及体积的目的，驱替剩余油，从而提高洗油效率。

2 实施区概况

2.1 地质概况

S218 注水单元隶属于候市油藏 S37 区块，三角洲前缘水下分流河道沉积体系。该油藏主要开采长 6 油层，平均孔隙度为 14.1%，岩心分析平均空气渗透率为 1.79mD，地层水水型以 $CaCl_2$ 型为主，属弱亲水油藏。长 6 储层压汞排驱压力较高（表 1），平均为 6.04MPa，中值半径为 0.08~0.29μm，平均为 0.19μm，储层具有较好的储集渗流能力。

表 1　S218 区长 6 储层孔喉结构特征统计表

井号	层位	深度 /m	孔隙度 /%	空气渗透率 /mD	均值系数	分选系数	变异系数	中值压力 /MPa	中值半径 /μm	排驱压力 /MPa	最大进汞饱和度 /%	退汞效率 /%	试油结果	
													日产油 /t	日产水 /m³
H111	长 6₁¹⁻²	1523.3	14.0	0.44	10.39	2.85	0.27	8.83	0.08	8.83	83.41	25.60	4.42	1.70
H156-23	长 6₁²	1560.8	14.2	3.15	9.68	2.94	0.30	3.24	0.29	3.24	86.71	34.52	36.03	8.64
平　均			14.1	1.79	10.03	2.90	0.29	6.04	0.19	6.04	85.06	30.06		

第一作者简介：南煜（1988—），男，硕士，工程师，主要从事油田开发地质及提高采收率工作。地址：陕西省西安市未央区未央路 151 号科研综合楼，邮政编码：710018。

收稿日期：2022-02-17

2.2 区域开发概况

S218 区块加密后采取排状井网。井网密度为 11.9 口 /km²，单井控制可采储量为 1.17×10^4t/口。采油井开井 124 口，平均日产油 124t，平均单井产能 1.0t/d，综合含水率为 64.6%。注水井开井 52 口，平均日注水 338m³，月注采比为 0.84，累计注采比为 1.79。

3 聚合物微球调驱效果评价

3.1 聚合物微球方案设计

根据侯市油藏现场实施效果及室内分析评价，对注入粒径、质量浓度及合理注入量进行进一步优化，S218 注水单元微球调驱的具体参数如下。

（1）注入粒径。增大比表面积、降低渗透率理论，结合室内填砂管封堵实验，得出最佳粒径匹配数值为理论计算封堵率存在于 85%~95% 之间所对应的微球初始粒径 [3]。借鉴前期侯市油藏 S37 区块加密区聚合物微球调驱实施效果，结合室内评价结果，2019—2020 年阀组实施优选 300nm 粒径。

（2）注入质量浓度。根据室内封堵实验评价结果，聚合物微球质量浓度高于 2000mg/L 后，残余阻力因子增加幅度明显变小，且在地层中形成了有效的封堵 [4]。借鉴前期侯市油藏 S37 区加

密区微球调驱实施情况和效果，浓度优选 0.2%。

（3）注入量。通过不同 PV 数聚合物微球注入填砂管实验，考虑经济因素，确定合理的聚合物微球注入 0.3PV[4]，经计算单井注入量为 2000m³，S218 注水单元设计单井用量为 2000m³。

3.2 应用效果评价

借鉴 S37 区块微球治理效果，2019 年在 S218 注水单元连片部署 6 个阀组，21 口注水井（粒径 300nm，质量分数 0.2%，单井平均设计微球注入量 4.0~5.5t），提高水驱波及体积，改善水驱效果。

3.2.1 注水井效果分析

（1）注水井压力变化。

21 口井压力变化整体呈现出 4 种变化类型：持续上升、先上升后下降、先下降后上升、持平。按照注水井压力变化分析，压力先下降后上升和持续上升井组效果较好，对应油井有效期长（图 1a、b），其余两种压力变化类型位于井网边部，对应油井有效期较短（图 1c、d）。

（2）注水井压降变化。

目前全区压力指数 PI 值为 11.4MPa，2019—2020 年微球调驱前后压降测试可同井对比 15 口，平均 PI 值由 9.27MPa 升至 11.04MPa，压降曲线形态主要呈缓慢下降型（表 2）。

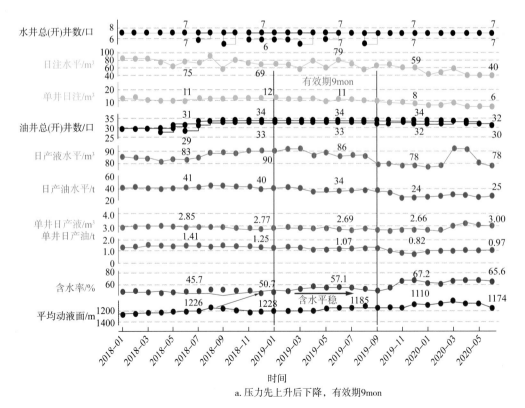

a. 压力先上升后下降，有效期9mon

图 1　不同压力变化类型油井生产曲线对比

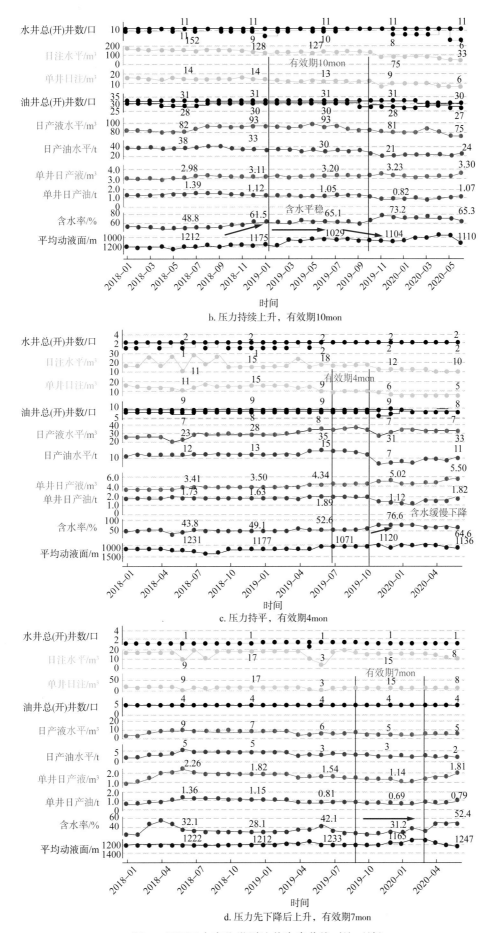

b. 压力持续上升，有效期10mon

c. 压力持平，有效期4mon

d. 压力先下降后上升，有效期7mon

图 1 不同压力变化类型油井生产曲线对比（续）

表2 注水井PI变化情况统计表

序号	井号	调剖前PI值/MPa	调剖后PI值/MPa	压降类型
1	H155-24	8.16	10.06	缓慢下降
2	H155-241	4.78	5.02	先急后缓
3	H157-26	10.79	11.97	缓慢下降
4	H157-262	11.91	12.02	缓慢下降
5	H157-261	11.10	11.89	先急后缓
6	H155-22	11.15	11.87	先急后缓
7	H162-251	12.63	11.31	缓慢下降
8	H156-232	10.15	12.70	缓慢下降
9	H157-24	9.23	12.41	缓慢下降
10	H156-25	12.39	12.37	缓慢下降
11	H158-253	6.01	5.34	快速下降
12	H158-251	7.08	11.43	缓慢下降
13	H156-231	8.16	11.91	缓慢下降
14	H157-221	6.31	13.67	缓慢下降
15	H157-262	9.20	11.60	缓慢下降
	平 均	9.27	11.04	

（3）水驱储量动用程度。

目前S218区水驱动用程度为80.1%，措施前后吸水剖面可同井对比5口，其中3口井吸水剖面改善，厚度增加2.4m；1口井吸水剖面变差，厚度减少1.8m，调剖区域水驱动用程度提高3.4%（图2、图3）。

对比分析，调驱后压力上升井吸水剖面改善明显，尖峰状、弱吸水段吸水增强，表明注入微球后，水驱剖面该层注入突进情况减弱。

3.2.2 油井效果分析

微球调驱注水井21口，对应油井41口，措施前自然递减为-1.4%，含水上升速度为12.2%，见效比为38.8%。2019年1月注入微球后，含水上升速度明显减缓，控水效果明显。2019年10月综合含水上升至71.2%，主要是由于区域内15口位于高压区域的井含水上升，造成含水上升速度为14.2%，后期配合注水调整以及微球调驱效果的发挥，含水上升速度得到缓解，下降至-3.2%（图4、图5）。

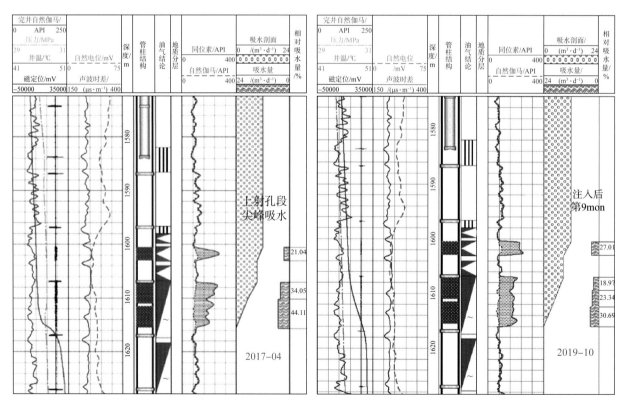

图2 H156-231井吸水剖面（压力持续上升）

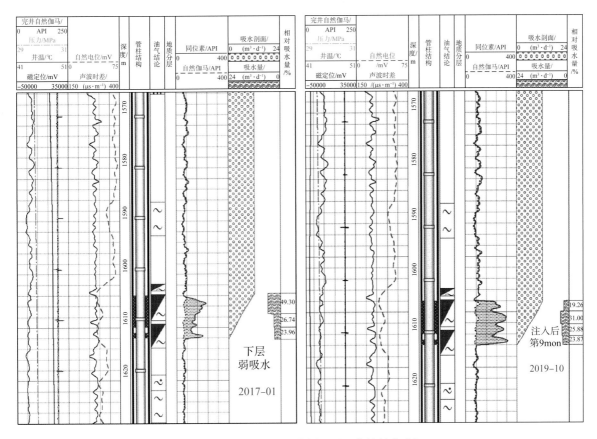

图 3 H157-24 井吸水剖面（压力持续上升）

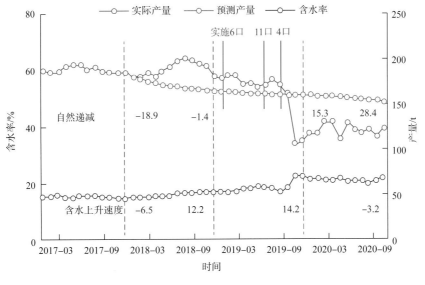

图 4 S218 区微球调驱效果曲线（扣除其他措施）

（1）2019 年微球调驱措施效果。

2019 年实施井数 17 口，措施后压力上升 2.0MPa，对应油井 39 口，见效率为 46.2%，累计增油 1930t，累计控水 1532m³，有效期 9mon。

2019 年油井见效主要以增油、控含水为主，见效率为 46.2%，主要位于油藏中部，物性较好，连通性好，油井见效快。

（2）2020 年微球调驱措施效果。

2020 年实施井数 4 口，措施后压力上升 1.0MPa，对应油井 10 口，见效率为 30.0%，累计增油 73t，累计控水 59m³，有效期 4mon。

2020 年油井见效比为 30.0%，井组位于油藏边部，物性差，地层有效渗透率低，油井见效慢，微球调驱适应性较差（表 3）。

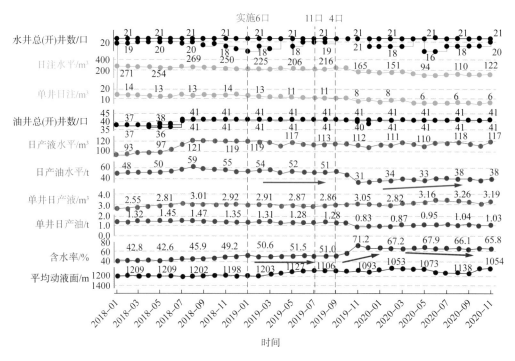

图5　S218区微球调驱采油曲线（扣除其他措施）

表3　S218区历年堵水调驱效果统计表

时间	实施井/口	调驱前压力/MPa	调驱后压力/MPa	对应油井/口	见效率/%	当年累计增油/t	当年累计降水/m³	第二年累计增油/t	第二年累计降水/m³	有效期/mon	有效期内累计增油/t	有效期内累计降水/m³	调驱前递减/%	调驱后递减/%	调前含水上升速度/%	调后含水上升速度/%
2019-01	6	9.3	10.8	19	57.9	1030	800	457	445	10	1488	1245	−5.3	8.6	17.9	−1.4
2019-07	11	9.1	11.2	20	35.0	73	34	369	253	7	442	287	−2.7	25.9	1.1	12.0
2019年	17	9.1	11.1	39	46.2	1104	834	827	698	9	1930	1532	−4.0	17.9	8.4	6.0
2020年	4	10.1	11.1	10	30.0	8	1	65	58	4	73	59	12.5	20.6	−2.7	26.6

4 结论与认识

（1）S218油藏主要以孔隙型见水为主，处于高含水开采阶段，自2019年累计实施21口井，实施区递减减缓，含水上升趋势得到明显控制，调驱适应性较好。

（2）油藏中部非均质性弱，微球体系与孔喉特征匹配性好，油井压力上升，优势渗流通道得到封堵，聚合物微球调驱降递减，控含水效果明显。油藏边部储层物性差，非均质强，平面水驱不均，聚合物微球调驱适应性较差。

（3）在聚合物微球调驱过程中，当油井动态变化应及时调整注水政策，确保油藏持续稳产。

参考文献

[1] 康万利，周博博，等.油田调驱用聚合物微球的研究进展[J].高分子材料科学与工程，2020（9）：173-180.

[2] 黎晓茸，张营，贾玉琴，等.聚合物微球调驱技术在长庆油田的应用[J].油田化学，2012，29（4）：419-422.

[3] 毕台飞，易永根，田永达，等.复合调剖技术在安塞油田的探索与应用[J].化学工程与设备，2019（5）：170-172.

[4] 田永达，易永根，李泽，等.安塞油田聚合物微球调驱技术应用与效果分析[J].化学工程与装备，2018（7）：98-100.

Evaluation of application effect of displacement-state adjustment with polymer microspheres in Block S218

NAN Yu[1], ZHANG Zhen[2], XIN YuanDan[2], ZHANG ChunHui[2], and LI Zhuo[2]

(1. Foreign Cooperation Department of PetroChina Changqing Oilfield Company;
2. No.1 Oil Recovery Plant of PetroChina Changqing Oilfield Company)

Abstract: With the extension of waterflooding time, the average water cut of Ansai Oilfield has reached more than 60%, and it has entered the stage of medium-to-high water-cut development. The degree of water-drive control gradually became lower, and the water-drive efficiency decreased year by year, resulting in a high degree of dispersion of the remaining oil. Located in the southwest of S37 reservoirs of Ansai Oilfield, Block S218 is mainly faced with the development contradictions at present such as the overall rise of water cut in rows of contiguous reservoirs, the multi-directional water breakthrough in oil wells, and the accelerated water breakthrough speed. Therefore, the test of displacement-state adjustment with polymer microspheres has been conducted in the Block S218 since 2019. In the basis of the implementation effect of Reservoir S37, polymer microspheres with particle size of 300nm and concentration of 0.2% have been selected for overall injection with a volume of 2000m³. The results show that the rising trend of water cut in the block is effectively alleviated and the good effect of water control is achieved.

Key words: Block S218; water cut; polymer microsphere; displacement-state adjustment; parameter design

◇·

（上接第 70 页）

Salt-tolerant foam system evaluation of Chang7 shale oil reservoirs in X193 block of Wuqi Oilfield

DUAN WenBiao[1,2], WANG JingHua[1,2], YANG Shuai[3], WANG ChunLi[1,2], and CHEN Dong[3]

(1. Exploration and Development Research Institute of PetroChina Changqing Oilfield Company;
2. National Engineering Laboratory for Exploration and Development of Low Permeability Oil & Gas Fields;
3. No.9 Oil Recocery Plant of Petrochina ChangQing Oilfield Company)

Abstract: The Chang7 shale oil reservoirs in Changqing Oilfield is dominated by lithologic reservoirs with compact lithology. The permeability of reservoirs is less than 0.3 mD with strong heterogeneity and micro-fractures developed. The reservoirs are mostly exploited with mainly quasi-natural energy. The initial stage production of the reservoir is high, but the production declines dramatically, with low recovery efficiency. In order to improve the development effect and enhance recovery efficiency, in view of the reservoir characteristics of high temperature, high salinity, and high oil saturation, referring to the screening method of foam flooding system, the commonly used 9 kinds of anionic composite surfactants and 3 kinds of polymer foam stabilizer are evaluated and optimized. Finally, the Y802A+FP3330S foam system with salt resistance, temperature resistance and oil resistance is selected and used for experiment of oil displacement in the core. The results show that the oil displacement efficiency of the cores can still be improved by more than 10% after the foam flooding alternative with nitrogen flooding when the degree of water flooding reaches 100%.

Key words: shale oil reservoir; enhanced oil recovery; foam system; oil-displacement efficiency

XAB 油田长 7 页岩油水平井重复压裂技术研究与应用

李凯凯，安　然，韦　文，张　通，郑艳芬，高　丹，景忠峰

（中国石油长庆油田分公司第六采油厂）

摘　要： XAB 油田长 7 页岩油藏位于鄂尔多斯盆地，投产水平井 229 口，动用地质储量 $7533 \times 10^4 t$，由于储层致密，无有效能量补充，存在产量递减快、单井产能快速降低等问题，早期提高单井产量措施未能获得预期效果。基于前期注水补能探索及重复压裂试验认识，应用大规模蓄能体积压裂技术，在注水补充地层能量和升级压裂工具的基础上，结合极限分簇射孔、储层差异化改造和多级动态暂堵等工艺，提高裂缝复杂程度，同时优化焖井时间，使油水充分渗吸置换，最终达到大幅提高水平井单井产量和长期高产稳产目的。现场试验 3 口井，应用大规模蓄能体积压裂技术后，水平井产量大幅提高，最高单井日产油达到邻井的 7 倍，措施后生产满一年，单井累计增油达到 2160t，效益显著提升。该技术能同时补充地层能量和有效改造储层，对页岩油水平井重复压裂改造具有较好的适应性。

关键词： 页岩油藏；水平井；重复压裂；渗吸置换

鄂尔多斯盆地 XAB 油田长 7 页岩油藏沉积环境主要为湖泊—三角洲前缘亚相，主力含油层系为三叠系长 7_2 层，地质储量达 $2.2 \times 10^8 t$。储层平均孔隙度为 8.9%，平均渗透率为 0.17mD，属低孔—特低孔、致密储层。油藏平均埋深 2223m，原始地层压力为 18.2MPa，储层压力梯度为 0.75~0.85MPa/100m，自然能量严重不足。

该油藏于 2010 年开始投入大规模开发，是长庆油区第一个大规模开发的页岩油藏[1]，早期经历定向井开发、注水开发、水平井自然能量开发等阶段，但存在递减快、单井产量低、见水矛盾突出、开发效益较差等问题，最终形成以长水平井自然能量开发为主的开发模式。该页岩油藏共投产水平井 229 口，开井 206 口，平均水平段长 855m，主体采用水力喷射 + 环空加砂或水力泵送桥塞压裂，单井改造 9.5 段，单井加砂 570m³，单井入地液量为 6647m³，施工排量为 2~10m³/min，初期单井日产油 11.7t，但第一年递减达 50%~60%，第二年递减达到 40%~50%，目前地层压力保持水平仅为 34.1%，单井日产油 1.4t，单井累计产油 5830t，采油速度为 0.22%，采出程度为 1.90%，长期处于低产低效状态。

1　早期提高单井产量探索

1.1　补充地层能量试验

XAB 油田长 7 页岩油藏地层能量低，水平井投产后液量迅速下降。由于该油藏存在较复杂的人工缝网，储层具有较好的亲水性，基质和裂缝存在一定的深吸置换作用，2014—2015 年对该油藏 12 口水平井探索注水吞吐措施，补充地层能量。平均单井日注水 60~150m³，累计注水 5320m³，注水后焖井 1mon 恢复生产，整体效果较差，有效期短，平均单井累计增油 75t 即失效（图 1）。

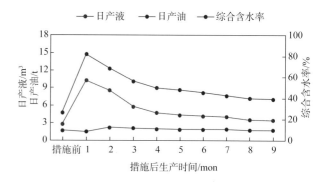

图 1　水平井注水吞吐后月度生产曲线

注水吞吐排量低，对储层起不到改造作用，

第一作者简介： 李凯凯（1987—），男，硕士，工程师，目前主要从事油水井增产增注措施研究工作。地址：陕西省西安市高陵区长庆产业园，邮政编码：710200。

收稿日期： 2021-09-17

在一定程度上可以提高地层能量，提高油井日产液量，但裂缝周边剩余油分布相对较少，油水渗吸置换有效作用距离短，基质中原油难以置换出来，注水吞吐后含水一直较高，增油效果弱。同时与邻井裂缝窜通严重，注水也难以起到有效驱替作用，反而邻井见水比例达到 30%，产能损失较大。

在该油藏也试验了二氧化碳吞吐，同样由于缝网发育、气窜严重，起不到有效补充地层能量的作用。单纯注水吞吐或注入非水介质难以成为该油藏补充地层能量的主体技术。

1.2 重复改造规模小、效果差

2017 年，对 7 口水平井实施了重复压裂措施[2-3]，整体采用直井段 φ88.9mm 油管 + 水平段 φ73.0mm 油管 +K344 封隔器 + 喷砂器 +K344 封隔器管柱组合。受制于压裂工具限制，改造规模较小，平均单井改造 4.7 段，单段加砂 55m³，单段入地液 652m³，平均施工排量 4.7m³/min，措施后初期单井日增油 2.7t，但液量下降快，增油效果迅速减弱，单井累计增油 510t 即失效，有效期内单井日增油 0.74t，效果一般。重复压裂后，2mon 内油井含水即可恢复至措施前水平，但改造规模小，入地液量低，措施后液量迅速下降，效果减弱快（图 2）。

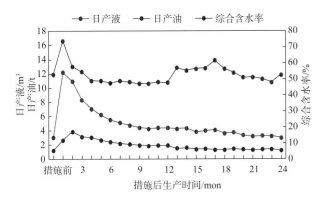

图 2　2017 年水平井重复压裂后月度生产曲线

1.3 前期措施经验认识

注水补能虽然在一定程度上可以提高地层能量，但由于未能对储层有效改造，无法形成新裂缝，而原裂缝周边剩余油相对较少，注入水不能有效进行油水置换，措施后含水较高，效果差。

重复压裂可以提高油井产能，但如果措施规模小，入地液量低，储层无充足的地层能量，措施后液量下降快，无法将新动用区域原油有效带

出，造成效果减弱快，累计增油较低，效益差。

大规模重复改造页岩油储层，形成新的裂缝区域，使基质中原油可动，近距离流向裂缝区域，同时加大入地液量，提高地层能量，能顺利地将可动油带出，是水平井维持长期稳产的重要保障。结合注水补能、大规模体积压裂造新缝及其他油田措施经验[4-5]，2019 年提出了蓄能体积压裂理念，持续探索水平井重复改造提高单井产量技术。

2 重复改造优化思路

2.1 压前注水补能

该油藏原始地层压力为 18.2MPa，目前压力仅为 6.2MPa，压力保持水平为 34.1%。依据目前压力情况，结合注入液量与局部压力变化公式 [式（1）]，为恢复至原始地层压力水平，在压裂前对单井注水 3000~6000m³（图 3）。一是可以提高目前地层能量，有助于长期稳产；二是改变地层应力状态，使原低应力区人工缝网恢复地层压力，有助于造新缝，提高储层有效改造体积。

$$\Delta V = C_t V \Delta p \qquad (1)$$

式中　ΔV——地层需增加液量，m³；

C_t——XAB 油田长 7 层岩石综合压缩系数，为 5.04×10^{-5}MPa^{-1}；

V——裂缝改造体积，m³；

Δp——增加的地层压力，MPa。

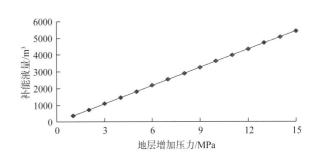

图 3　补能液量与地层局部压力增加值关系曲线

2.2 改进压裂工具

早期水平井体积压裂受压裂工具等影响，在施工限压范围内，现场最高施工排量仅能达到 5.5m³/min。通过不断攻关研究，原压裂管柱组合优化为直井段 φ101.6mm 油管 + 水平段 φ88.9mm 油管 +K344 封隔器 + 喷砂器 +TDY 封隔器，施工排量可提高至 8~10m³/min，同时可更好地判断下封隔器坐封情况，大大提高了压裂

作业能力（表1）。

表1 攻关前后压裂工具改进效果对比

攻关点	攻关前	攻关后	提升效果
井口承压 /MPa	70	105	最高承压提高50%
直井段油管 /mm	88.9	101.6	直井段摩阻降低26%，最大排量由5.5m³/min提高到8.0m³/min
水平段油管 /mm	73.0	88.9	水平段摩阻降低31%
压裂工具组合	K344+节流喷砂器+K344	K344+节流喷嘴+无节流喷砂器+TDY	工具内径由55mm增加到62mm，节流降低3~5MPa

2.3 多工艺组合，提高裂缝复杂程度

2.3.1 极限射孔

原井复压前对每簇射孔段试挤，通过吸水指数判断初期改造效果，确定复压潜力段簇，试挤结果显示25%的簇不吸水，常规火力射孔或水力喷射存在起裂不均现象。对新补孔段采用极限射孔技术，单簇射孔长度0.4m，射孔炮眼2个，初期形成高压，提高孔眼起裂概率，根据阶梯排量测试分析孔眼有效率达到80%，较常规射孔提高20%~30%（表2）。

表2 极限射孔与常规火力射孔多簇起裂有效性对比

井号	段序	射孔技术	簇数	孔眼总数/个	有效孔眼数/个	孔眼有效率/%	有效进液簇数
H1	X	常规	6	54	25.8	47.8	3
	X+1	极限	10	20	16.7	83.5	8
H2	Y	常规	4	36	25.7	71.4	3
	Y+1	极限	10	20	18.5	92.5	9

2.3.2 储层改造差异化设计

通过精细储层解释及开发效果对比，对该油藏储层进行分级，针对不同的储层品质，实施储层改造差异化设计[6-7]，优选边部3口水平井连片实施。主要对Ⅰ类、Ⅱ类储层原射孔段进行重复压裂或未动用段进行补孔体积压裂。水平井之间由原来的均匀排状布缝调整为非均匀交错布缝，压裂过程加大缝间干扰，确保优质储层充分动用（表3）。同时配以长庆油田研发的以减阻剂、高效助排剂、长效防膨剂为核

心的EM30S滑溜水压裂液体系[8-9]，最大限度提高油井产能。

表3 储层改造差异化设计

储层分类	物性参数	加砂强度/(t·m⁻¹)	进液强度/(m³·m⁻¹)
Ⅰ类	电阻率≥40Ω·m，油层厚度≥12m，渗透率≥0.15mD	5~6	20~25
Ⅱ类	电阻率30~40Ω·m，油层厚度9~12m，0.1~0.15mD	4~5	17~22
Ⅲ类	电阻率25~30Ω·m，油层厚度6~9m，渗透率0.01~0.1mD	3~4	15~20

2.3.3 多级动态暂堵

在压裂过程中加入多粒径组合的DA系列可降解暂堵转向剂，通过暂堵转向效果评价方法，现场实时调整，实现缝口+缝端暂堵，抑制缝长，提升缝内净压力，形成侧向新缝，使人工裂缝更加复杂[10-13]，最大限度提高储层改造体积，提高改造效果。现场统计，75%以上的压裂段数实现了大排量下施工压力上升3~6MPa的目标，暂堵压裂后含水稳定，比不加暂堵剂压裂油井平均含水低14.4%，充分证明暂堵效果显著，提升了储层改造效果。

2.4 优化焖井时间

数值模拟及岩心渗吸试验显示，焖井时间超过40d以后，渗吸置换作用大幅减弱（图4）；矿场实践也显示，相近压裂规模和压裂液体系的新投水平井压裂后焖井时间为30~60d时，初期产能较高。焖井时间太短，不利于油水渗吸置换，排液时间长，造成能量浪费；焖井时间过长，可能存在入地液向外围驱替的情况，影响该井产量提高，综合考虑，焖井时间优化为30~60d。

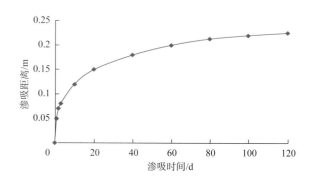

图4 静态岩心渗吸距离与渗吸时间关系曲线

3 现场应用

2019 年对井网边部 3 口连片水平井实施大规模蓄能体积压裂重复改造措施，单井滞留液量超过 $2×10^4m^3$，与 2017 年实施井对比，单段施工排量、加砂量、单段入地液量提升 2 倍以上。压裂完焖井 2mon，井口压力为 2MPa，局部地层压力系数提高至 1.35。于 2020 年 3 月恢复生产，平均泵挂 1500m，确保井底流压高于泡点压力，措施后单井产量由 1.2t 提高至 10.2t；生产满 1 年，单井累计增油达到 2160t，有效期内单井日增油 5.5t，是 2017 年措施井同期增油量的 7.5 倍，是周边水平井产量的 4.0 倍，采油速度提高至 1.33%，油井增产效果显著（图 5）。结合目前增油递减情况，预计有效期内单井累计增油可以达到 4500~6000t，投入产出比达到 1:1.1，实现效益开发。

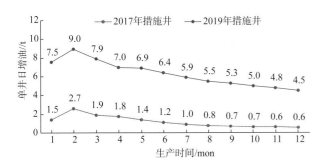

图 5 2017 年与 2019 年水平井体积压裂后日增油曲线对比

4 结论

（1）大规模体积压裂及注水补能是页岩油水平井维持长期高产的必要条件，单纯的注水补能和体积压裂都不能达到预期效果，造新缝和补充地层能量需同步实施。

（2）优化管柱组合，提升压裂工具性能，可以大幅提升压裂施工规模，提高水平井重复压裂施工效率。

（3）集成应用极限射孔、储层差异化改造设计和多级动态暂堵等技术，能够使裂缝复杂程度大幅提高，再辅以合理焖井时间及工作制度，可以显著改善水平井重复压裂效果。

（4）XAB 油田长 7 页岩油水平井单井产量普遍较低，大规模蓄能体积压裂技术能同时起到补充地层能量和有效改造储层的目的，根据目前递减及增油情况预测，可以实现效益开发，具有较好的应用前景。

参考文献

[1] 李忠兴, 屈雪峰, 刘万涛, 等. 鄂尔多斯盆地长 7 段致密油合理开发方式探讨 [J]. 石油勘探与开发, 2015, 42（2）: 217-221.
[2] 胥云, 雷群, 陈铭, 等. 体积改造技术理论研究进展与发展方向 [J]. 石油勘探与开发, 2018, 45（5）: 874-887.
[3] 张春辉. 连续油管结合双封单卡压裂技术应用 [J]. 石油矿场机械, 2014, 43（5）: 60-61.
[4] 张红妮, 陈井亭. 低渗油田蓄能整体压裂技术研究：以吉林油田外围井区为例 [J]. 非常规油气, 2015, 2（5）: 55-60.
[5] 何海波. 致密油水平井缝网增能重复压裂技术实践 [J]. 特种油气藏, 2018, 25（4）: 170-174.
[6] 闫林, 冉启全, 高阳, 等. 陆相致密油藏差异化含油特征与控制因素 [J]. 西南石油大学学报（自然科学版）, 2017, 39（6）: 45-54.
[7] 闫林, 袁大伟, 陈福利, 等. 陆相致密油藏差异化含油控制因素及分布模式 [J]. 新疆石油地质, 2019, 40（3）: 262-268.
[8] 郭建春, 李杨, 王世彬. 滑溜水在页岩储集层的吸附伤害及控制措施 [J]. 石油勘探与开发, 2018, 45（2）: 320-325.
[9] 郭钢, 薛小佳, 吴江, 等. 新型致密油藏可回收滑溜水压裂液的研发与应用 [J]. 西安石油大学学报（自然科学版）, 2017, 32（2）: 98-104.
[10] 白晓虎, 齐银, 陆红军, 等. 鄂尔多斯盆地致密油水平井体积压裂优化设计研究 [J]. 石油钻采工艺, 2015, 37（4）: 83-86.
[11] 苏良银, 白晓虎, 陆红军, 等. 长庆超低渗透油藏低产水平井重复改造技术研究及应用 [J]. 石油钻采工艺, 2017, 39（4）: 521-527.
[12] 白晓虎, 张翔, 杜现飞, 等. 一种提高致密油藏低产水平井产量的重复改造方法 [J]. 钻采工艺, 2016, 39（6）: 34-37.
[13] 陶亮, 郭建春, 李凌铎, 等. 致密油藏水平井重复压裂多级选井方法研究 [J]. 特种油气藏, 2018, 25（4）: 67-71.

（英文摘要下转第 109 页）

环江油田三叠系长8油藏堵水压裂技术研究与应用

尹良田，鱼　耀，王庆珍，李孙翼

（中国石油长庆油田分公司第七采油厂）

摘　要： 随着油田开发时间的延长，长8油藏中高含水井逐年增多，部分油井短期内含水大幅上升，甚至水淹，造成产能损失。通过研究分析，采用多种有机封堵剂组合的方式封堵油井水窜裂缝及见水孔隙，屏蔽水流通道，再通过重复压裂改造，开启油层新裂缝，挖潜剩余油，提高油井产量。通过现场试验，对油井见水时间、见水类型、堵水工艺参数等方面取得了一定认识。该堵水压裂技术在高含水井治理、恢复油井产能方面取得了较好效果，在恢复产能的同时，能够完善注采井网，提高油藏开发效果。

关键词： 中高含水井；封堵裂缝；堵水压裂

中国石油长庆油田分公司第七采油厂（简称采油七厂）开发的三叠系长8油藏是长庆姬塬油田特低渗透油藏的主力油藏之一，油藏埋深较深、非均质性强、天然裂缝发育，试油过程中全部进行压裂改造，在注水开发过程中部分油井沿裂缝或高渗透带见水或水淹，油井含水上升速度快，产量损失大。同时含水上升使平面矛盾加剧，大幅降低了驱油效果。目前国内外针对高含水井或者水淹井主要采用注水深部调剖、油井堵水等技术，而注水井深部调剖由于部分井注采对应关系不明显，调剖效果差[1]。转向压裂技术是采用树脂砂及弹性颗粒对见水裂缝进行封堵，由于封堵距离不够，控水增油有效期较短，整体效果不佳。油井堵水压裂技术是采用有机封堵剂对见水裂缝进行深部封堵，通过特殊压裂工艺实现油井降水增油。

1　中高含水井现状

1.1　中高含水井分布

采油七厂管理采油井4923口，长停井568口，开井4355口，其中含水率大于70%的油井1784口（375口井高含水关井），占比36.2%。油井高含水已经成为制约油井生产的一个主要矛盾。全厂三叠系长8油藏油井1616口，开井1436口。含水率大于70%的油井268口，占开井总数的18%（图1）。

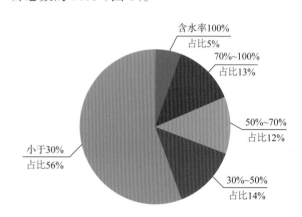

图1　长8油藏含水分布饼状图

1.2　表现特征

从见水类型看，三叠系长8油藏见水特征分为3种。第一种是裂缝型见水（图2a），生产曲线表现出注入水沿裂缝方向快速推进，主向油井含水上升速度快，甚至快速水淹，共有74口井；第二种是孔隙—裂缝型见水（图2b），生产曲线表现为油井见效后保持长期稳产，但随着注水时间延长，区域见水井增多，且表现出明显的方向性，目前共有113口井；第三种是孔隙型见水（图2c），孔隙渗流区内水驱相对均匀，油井见水后稳产期较长，无明显来水方向，见水周期长，共有73口井。

第一作者简介：尹良田（1987—），男，本科，工程师，主要从事油水井增产增注措施与技术管理工作。地址：甘肃省庆阳市环县洪德镇，邮政编码：745708。

收稿日期：2021-03-29

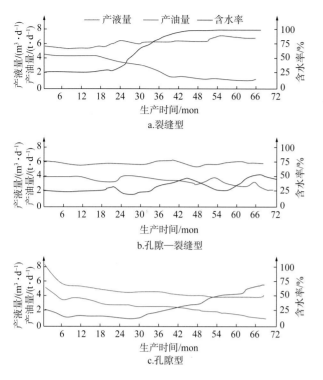

图 2　不同类型见水特征典型生产曲线

2　堵水压裂技术研究

2.1　见水原因分析

储层渗透率越低，投产压裂改造规模越大，受地层能量降低、储层结垢堵塞等因素影响，部分油井在产量下降后需进行压裂酸化等改造措施，重复措施会进一步延伸裂缝长度，增加油井水淹风险[5]。油井水淹后对整个井组开发造成较大影响，最终造成井组采收率较低（图 3）。

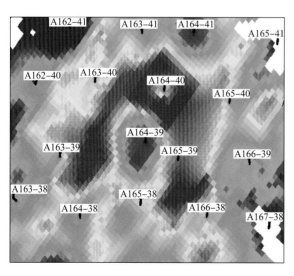

图 3　注水开发区油藏剩余油分布图

随着注水开发时间延长，微裂缝逐年开启，目前罗 228 区明确裂缝 70 条（图 4），微裂缝发

育导致含水上升速度快，产能损失大。近年来，虽然通过实施水井堵水调剖有效减缓了含水上升速度，但随堵水轮次增加，堵水效果逐步变差，需探索其他裂缝治理方式。

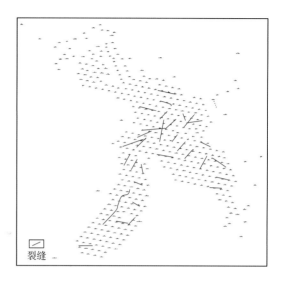

图 4　罗 228 区长 8 油藏分区裂缝分布图

2.2　堵水压裂工艺思路

中—高含水井治理的技术核心在于"堵老缝，压新缝"，充分动用原裂缝侧向剩余油。通过不断研究探索，针对中—高含水井，主要采取高强定位封堵转向压裂和多种有机堵剂优化组合后压裂两种工艺技术。

2.2.1　高强定位封堵转向压裂

把小粒径的高强度转向剂泵入人工裂缝远端封堵，迫使裂缝改变原有方向实现转向，达到更好的增产效果（图 5）。

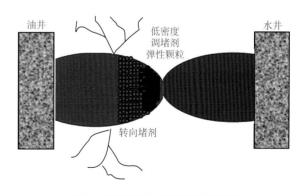

图 5　调堵剂堵水工艺原理示意图

2.2.2　多种有机堵剂优化组合后压裂

通过封堵高含水油井水窜裂缝及见水孔隙，屏蔽水流通道（图 6），再通过重复压裂改造，开启油层新裂缝，挖潜剩余油，提高油井产量（图 7）[2]。

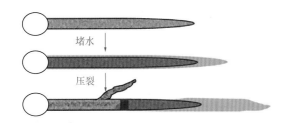

图 6　堵水压裂工艺原理示意图

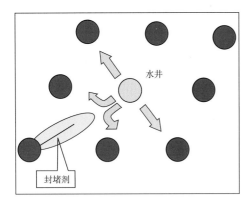

图 7　油井堵水改善井组水驱方向示意图

2.3 封堵剂体系研究

2.3.1 转向压裂封堵体系研究

借鉴我国东部油田堵水思路，结合采油七厂储层特征，对封堵体系进行优化完善。首先采用弹性颗粒封堵裂缝，细—粉砂充填微细裂缝，同时添加增强剂提高封堵效果，最后采用树脂砂封堵，压裂时实现裂缝转向[3]。

通过模拟实验发现，长 8 储层缝内净压力在 3.5MPa 以上方可开启新裂缝，因此采用弹性颗粒、树脂砂固化（突破 13MPa 以上）的方式封堵，封堵后缝内净压力在 7MPa 以上，满足裂缝转向要求（图 8）。

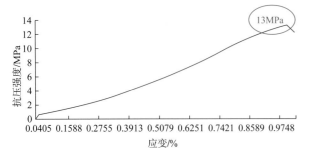

图 8　固化树脂砂抗压强度测试

2.3.2 多种有机堵剂组合方式堵水

以控水增油为目的，采用弱凝胶（图 9）、强冻胶（图 10）、改性水泥（图 11）封堵老裂缝及见水孔道，屏蔽水流通道。

图 9　弱凝胶

图 10　强冻胶

图 11　改性水泥

（1）选择性弱凝胶堵水剂。

聚合物和交联剂形成以分子间交联为主、分子内交联为辅的三维网络结构的选择性凝胶体系，用于封堵人工裂缝远端的微裂缝[4]。该类型堵水剂具有如下特征：耐温可达 90℃；具有较高的油水选择性；具有较高的长期热稳定性和抗盐性能，黏附性强。成胶强度大于 30000mPa·s，堵水率大于 90%。

（2）高强度微细水泥体系。

针对封口剂承压强度不够的问题，根据堵水压裂施工特点，选择高强度微细水泥体系。该体系稠化时间可控，抗压强度高，可以满足堵水压裂的要求（图 12）。

体系具有较好的流动性和微膨胀性，可连续混配施工，72h 胶结后抗压强度达 43.6MPa，可满足井口憋压大液量水淹井的有效封堵或堵水压裂要求（表 1）。

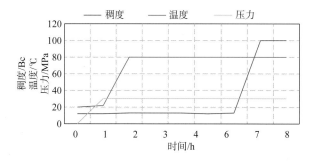

图 12　封堵液体系高温高压稠化实验曲线

表 1　封堵液体系综合性能评价表

密度 / (g·cm⁻³)	膨胀率 /%	抗压强度 /MPa			流变性	
		24h	48h	72h	流性指数	稠度系数
1.55~1.86	0.23~0.56	24.3	29.7	43.6	0.83	0.23

（3）封堵剂性能评价实验。

①堵水选择性实验。

分别对水相、油相岩心进行封堵—驱替实验。实验结果表明：水相岩心封堵率高，油相岩心封堵率低；水相岩心突破压力高，油相岩心突破压力低（表 2）。封堵剂具有良好的堵水选择性。

表 2　封堵剂封堵率及突破压力测定

水　相				油　相			
渗透率 / mD	驱替倍数 / PV	封堵率 / %	突破压力 / (MPa·m⁻¹)	渗透率 / mD	驱替倍数 / PV	封堵率 / %	突破压力 / (MPa·m⁻¹)
439	50	99.8	2.31	392	50	38.9	0.84
329	47	97.8	1.75	484	51	40.7	1.01

②裂缝封堵性能评价。

分别对均质模型、裂缝—孔隙（非均质）模型进行封堵—驱替实验。第一次水驱油（A 阶段），均质模型驱油效率高；注封堵剂（B 阶段）、候凝；第二次水驱油（C 阶段），裂缝—孔隙（非均质）模型最终驱油效率高于均质砂岩模型的驱油效率。说明堵剂成胶后主要对裂缝起封堵作用，堵水选择性好（图 13）。

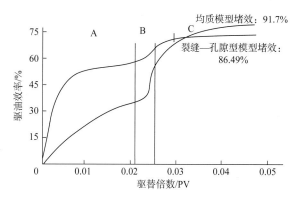

图 13　封堵剂对裂缝封堵实验

A—第一次水驱油；B—注封堵剂；C—堵水后二次水驱

③封堵剂在微观模型中的注入效果（微观模型、显微成像）。

封堵剂注入裂缝型模型，主要进入裂缝，选择性强（图 14a）；注入裂缝—孔隙型模型，主要进入裂缝、大孔道，选择性稍弱（图 14b）；注入均质模型，封堵剂均匀进入且注入阻力大，无选择性（图 14c）。

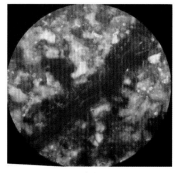 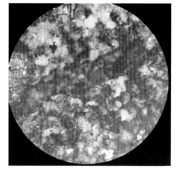 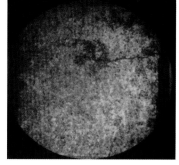

a. 裂缝型	b. 裂缝—孔隙型	c. 均质型

图 14　不同类型微观模型中封堵剂注入状态对比

3　现场应用成果

3.1　高强定位封堵转向压裂

2018—2019 年，采油七厂在白 168、罗 228 等长 8 区块的中高含水井开展了高强定位封堵转向压裂技术试验，实施 13 口井，平均单井日增油 0.92t，当年累计增油 2197t，措施后整体表现为液量上升、含水下降，取得了较好的增产效果（表 3）。

3.2　堵水压裂

为进一步降控措施费用，同时提高封堵效果，实现深部封堵，2019 年采油七厂试验应用多种有机堵剂组合方式进行堵水。然后压裂，动用侧向剩余油。

2019 年采油七厂在 L38、L228 等长 8 区块的中高含水井开展了堵水压裂技术试验，实施 9 口井，平均单井日增油 0.83t，当年累计增油 1237t，措施后整体表现为液量上升、含水下降，同样取得了较好的增产效果，同时单井费用明显下降，降低达到 53.9%，措施效益显著提升（表 4）。

表 3 2018—2019 年中高含水井高强定位封堵转向压裂技术应用效果

序号	井号	作业层位	措施前			措施后			平均单井日增油 /t	累计增油 /t
			日产液 /m³	日产油 /t	含水率 /%	日产液 /m³	日产油 /t	含水率 /%		
1	A1	长 8	2.10	0.40	77.4	5.05	1.20	71.9	0.92	189
2	A2	长 8	2.30	0.42	81.5	0	0	67.2	0.87	158
3	A3	长 8	3.81	0.26	91.8	3.98	0.83	75.4	0.43	76
4	A4	长 8	0.74	0	100.0	1.85	0	100.0	0.49	88
5	A5	长 8	3.52	0.49	83.1	3.01	0.74	70.1	0.55	93
6	A6	长 8	1.62	0	100.0	1.05	0.16	81.5	0.47	89
7	A7	长 8	0	0	100.0	2.99	0.66	73.2	1.39	234
8	A8	长 8	0.93	0.06	92.5	6.89	3.00	46.9	2.94	420
9	A9	长 8	1.00	0	100.0	5.52	0.98	78.3	0.98	281
10	A10	长 8	1.17	0	100.0	2.94	0	100.0	0	41
11	A11	长 8	3.50	0.72	74.9	4.72	0.34	91.3	0	49
12	A12	长 8	0	0	0	7.98	2.39	63.5	2.39	385
13	A13	长 8	3.34	0.78	71.3	4.79	1.18	70.0	0.48	96
合计 / 平均			1.85	0.24	84.1	3.91	0.88	72.4	0.92	2197

表 4 2019 年中高含水井堵水压裂技术应用效果

序号	井号	作业层位	措施前			措施后			平均单井日增油 /t	累计增油 /t
			日产液 /m³	日产油 /t	含水率 /%	日产液 /m³	日产油 /t	含水率 /%		
1	B1	长 8	2.85	0.18	92.4	2.97	0.95	61.1	0.90	221
2	B2	长 8	6.31	0	100.0	1.38	0.35	69.2	1.08	255
3	B3	长 8	1.34	0.24	78.6	1.25	0.42	59.1	0.54	121
4	B4	长 8	8.86	0	100.0	7.73	0.44	93.0	0.03	5
5	B5	长 8	1.13	0.27	70.6	4.02	0.34	89.6	0.02	2
6	B6	长 8	3.63	0	100.0	4.27	0.96	72.6	0.70	85
7	B7	长 8	0.96	0.11	86.1	1.49	0.58	52.4	0.27	65
8	B8	长 8	0.98	0.39	51.5	2.90	1.04	56.2	2.94	304
9	B9	长 8	0.56	0.26	43.4	2.23	1.04	43.2	0.98	180
合计 / 平均			2.96	0.16	93.4	3.14	0.68	73.6	0.83	1237

4 认识

4.1 见水时间与增油效果关系

从见水时间看，见水时间较短的井，堵水压裂后增油效果较好（图 15）。

4.2 见水类型与增油效果关系

从见水类型看，增油效果由高到低顺序为：孔隙—裂缝型 > 裂缝型 > 孔隙型。分析认为裂缝型见水井，堵水前液量较大（大于 4.0m³/d），措施前后对比表现为"液降水降/液稳水稳"，总体认为难以有效封堵，增油效果不理想（图 16）。

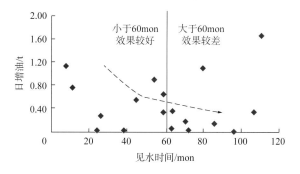

图 15 堵水压裂日增油与见水时间散点图

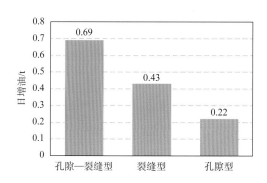

图 16 堵水压裂日增油与见水类型对比

4.3 堵水工艺参数与增油效果关系

从散点图看，封堵剂用量与增油效果呈现正相关性（图 17），堵水升压幅度与增油效果呈正相关性（图 18），应使升压幅度大于 5MPa。

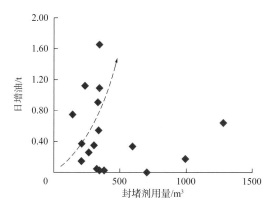

图 17 封堵剂用量与增油效果散点图

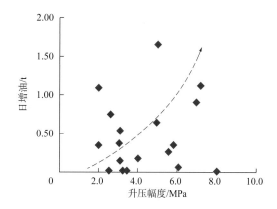

图 18 堵水升压幅度与增油效果散点图

4.4 压裂改造规模与增油效果关系

从散点图看，每米加砂量与增油效果呈现正相关性（图 19）；在压裂过程中，施工压力持续下降幅度大的井效果差（图 20）。

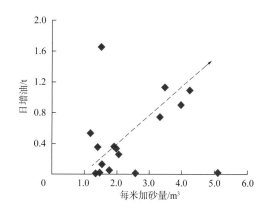

图 19 每米加砂量与增油效果散点图

5 结论

采油七厂三叠系长 8 油藏中高含水井较多，面临着中高含水井控水增产难题，前期开展工艺探索，取得了一定效果，通过开展多项研究，得出以下结论。

（1）根据见水时间与措施增油效果的关系，见水井应该在最短时间内实施堵水压裂，可以保证措施效果。

（2）孔隙—裂缝型见水井，堵水压裂措施有效率高。

（3）堵剂用量与增油效果呈现正相关性，根据储层情况，尽量提高封堵剂用量，实现深部封堵，不断提高措施效果。

（4）油层每米加砂量与措施效果呈现正相关性，堵水后应根据储层情况，优化改造规模，提高措施效果。

（5）通过监控压裂过程，根据压力下降幅

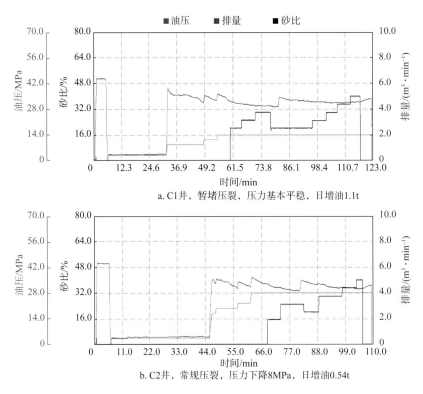

a. C1井, 暂堵压裂, 压力基本平稳, 日增油1.1t

b. C2井, 常规压裂, 压力下降8MPa, 日增油0.54t

图20 不同压裂工艺实施曲线

度, 实施调整压裂方式, 通过增加暂堵等, 或提前结束压裂等措施, 保证措施效果。

参考文献

[1] 达引鹏, 卜向前, 姚晓翔, 等. 低渗透储层水淹油井堵水压裂技术研究与试验 [J]. 石油钻探技术, 2013, 41 (1): 82-86.

[2] 赵健, 邓建华, 张景浩, 等. JS油田中高含水油井深部堵水压裂技术研究与应用 [J]. 石油地质与工程, 2013, 27 (6): 118-121.

[3] 郭亮, 申坤, 黄战卫, 等. 特低渗油藏中高含水期油井增产技术应用探索 [C]// 油气藏改造压裂酸化技术研讨会会刊, 2014: 181-187.

[4] 杨乾隆, 令永刚, 赵小光, 等. 裂缝型砂岩油藏高含水井化学堵水压裂技术研究及应用 [J], 钻采工艺, 2020, 43 (5): 57-60.

[5] 陈志刚, 王敏娜, 蔡琳琳, 等. 堵水压裂技术在裂缝性水淹油井中探索与实践 [C]// 第十六届宁夏青年科学家论坛石化专题论坛论文集, 2020: 223-225.

Research and application of water plugging and fracturing technology in Triassic Chang8 reservoirs in Huanjiang Oilfield

YIN LiangTian, YU Yao, WANG QingZhen, and LI SunYi

(No.7 Oil Recovery Plant of PetroChina Changqing Oilfield Company)

Abstract: With the extension of oilfield development time, the number of medium-to-high water cut wells in Chang8 reservoirs has increased year by year, and the water cut of some oil wells increases sharply in a short period, even flooded, resulting in productivity loss. Through analysis, the combination of various organic plugging agents is used to block the water-channeling cracks and water flooded pores in oil wells and shield the water flow channels. Then, through repeated fracturing to open the new fractures in oil layers, tap the potential of remaining oil, and improve the production of oil wells. Through field test, the water breakthrough time, type, and water plugging process parameters of oil wells have been gained some understandings. The technology of fracturing with water plugging has achieved good results in the treatment of high water cut wells and restoration of oil well productivity. Besides restoring the productivity, it can improve the injectors-producers patterns and enhance the effect of development of oil reservoirs.

Key words: medium-to-high water-cut well; block off the fissures; fracturing with water plugging

气测录井中压力平衡校正及资料标准化应用

郑　琳[1]，徐鹏程[1]，刘金森[1]，修正武[1]，田　旭[1]，王守志[1]，杨永亮[2]，张仕熠[3]

（1.中国石油长庆油田分公司长庆实业集团有限公司；2.中国石油测井公司长庆分公司；

3.中国石油长庆油田分公司第五采油厂）

摘　要：气测录井在油气勘探中是捕获油气信息的重要方法。根据钻井过程中滤饼的形成时间及该时间内钻头破碎岩石造成的储层中进入钻井液的油气量与不同钻井平衡状态下渗滤油气量的关系，建立了压力平衡校正模型。通过破碎作用下与渗滤作用下的含油气量模型的应用，以及气测全烃数据的标准化处理，排除了各种非地质因素的干扰，进一步优化了气测录井显示的解释精度，提高了气测评价效果与电测解释成果的相关性。

关键词：气测录井；压力平衡；校正模型；标准化处理

在油气勘探中，钻井状态不同对气测录井获取的信息具有重要影响。当油气在井下钻遇后，以渗透和扩散的方式进入钻井液；而钻井液因液柱与地层压差，通常处于过平衡、近平衡和欠平衡3种不同的钻井状态。不同的钻井状态，因油气进入量不同，气测录井所获取的信息和特征也有差异。因此，为了达到对气测资料的准确评价和有效利用，需要建立气测录井中的压力平衡模型，并在此模型的基础上，通过压力平衡校正及气测资料的标准化处理，大幅提高气测录井显示的解释精度和评价效果。

1 压力平衡校正模型

油气钻井过程中通常存在过平衡、近平衡和欠平衡3种不同的钻井状态，通过这3种不同钻井状态中滤饼的形成时间，以及该时间内钻头破碎岩石造成储层中进入钻井液的油气量与不同钻井平衡状态下渗滤油气量的关系，建立了气测录井资料的平衡校正模型。该模型分为破碎作用下的含油气量模型和渗滤作用下的含油气量模型[1]。

1.1 破碎作用下的含油气量模型

油气层破碎时，相应地层深度条件下的油气含量计算公式为：

$$Q_B = \pi r^2 \phi_e \left(\frac{t}{Z_T} \right) \quad （1）$$

式中　Q_B——相应深度条件下破碎地层的油气含量，m^3/min；

　　　r——井筒半径，m；

　　　ϕ_e——储层有效孔隙度，%；

　　　Z_T——钻时，min/m；

　　　t——时间常数，通常为3min。

1.2 渗滤作用下的含油气量模型

（1）油层渗滤油在相应深度条件下油气含量模型。

$$Q_P = 5.254 \times 10^{-5} \frac{K(p_{as} - p_e)}{\mu \ln(r_e/r_w)} \left(\frac{t}{Z_T} \right) \quad （2）$$

式中　Q_P——渗滤的油气量，m^3/min；

　　　K——渗透率，mD；

　　　p_e——储层压力，MPa；

　　　p_{as}——钻井液柱压力，MPa；

　　　μ——流体黏度，mPa·s；

　　　r_e——到 p_e 等压线的半径，m；

　　　r_w——井眼半径，m。

对于油层，当处于过平衡钻井状态时，流体黏度为钻井液黏度；当处于欠平衡钻井状态时，为原油黏度。对于气层，当处于过平衡状态时，为钻井液黏度。

一般泄油半径对计算影响不大，因此，$\ln(r_e/r_w)$ 可用1代替，即得到公式（3）：

第一作者简介：郑琳（1977—），女，本科，助理工程师，主要从事采油工艺管理工作。地址：陕西省西安市未央路138号中登大厦A座，邮政编码：710018。

收稿日期：2022-02-15

$$Q_P = 5.254 \times 10^{-5} \frac{K(p_{as} - p_e)}{\mu}\left(\frac{t}{Z_T}\right) \quad (3)$$

（2）气层渗滤气在相应深度条件下油气含量模型。

在过平衡条件下，相应深度的气层渗滤油气量模型与油层相同。而在欠平衡的条件下，相应深度的气层渗滤油气量模型为：

$$Q_P = 3.738 \times 10^{-4} \frac{K(p_{as} - p_e)}{\mu}\left(\frac{t}{Z_T}\right) \quad (4)$$

式中　μ——气体黏度，mPa·s。

当处于近平衡或过平衡状态时，进入钻井液的油气含量主要以破碎作用为主；而欠平衡状态或钻井液静止后再循环时，进入钻井液的油气含量主要以渗滤作用为主。但不论何种钻井状态，以扩散作用进入钻井液的油气含量都是少量的，可以忽略不计。

2 压力平衡校正方法

根据上述压力平衡校正模型，将过平衡钻井状态和欠平衡钻井状态的气测录井资料校正到近平衡钻井状态。在校正之前，渗滤作用和破碎作用模型中已经充分考虑了流体性质、压差等因素，并在过平衡钻井状态时，将气测录井数据代入式（5）进行校正[2]：

$$C'_{hydrant} = C_{hydrant}\left[1 + \lg(1 + P_{jzxs})\right] \quad (5)$$

欠平衡状态时，可将气测录井数据代入式（6）进行校正：

$$C'_{hydrant} = \frac{C_{hydrant}}{1 + \lg(1 - P_{jzxs})} \quad (6)$$

式中　$C_{hydrant}$，$C'_{hydrant}$——分别为校正前、后气测录井全烃或各组分值，%；

P_{jzxs}——校正系数。

其中：

$$P_{jzxs} = \frac{Q_P}{Q_b} \quad (7)$$

由式（7）可知，当过平衡时，校正系数大于1；当欠平衡时，校正系数小于1；当近平衡时，校正系数等于1。

3 气测资料的标准化处理

3.1 预处理及校正原因

气测录井由于影响因素很多，气体分析结果存在不确定性。因此根据气测录井显示和其他各种影响因素之间的相互关系，从综合录井数据库中提取所需数据，求取修正系数，并通过气测资料的标准化处理，排除一些非地质因素的干扰，提高气测资料对油气层评价的效果[3]。气测资料预处理及校正流程可归纳为：气测资料→异常值修正→取心及标准化→全烃及组分基线校正。

3.2 气测录井资料预处理及标准化校正方法

根据上述流程，首先要满足地层破碎体积和钻井液循环参数随时间变化的要求，其内容包括全烃各组分值（C_1、C_2、C_3、iC_4、nC_4）、钻速、钻井液排量、井径、钻时、岩石破碎体积等因素[4-5]。综合体现在式（8）、式（9）中。

正常钻井时：

$$G_n = G_d \frac{QD_{stand}^2 t_1}{Q_{stand}D^2 t_{ls}} \quad (8)$$

取心钻井时：

$$G_n = G_d \frac{QD_{stand}^2 t_1}{Q_{stand}(D^2 - d^2)t_{ls}} \quad (9)$$

式中　G_n——校正后气测全烃值；

　　　G_d——校正前气测全烃值；

　　　D——钻头直径（取心钻头的外径），mm；

　　　d——取心钻头内径，mm；

　　　t_1——迟到时间，min；

　　　Q——实际钻井液排量，m^3/min；

　　　Q_{stand}——标准钻井液排量，m^3/min；

　　　D_{stand}——标准钻头外直径，mm；

　　　t_{ls}——标准迟到时间，min。

4 效果分析

在鄂尔多斯盆地天然气综合录井实践中，通过上述压力平衡模型及气测资料标准化处理前后资料与测井解释成果的对比分析表明，随着气测全烃值标准化处理，气测全烃值的评价精度比标准化处理前有所改变，并进一步提高了与电测解释的气层、气水同层、水层、干层的相关性（图1）。

通过气测资料标准化处理前后的大量数据与电测解释油、气、水饱和度成果相关分析发现，其油、气、水饱和度值的分布区间较标准化处理前更为明显（图2）。由此表明，气测资料的标准化处理在油气勘探中对于准确评价储层的含油气性和评价电测解释油、气、水层具有重要的现实意义。

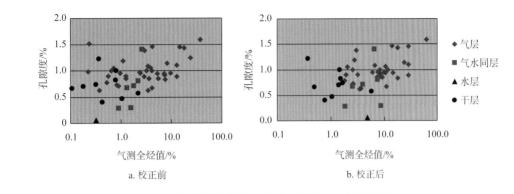

a. 校正前　　　　　　　　b. 校正后

图 1　气测全烃值校正前后孔隙度—全烃相关图

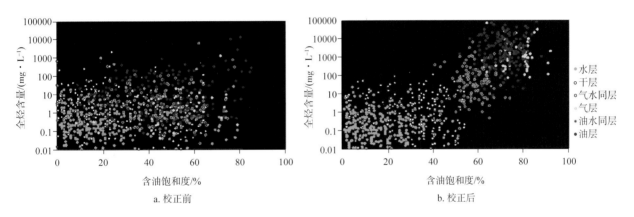

a. 校正前　　　　　　　　b. 校正后

图 2　全烃校正前后与含油饱和度相关图

利用压力平衡校正及气测资料的标准化处理，进一步优化气测录井资料与邻井资料的对比。例如，鄂尔多斯盆地东部SX40井马家沟组，在井段2661.4~2675.1m处发生井涌，气测全烃值由 0.2048% → 100% → 53.258% → 40.968% → 1.0856% → 0.4916%，出口钻井液密度值由 $1.59g/m^3$ → $1.45g/m^3$ → $1.16g/m^3$ → $1.18g/m^3$。由此可以看出，随着气测全烃值的快速增大，钻井液密度迅速减小，钻井液发生气侵。经过定期循环后，钻井液密度值和气测全烃值逐渐恢复正常，气测录井综合解释为气层，电测解释为干层，完井后对该段进行试气，获日产气 $1177m^3$、日产水 $7.2m^3$（图3）。由于该井试气产量低，发生气侵的原因与裂缝含气有关。而相邻的SX43井相应层位，钻井液密度正常，气测全烃值最高为 0.4082%，基本与SX40井恢复正常时的全烃值大小接近，说明以岩石破碎为主，气测解释为微含气层，电测解释为差气层，试气结果仅见含气显示。由此可见，气测录井参数受钻井液液柱压差影响较大，只有加强压力平衡校正和气测资料标准化处理，才能有效提高油、气、水层的识别精度和评价效果。

5　结论

（1）在气测录井实践中，压力平衡模型的建立和应用，对于排除非地质因素的干扰，提高气测全烃数据的质量，具有良好的效果。

（2）通过气测资料标准化处理前后的大量数据及电测解释油、气、水层和含油气饱和度的相关分析，进一步验证了气测录井资料的评价效果和电测解释成果的相关性。

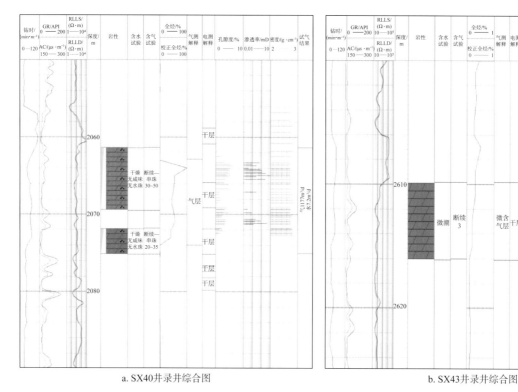

a. SX40井录井综合图　　　　　　　　b. SX43井录井综合图

图3　　井涌对气测曲线的影响对比图

参考文献

[1]　柳绿，王研，李爱梅，等 . 深层气井气测录井资料校正处理及其解释评价 [J]. 录井工程，2008，19（3）：37-40，81.

[2]　汪瑞雪 . 气测录井资料解释及其油气层评价方法研究 [D]. 青岛：中国石油大学（华东），2006.

[3]　曹凤俊 . 气测录井资料的影响分析及校正方法 [J]. 录井工程，2008，19（1）：22-24，75-76.

[4]　张福来，张锦伦 . 循环钻井液气测录井资料在油气层解释中的应用 [J]. 录井技术通讯，1996，4（1）：31-35.

[5]　郑新卫，刘喆，卿华，等 . 气测录井影响因素及校正 [J]. 录井工程，2012，23（3）：20-24，99.

Pressure balance correction and standardized application of its data to gas logging

ZHENG Lin[1], XU PengCheng[1], LIU JinSen[1], XIU ZhengWu[1], TIAN Xu[1],

WANG ShouZhi[1], YANG YongLiang[2], and ZHANG ShiYi[3]

(1. Changqing Industrial Group Co., Ltd. of PetroChina Changqing Oilfield Company; 2. Changqing Branch of CNPC Logging Co., Ltd.; 3. No.5 Oil Recovery Plant of PetroChina Changqing Oilfield Company)

Abstract: Gas logging is an important method to capture petroleum information in exploration. A pressure balance correction model is established according to the forming time of filter cakes during the drilling process, and during the time the relationship between the amount of petroleum entering the drilling fluid in the reservoirs caused by bit-broken rock and the amount of petroleum percolating under different drilling equilibrium states. Through the application of this model and the standardized processing of gas logging total-hydrocarbon data, the interference of various non-geological factors on the correction results is eliminated, and the interpretation accuracy of gas logging display is improved. The correlation between gas logging evaluation effect and electrical logging interpretation results is enhanced.

Key words: gas logging; pressure balance; correction model; standardized processing

XAB油田三叠系长7油藏定向井注水吞吐采油效果评价

安　然[1]，赵　颖[1]，袁　方[2]，李凯凯[1]，刘旭华[1]

（1.中国石油长庆油田分公司第六采油厂；2.中国石油长庆油田分公司第九采油厂）

摘　要：XAB油田三叠系长7页岩油藏于2010年投入开发，其中定向共投产474口，在开发过程中发现注水难见效或油井直接见水，不能有效建立注采驱替系统。后期对采油井和注水井全部实施体积压裂采油，定向井区域全部依靠自然能量开发，整体上油井产能下降快、递减快。2015年以来在定向井区实施注水吞吐试验25井次，补充地层能量，取得了一定成效。从地质条件和工艺参数方面，对该区定向井注水吞吐采油技术进行了适应性分析，整体上明确了该工艺实施的有利条件及局限性，为后续同类油藏注水吞吐开发提供了一定的借鉴。

关键词：页岩油；定向井；注水吞吐采油；地质基础；工艺参数；适应性分析

XAB油田三叠系长7页岩油藏沉积环境主要为湖泊—三角洲前缘亚相[1]，平均油层厚14.8m，控制含油面积480km²，地质储量2.2×10⁸t。储层孔隙度平均为8.9%，渗透率为0.17mD，属低孔—特低孔、致密储层，储层总体上表现为弱亲水—亲水特征。

该油藏于2010年开始投入大规模开发，共投产定向井474口，油井初期采用常规压裂改造，前3个月单井日产油仅1t左右，后期产能快速下降，年递减达到50%~60%，注水不见效或直接见水，2014—2015年对定向井区油水井实施了大规模体积压裂改造，实施自然能量开发，目前单井累计产油仅1500t，日产油0.56t，采出程度为6.22%，采油速度为0.72%，压力保持水平为59.3%，开发指标差，长期处于低产低效状态。

为了提高地层能量和油井产能，结合前人对吞吐采油机理研究[2-8]及矿场实践[9-12]，2015年以来在定向井区域实施了25井次注水吞吐采油措施，取得了一定成效，但效果差异较大，缺乏系统性认识。本文通过对近几年实施井深入分析，基本明确了该油藏注水吞吐采油的有利实施条件及局限性，为后续同类油藏开发提供了一定的依据。

1 注水吞吐采油适应性分析

1.1 地质基础

1.1.1 润湿性

岩石亲水性是渗吸置换发生的先决条件，根据该区长7岩心润湿性实验（表1），储层润湿性总体上表现为中性—弱亲水特征，同时由于页岩油储层孔喉半径小，根据毛细管力公式[式（1）]可以得出，岩石亲水性越强、θ值越小、孔隙半径越小，毛细管力p_c作用越强，越有利于吸水排油。本区长7储层具备吸水排油的有利地质特征。

$$p_c = \frac{2\sigma\cos\theta}{r_c} \qquad (1)$$

式中　r_c——孔隙半径，μm；
　　　　θ——润湿角，（°）；
　　　　σ——界面张力，mN/m。

表1　XAB油田长7段岩心润湿性实验分析结果

井号	层位	岩性描述	润湿指数		相对润湿指数	润湿类型
			油润湿指数	水润湿指数		
A75	长7₂	棕色油浸细砂岩	0	0.23	0.23	弱亲水
H191	长7₂	棕色油浸细砂岩	0.26	0.34	0.08	中性
Y182	长7₂	棕色油浸细砂岩	0	0.41	0.41	亲水
Y70	长7₂	褐色油浸细砂岩	0.17	0.36	0.19	弱亲水

第一作者简介：安然（1991—），女，硕士，工程师，主要从事低渗透油藏开发、注水井调剖调驱、提高采收率、油井堵水工艺研究与应用等工作。地址：陕西省西安市高陵区长庆产业园，邮政编码：710200。

收稿日期：2022-02-15

1.1.2 储层有一定的封闭性

部分油井控制的储层相对封闭，与邻井连通性较差，注水吞吐过程中能量蓄积在该井控制区域附近，地层能量补充较为充足，压力上升相对较快，关井后压力扩散较慢，地层产生憋压，毛细管力作为一种驱动力有助于油水渗吸置换。

该油藏天然裂缝和人工裂缝发育，油井初期采取常规压裂措施，注水时邻井见水比例达到 39.2%，见效比例低；选取部分体积压裂转采井恢复注水，虽然部分天然裂缝通道被大型措施"截断"，但邻井见水比例仍然较高，达到 23%。通过历史注采关系及生产数据，优选注水或体积压裂时邻井均无反应的油井实施注水吞吐措施，确保措施井控制的储集体有一定封闭性。

1.1.3 沉积特征

该区储层分布广，以水下分流河道沉积为主，沉积河道相互交错，储层整体较为均质，对注水吞吐实施存在一定的不利因素；部分区域发育河口坝、远沙坝等沉积微相，该类储层具有较为明显的反韵律特征，能够充分发挥毛细管力和注入水重力作用，叠加效应较为明显，油水置换作用较好。根据该区沉积微相分布，优先对位于河口坝和远沙坝等沉积微相的油井实施注水吞吐措施。

1.1.4 储层非均质性

室内单井吞吐模拟实验表明，在相同条件下，毛细管力吸水排油作用利于非均质模型的采收率提高。XAB 油田长 7 储层非均质性较强，天然微裂缝发育，注水吞吐前油水井均进行过大规模体积压裂改造，缝网复杂，裂缝与基质渗透率比值高达 2300，注入水与基质接触面积大，有利于渗吸置换。

1.2 工艺参数

1.2.1 注水量及注入压力

理论上注水量越大，地层压力越高，注入水与基质岩石接触面积越大，越容易进行油水置换。但注水量过大时，容易憋开储层裂缝，注入水沿裂缝窜流至远处，导致邻井见水风险升高，近井地带反而不能有效积蓄能量；同时导致原油被驱替较远，难以在本井采出。结合王鹏志[13]、肖曾利[14]等研究，注水量以补充地层亏空为主，且在井口憋起一定压力，单井注水 800~3500m³，井口注水压力保持在 11MPa 以下，可避免天然裂缝开启，导致注入水沿裂缝推进，造成邻井

水淹。

1.2.2 吞吐时机

体积压裂后缝网发育，由于无能量补充，地层压力下降较快，油井存在脱气现象，部分油井脱气后原油重质组分析出，堵塞地层渗流通道。在地层压力保持在泡点压力以上时进行吞吐效果较好，结合油井生产情况，一般油井在体积压裂后一年半内实施注水吞吐效果较好（图 1）。

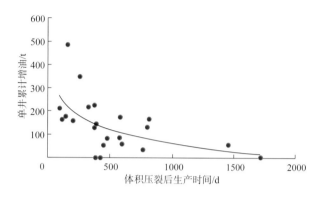

图 1 不同吞吐时机下单井累计增油散点图

若间隔时间太长，一方面原油中部分重质组分析出，堵塞渗流通道；另一方面人工缝网控制的剩余油减少，油水有效接触面积减小，不利于渗吸置换。矿场实践也显示体积压裂两年后再实施注水吞吐措施时，恢复生产后含水较高，增油效果差。

1.2.3 吞吐介质

该区黏土矿物成分占比低，注水吞吐开发以清水为注入介质，水敏性差，清水与储层基质之间存在一定的离子浓度扩散，对基质中原油渗出起到一定的促进作用。在清水中加入一定的表面活性剂 EOS-3，降低原油黏度、油水界面张力，加强毛细管力作用，有助于提高注水吞吐开发效果。经室内评价实验，综合考虑效果及经济效益，该驱油剂质量分数优化为 0.5%（图 2）。

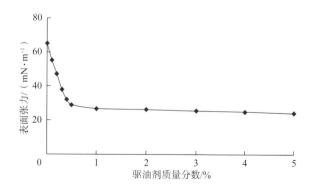

图 2 不同 EOS-3 驱油剂浓度下表面张力变化曲线

1.2.4 焖井时间

油水充分进行渗吸置换需要一定时间，应用核磁共振及成像系统，开展了长 7 储层岩心静态渗吸实验，渗吸作用 50d 后减弱，渗吸效率大幅降低（图 3）；结合数值模拟和矿场实践，油水充分置换的时间为 40~60d，但整体上渗吸距离较短，注入流体仅侵入岩心约 0.2m，随着时间延长，油水置换的距离基本上不再变化，一定程度上制约了注水吞吐的效果。

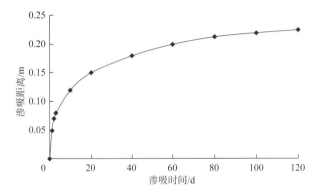

图 3　静态岩心渗吸距离与渗吸时间关系曲线

2　现场实施效果及存在问题

结合储层特征和生产情况，在长 7 油藏 21 口井实施注水吞吐措施（表 2），单井注水 1360m³，平均注水压力达到 9.8MPa，注水后平均焖井 2mon，恢复生产后见效 17 口，累计增油 3120t，有效期内单井日增油 1.08t，最高单井累计增油

484t，年度自然递减率由 44.6% 下降到 13.8%，开发效果有较大程度改善。

实施效果分析可见，复合韵律储层和反韵律储层非均质性较强，毛细管力作用大，注入水能更广泛地接触动用差油层，大幅提高油水接触面积，同时增加重力驱油作用，效果整体较好；共实施 10 口井，均见效，平均单井累计增油达到 227t。而正韵律储层和均质储层，近井地带剩余油相对较少，注入水与动用差储层有效接触面积少，且注水吞吐过程中邻井有见水现象，效果较差。

注水吞吐在一定程度上可提高开发效果，但存在以下几个问题，导致在该区可实施井次有限，仅能起到一定的辅助作用。一是长 7 页岩油藏储层主要是水下分流河道沉积，储层普遍较厚，以正韵律和相对均质储层为主，河口坝和远沙坝沉积微相较少，可实施井数少，难以规模推广。二是该区油水井均进行过大规模体积压裂，缝网发育，注水吞吐虽然有助于扩大油水接触面积，但实施过程中邻井见水比例高，注入井附近难以憋起压力，注入能量不能在吞吐井附近有效保持，毛细管力作用弱，达不到渗吸置换效果。三是岩心实验显示，油水渗吸置换有效距离较短，一次吞吐后裂缝周边基质剩余油再难以置换出来，后实施 4 口井二次吞吐措施（表 3），有效井大幅减少，单井累计增油仅为 43t，多轮次吞吐效果差，不具备进一步实施的条件。

表 2　不同沉积特征下注水吞吐开发效果统计表

储层沉积特征	实施井数/口	有效井数/口	措施前动态			措施后动态			有效期/d	有效期内日增油/t	单井累计增油/t
			日产液/m³	日产油/t	含水率/%	日产液/m³	日产油/t	含水率/%			
均质	4	1	1.67	0.70	50.5	2.56	0.81	62.6	56	0.84	47
正韵律	7	6	1.80	0.42	72.4	3.13	1.12	57.8	104	0.90	94
反韵律	3	3	1.75	0.81	45.0	3.48	1.34	54.5	128	1.03	133
复合韵律	7	7	2.31	0.46	76.5	4.41	1.93	48.1	223	1.20	268
合计/平均	21	17	1.94	0.54	66.9	3.50	1.36	53.9	138	1.08	149

表 3　4 口油井一次吞吐和二次吞吐措施效果对比

吞吐轮次	有效井数/口	措施前动态			措施后动态			有效期/d	有效期内日增油/t	累计增油/t
		日产液/m³	日产油/t	含水率/%	日产液/m³	日产油/t	含水率/%			
一次吞吐	4	1.76	0.31	79.4	5.07	2.13	50.3	206	1.23	253
二次吞吐	2	1.47	0.33	73.8	3.71	0.51	83.9	95	0.45	43

3 结论与认识

（1）XAB 油田三叠系长 7 储层具有较好的亲水性，通过优选油井和优化注入工艺，注水吞吐采油在一定程度上可以提高地层能量，实现采油井增油及延缓递减等目的。

（2）相对封闭储层、与邻井无窜通，是实现注入井附近有效憋压的必要条件。该区缝网发育，虽然有助于扩大油水接触面积，但邻井见水比例高，渗吸置换作用弱，注水吞吐采油效果难保障。同时渗吸时注入水侵入基质距离有限，多轮次吞吐可行性差。

（3）综合考虑地质工艺条件，该区整体上可实施注水吞吐井数少，难以规模推广，无法形成页岩油开发补充地层能量的主体技术，如何高效补充地层能量，提高页岩油开发效果仍需进一步探索。

参考文献

[1] 李忠兴，屈雪峰，刘万涛，等 . 鄂尔多斯盆地长 7 段致密油合理开发方式探讨 [J]. 石油勘探与开发，2015，42（2）：217-221.

[2] 李爱芬，凡田友，赵琳 . 裂缝性油藏低渗透岩心自发渗吸实验研究 [J]. 油气地质与采收率，2011，18（5）：67-69，77.

[3] 朱维耀，鞠岩，赵明，等 . 低渗透裂缝性砂岩油藏多孔介质渗吸机理研究 [J]. 石油学报，2002，23（6）：56-59.

[4] 周万富，王鑫，卢祥国，等 . 致密油储层动态渗吸采油效果及其影响因素 [J]. 大庆石油地质与开发，2017，36（3）：148-155.

[5] 李士奎，刘卫东，张海琴，等 . 低渗透油藏自发渗吸驱油实验研究 [J]. 石油学报，2007，28（2）：109-112.

[6] 黄大志，向丹 . 注水吞吐采油机理研究 [J]. 油气地质与采收率，2004，11（5）：39-40.

[7] 梁成钢，罗群，张金凤，等 . 致密砂岩储层层理缝与构造缝渗吸差异分析：以吉木萨尔凹陷芦草沟组为例 [J]. 油气地质与采收率，2020，27（4）：104-110.

[8] 周万富，王鑫，卢祥国，等 . 致密油储层动态渗吸采油效果及其影响因素 [J]. 大庆石油地质与开发，2017，36（3）：148-155.

[9] 李晓辉 . 致密油注水吞吐采油技术在吐哈油田的探索 [J]. 特种油气藏，2015，22（4）：144-146.

[10] 杨亚东，杨兆中，甘振维，等 . 单井注水吞吐在塔河油田的应用 [J]. 天然气勘探与开发，2006，6（2）：32-35.

[11] 李继强，杨承林，许春娥，等 . 黄河南地区无能量补充井的单井注水吞吐开发 [J]. 石油与天然气地质，2001，22（3）：221-224.

[12] 王贺强，陈智宇，张丽辉，等 . 亲水砂岩油藏注水吞吐开发模式探讨 [J]. 石油勘探与开发，2004，31（5）：86-88.

[13] 王鹏志 . 注水吞吐开发低渗透裂缝油藏探讨 [J]. 特种油气藏，2006，13（2）：46-47.

[14] 肖曾利，秦文龙，肖荣鸽，等 . 低能量井注水吞吐采油主要影响因素及其规律研究 [J]. 西安石油大学学报（自然科学版），2007，22（1）：56-57.

Evaluation of oil recovery effect of waterflooding huff-and-puff in Triassic Chang7 reservoir of XAB Oilfield

AN Ran[1], ZHAO Ying[1], YUAN Fang[2], LI KaiKai[1], and LIU XuHua[1]

(1. No.6 Oil Recovery Plant of PetroChina Changqing Oilfield Company;
2. No.9 Oil Recovery Plant of PetroChina Changqing Oilfield Company)

Abstract: The Triassic Chang7 shale oil reservoirs in XAB Oilfield was put into development in 2010, of which 474 directional wells were put into production. During the development process, it is found that the water injection is difficult to take effect or the water breakthrough directly in oil wells, so the injection-production displacement system could not be effectively established. In the later stage, SRV-aimed fracturing will be implemented in all the oil producers and water injectors for oil production. At present, all directional-well areas rely on natural energy for development. On the whole, the oil well productivity will decrease rapidly and the production will decline rapidly. Since 2015, 25 water huff and puff tests have been carried out in the directional well area to supplement formation energy, and certain results have been achieved. In terms of geological conditions and technological parameters, the adaptability of oil recovery technology with water huff-and-puff for the directional wells in this area is analyzed, and the advantages and limitations of this technology implementation are clarified as a whole, which provides certain reference for the subsequent development of similar reservoirs.

Key words: shale oil; directional well; water huff and puff; geological foundation; technological parameters; analysis of adaptability

安塞油田原油破乳剂筛选评价及矿场试验

高　耘，毕台飞，杨晓辉，田永达，王　延

（中国石油长庆油田分公司第一采油厂）

摘　要： 针对安塞油田 WB、XB 和 WY 区块原油破乳剂加药浓度高的问题，开展了破乳剂筛选评价及矿场试验。室内实验从 12 种破乳剂中筛选出对区块原油适应性较好的破乳剂 YT-10、XL-7 和 YT-12，考察安塞原油黏度—温度关系，以及破乳温度、加药浓度对破乳剂破乳性能的影响。实验结果表明，优选出的 3 种原油破乳剂，在加药浓度 120mg/L、破乳温度 35℃下，2h 原油脱水率可达 95.2%，其破乳脱水效果明显优于 WB、XB 和 WY 区块正在使用的破乳剂。通过矿场试验应用，3 个区块原油破乳剂加药浓度平均降幅达到 23.5%，节约了破乳剂用量及原油生产成本。

关键词： 原油破乳剂；筛选评价；脱水率；矿场试验；安塞油田

原油破乳脱水是油田生产过程中必不可少的一个环节，通过加入破乳剂对原油进行破乳脱水是目前油田应用最为广泛的破乳脱水技术。随着原油开采进入中后期，各种驱油和增产措施的实施，使得采出原油物性日趋复杂，原油乳状液的稳定性增强，油水沉降分离速率减慢，现场破乳剂适应性逐渐变差，破乳剂使用浓度逐年升高[1-5]。安塞油田目前主体破乳剂加药浓度为 90~120mg/L，但 WB、XB 和 WY 区块现场破乳剂加药浓度普遍高于 150mg/L，过高的破乳剂加药浓度，不但增加了原油生产成本，同时会导致原油反相乳化，进一步增大原油净化处理难度[6-7]。因此，优化筛选出对这些区块原油适应性好的破乳剂配方，开展破乳剂性能评价及降浓度试验研究工作很有必要。

本文用瓶试法筛选评价了不同破乳剂对原油乳状液的破乳效果，考察了安塞原油黏度—温度关系，以及破乳温度、加药浓度对破乳剂破乳性能的影响，最后根据室内筛选评价结果在安塞油田开展了矿场试验应用。

1 实验部分

1.1 材料和仪器

破乳剂 SW-27、SW-30、SW-31，西安三维科技发展有限责任公司生产；破乳剂 KEW-1、KEW-3，西安凯尔文石化助剂制造有限公司生产；破乳剂 XL-L1、XL-D1、XL-7，西安巨力石油技术有限公司生产；破乳剂 YT-10、YT-11、YT-12、YT-13，西安长庆化工集团有限公司生产。四氯化碳、1:1 盐酸、无水硫酸钠，均为分析纯，天津市科密欧化学试剂有限公司生产。WB 区块原油乳状液，含水率为 53%；XB 区块原油乳状液，含水率为 58%；WY 区块原油乳状液，含水率为 62%。

ME 型精密电子天平，梅特勒 - 托利多仪器（上海）有限公司生产；ZBX-1L 型激光浊度仪，上海地学仪器研究所生产；OIL-6 型含油测定仪、DXZW-500-2 型智能蒸馏含水测定仪，苏州学森仪器设备有限公司生产；NDJ-5S 型旋转黏度计，上海昌吉地质仪器有限公司生产；YXS 数显恒温水浴锅，山东科华仪器仪表有限公司生产。

1.2 实验方法

1.2.1 样品准备

破乳剂样品按照 GB/T 6680—2003《液体化工产品采样通则》及其他相关标准规定取样并密封存放；原油乳状液按照 GB/T 4756—2015《石油液体手工取样法》标准中的有关规定，在站点破乳剂加药前端进行取样，原油样品的使用期限不应超过 3d。

第一作者简介： 高耘（1987—），男，硕士，工程师，目前主要从事油田化学方面技术应用与研究工作。地址：陕西省延安市宝塔区河庄坪镇，邮政编码：716000。

收稿日期：2021-07-02

1.2.2 破乳性能评价

参照石油天然气行业标准 SY/T 5280—2018《原油破乳剂通用技术条件》，准确量取 50mL 经均质化处理的原油乳状液，在设定温度的恒温水浴锅中保温 20min，加入一定浓度的破乳剂后充分摇匀，静置一段时间后读取下层脱出水体积（mL），计算脱水率，并观察油水界面状态、水质状况及挂壁情况。脱水率计算公式如下：

$$脱水率 = \frac{脱出水体积}{样品总体积} \times 100\% \qquad (1)$$

1.2.3 原油黏度测定

参照石油天然气行业标准 SY/T 0520—2008《原油粘度测定 旋转粘度计平衡法》，取一定量经脱水后含水率不超过 0.5% 的原油试样，放在设定温度的恒温水浴锅中加热 30min，使油样温度均匀。在选定的剪切速率下，用旋转黏度计测定原油黏度，记录不同温度下原油黏度数据。

1.3 矿场试验

根据原油破乳剂的室内筛选评价结果及与现场破乳剂的配伍性，在保证原油脱水处理流程稳定的前提下，首先保持破乳剂总浓度同试验前相同，再逐渐提高优选破乳剂在破乳剂体系中的比例，直到完全替代现场破乳剂，最后再根据效果逐步降低原油破乳剂的加药浓度[8]。

2 结果与讨论

2.1 原油破乳剂室内筛选

在加药浓度 120mg/L、破乳温度 40℃ 的实验条件下，对 4 个厂家共计 12 种破乳剂进行初步筛选，考察其 2h 脱水率（表 1）。

表 1 原油破乳剂初步筛选实验结果

破乳剂	不同区块原油 2h 脱水率 /%		
	WB	XB	WY
KEW-1	86.8	89.7	90.3
KEW-3	92.5	87.9	88.7
XL-L1	90.6	82.8	87.1
XL-D1	88.7	84.5	89.0
XL-7	92.5	97.2	90.3
YT-10	98.1	93.1	91.9
YT-11	92.5	86.2	91.0
YT-12	84.9	91.4	96.8
YT-13	87.5	86.2	93.5
SW-27	96.2	89.0	89.7
SW-30	92.8	96.6	95.5
SW-31	81.1	90.3	91.9

由表 1 数据可知，12 种破乳剂对 WB、XB 和 WY 3 个区块原油具有不同的破乳脱水效果，其中对 WB 区块原油破乳脱水效果相对较好的两种破乳剂分别为 YT-10 和 SW-27，对 XB 区块原油破乳脱水效果相对较好的两种破乳剂分别为 XL-7 和 SW-30，对 WY 区块原油破乳脱水效果相对较好的两种破乳剂分别为 YT-12 和 SW-30。

针对各个区块原油破乳脱水效果相对较好的两种破乳剂，分别继续在加药浓度 120mg/L、温度 40℃ 的实验条件下进行二次筛选，同时对区块现场在用破乳剂作平行对比实验，考察其在不同时间段的脱水率变化、油水界面状态、水质状况及挂壁情况（表 2）。

表 2 原油破乳剂二次筛选实验结果

区块	破乳剂	不同破乳时间下的脱水率 /%					界面状态	水质状况	挂壁情况
		15min	30min	60min	90min	120min			
WB	YT-10	75.5	84.9	94.3	98.1	98.1	齐	清	无
	SW-27	77.4	83.0	90.6	94.3	96.2	齐	清	无
	现场	67.9	77.4	88.7	90.6	90.6	齐	较清	无
XB	XL-7	74.1	84.5	94.8	96.6	97.2	齐	清	无
	SW-30	75.9	86.2	93.1	94.8	96.6	齐	清	无
	现场	70.7	81.0	87.9	89.7	89.7	模糊	较清	无
WY	YT-12	82.3	83.9	93.5	96.8	96.8	齐	清	无
	SW-30	80.6	82.3	88.7	93.5	95.5	齐	清	无
	现场	75.8	79.0	87.1	90.3	91.9	齐	清	有

由表2数据可知，不同破乳剂对 WB 区块原油破乳脱水的效果按顺序为 YT-10 > SW-27 > 现场；不同破乳剂对 XB 区块原油破乳脱水的效果按顺序为 XL-7 > SW-30 > 现场；不同破乳剂对 WY 区块原油破乳脱水的效果按顺序为 YT-12 > SW-30 > 现场。

2.2 考察原油黏度—温度关系

原油黏度不仅与原油性质、含水率及剪切速率有关，而且对温度的变化也很敏感[9-11]。在剪切速率 50s⁻¹ 下，考察原油黏度在不同温度下的变化情况，安塞油田 WB、XB 和 WY 区块原油的黏度—温度曲线见图1。

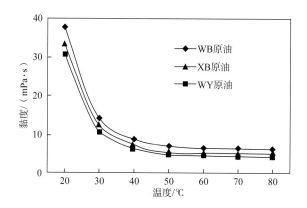

图 1　安塞油田原油黏度—温度曲线

由图1可知，在温度达到 25℃后，原油黏度急剧下降，黏度、温度性能变好，黏度—温度曲线在 30℃附近出现拐点。在 30℃后随着温度增加，黏度降低并不显著。当温度高于 40℃时，原油黏度几乎不再受温度影响。根据 Stokes 沉降公式：

$$v_t = d^2(\rho_水 - \rho_油)g/18\mu_油 \qquad （2）$$

式中　v_t——水滴在油中沉降速度，m/s；

　　　d——水滴直径，m；

　　　$\rho_水$——水的密度，kg/m³；

　　　$\rho_油$——油的密度，kg/m³；

　　　$\mu_油$——原油黏度，Pa·s；

　　　g——重力加速度，取值 9.8m/s²。

由式（2）可知，水滴的沉降速度与油水密度差成正比，与原油黏度成反比。油水密度差越大，原油黏度越低，则水滴沉降速度加快，油水越容易分离。

2.3 考察不同破乳温度下的破乳效果

就热化学脱水流程而言，要根据原油的黏度—温度曲线确定脱水温度，保证在经济合理的

温度范围之内进行原油脱水，同时还要确保破乳剂在此温度下具有理想的破乳效果[12]。在加药浓度 120mg/L 下，考察优选出的 3 种破乳剂 YT-10、XL-7 和 YT-12 在不同破乳温度（30℃、35℃、40℃和45℃）下对相应区块原油的破乳效果，结果见图2。

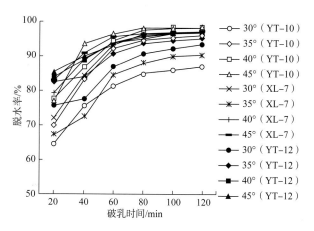

图 2　不同温度下的破乳效果（120mg/L）

由图2可知，3 种破乳剂在 35℃以上均有较好的破乳效果。破乳时间为 1h 时，3 种破乳剂的脱水率均可达到 91.0% 以上；破乳时间为 2h 时，3 种破乳剂的脱水率均可达到 95.2% 以上。综合考虑破乳脱水效果及原油黏温性能，确定适宜的破乳温度为 35~40℃。

2.4 考察不同加药浓度下的破乳效果

对每种特定的原油，破乳剂加药浓度均有最佳值，并不是破乳剂的加药浓度越大，其破乳脱水效果越好[13]。在破乳温度 40℃下，考察优选出的 3 种破乳剂 YT-10、XL-7 和 YT-12 在不同加药浓度（80mg/L、100mg/L、120mg/L 和 140mg/L）下对相应区块原油的破乳效果，结果见图3。

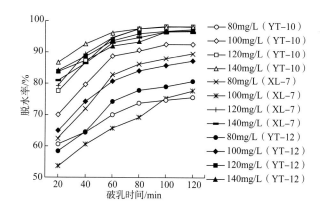

图 3　不同加药浓度下的破乳效果（40℃）

由图 3 可知，3 种破乳剂在加药浓度 120mg/L 以上均有较好的破乳效果。破乳时间为 1h 时，3 种破乳剂的脱水率均可达到 93.1% 以上；破乳时间为 2h 时，3 种破乳剂的脱水率均可达到 96.6% 以上。综合考虑破乳脱水效果及经济合理性，确定最佳加药浓度为 120mg/L。

2.5 优选破乳剂的矿场试验应用

根据不同区块原油破乳剂的室内筛选评价结果及与现场破乳剂的配伍性，在保证原油脱水处理流程稳定的前提下，分别在安塞油田 WB、XB 和 WY 区块，对优选出的破乳剂 YT-10、XL-7 和 YT-12 开展矿场试验应用。试验前 3 个区块现场破乳剂加药浓度分别为 150mg/L、180mg/L 和 155mg/L，试验过程中首先保持破乳剂总浓度同试验前相同，再分别逐渐提高优选出的破乳剂 YT-10、XL-7 和 YT-12 在 WB、XB 和 WY 区块原油破乳剂体系中的比例，直到完全替代现场破乳剂，最后再根据效果逐步降低原油破乳剂的加药浓度。优选破乳剂的矿场加药浓度变化见图 4。

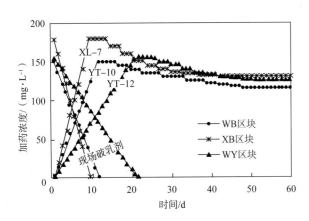

图 4 优选破乳剂的矿场加药浓度变化曲线

通过对优选破乳剂进行矿场试验应用后，WB、XB 和 WY 3 个区块均取得了良好的破乳剂降浓度效果（表 3）。试验后，3 个区块原油破乳剂加药浓度平均降低 38.3mg/L，平均降幅达到 23.5%，合计年可节约破乳剂用量约 90t，降本增效成效显著。

表 3 矿场试验的破乳剂降浓度效果

区块	日处理液量 /m³	加药浓度 / (mg·L⁻¹)			年节约用量 /t
		试验前	试验后	降低值	
WB	3600	150	115	35	46
XB	1250	180	130	50	23
WY	1960	155	125	30	21

3 结论与认识

（1）通过室内筛选评价出的对安塞油田 WB、XB 和 WY 区块原油适应性较好的破乳剂 YT-10、XL-7 和 YT-12 均具有优良的破乳性能，其脱水效果明显优于各区块正在使用的破乳剂，确定了其适宜的破乳温度为 35~40℃，最佳加药浓度为 120mg/L。

（2）通过矿场试验应用后，3 个区块破乳剂加药浓度平均降幅达到 23.5%，节约了破乳剂用量及原油生产成本，具有显著的经济效益和社会效益。

参考文献

[1] 王小琳，唐彬，高春宁，等 . 陕北长 4+5 层原油用破乳剂的应用性研究 [J]. 油田化学，2013，30（2）：267-271.

[2] 吴洪特，赖璐，刘杰，等 . 几种油田化学剂对原油破乳脱水的影响及破乳剂筛选 [J]. 油田化学，2009，26（3）：286-289.

[3] 李丽 . 华北油田别古庄采油作业区采出液破乳剂筛选与评价 [J]. 油气田地面工程，2015，34（11）：30-31.

[4] Yau Y H, Rudolph V, Ho K C, et al. Evaluation of different demulsifiers for Marpol oil waste recovery[J]. Journal of Water Process Engineering, 2017, 17: 40-49.

[5] Mya O B, Houga S, Chihouba F, et al. Treatment of Algerian crude oil using REB09305 OS demulsifier[J]. Egyptian Journal of Petroleum, 2018, 27: 769-773.

[6] Adeyanju O A, Oyekunle L O. Optimum demulsifier formulations for Nigerian crude oil-water emulsions[J]. Egyptian Journal of Petroleum, 2018, 27: 657-662.

[7] 王存英，方仁杰 . 聚醚聚季铵盐反相破乳剂的合成与破乳性能评价 [J]. 化学研究与应用，2015，27（12）：1879-1884.

[8] 檀国荣，刘伟，蒋珊珊，等 . DW 原油破乳剂的性能及在渤海油田的矿场应用技术 [J]. 油田化学，2016，33（3）：532-536.

[9] 王涛，张志庆，王芳，等 . 原油乳状液的稳定性及其流变性 [J]. 油田化学，2014，31（4）：600-604.

[10] 李时宣 . 长庆原油的非牛顿流变特性及其改善技术研究 [D]. 青岛：中国石油大学（华东），2013.

[11] 关丽，侯文刚，刘德俊，等 . 原油脱水温度优化研究 [J]. 当代化工，2014，43（10）：1962-1964.

[12] 肖中华 . 原油乳状液破乳机理及影响因素研究 [J]. 石油天然气学报（江汉石油学院学报），2008，30（4）：165-168.

[13] 李平，郑晓宇，朱建民 . 原油乳状液的稳定与破乳机理研究进展 [J]. 精细化工，2001，18（2）：89-92.

Evaluation and field test of screening of crude oil demulsifier in Ansai Oilfield

GAO Yun, BI TaiFei, YANG XiaoHui, TIAN YongDa, and WANG Yan

(No.1 Oil Recovery Plant of PetroChina Changqing Oilfield Company)

Abstract: Evaluation and field test of screening of crude oil demulsifier were carried out, in view of the problem of the high concentration of demulsifier dosing for crude oil in blocks WB, XB and WY of Ansai Oilfield. The demulsifiers YT-10, XL-7 and YT-12 with good adaptability to the crude oil in the corresponding blocks are selected from 12 kinds of demulsifiers in indoor experiments. The relationship between viscosity and temperature of the crude oil in Ansai Oilfield, and the effect of demulsification temperature and the dosing concentration on the demulsification performance of demulsifiers are investigated. The experimental results show that under the dosing concentration of 120 mg/L and the demulsification temperature of 35°C, the crude oil dehydration rate of the three selected crude oil demulsifiers can reach 95.2% in 2 hours, and its demulsification and dehydration effect is obviously better than that of the demulsifiers being used in WB, XB and WY blocks. Through the application in the field test, the dosing concentration of the crude oil demulsifier in the three blocks was decreased by 23.5% on average, which saved the dosage of the demulsifier and the cost of crude oil production, and had significant economic and social benefits.

Key words: crude oil demulsifier; selection and evaluation; dehydration rate; field test; Ansai Oilfield

（上接第 89 页）

Research and application of refracturing technology for horizontal wells in Chang7 shale oil in XAB Oilfield

LI KaiKai, AN Ran, WEI Wen, ZHANG Tong, ZHENG YanFen, GAO Dan, and JING ZhongFeng

(NO. 6 Oil Recovery Plant of PetroChina Changqing Oilfield Company)

Abstract: In the Chang7 shale oil reservoirs of XAB Oilfield, Ordos Basin, 229 horizontal wells were put into production with 75.33 million tons producing reserves. Due to the problems such as tight reservoir, lack of effective energy supplement, and rapid production decline and quick decrease of individual well productivity, the early measures to improve the individual well production are failed to achieve the expected effect. Based on the exploration of energy replenishment by waterflooding and the understanding of repeated fracturing test in the previous stage, by application of the large-scale energy-storage SRV (stimulated reservoir volume)-aimed fracturing technology. On the basis of water injection to supplement formation energy and upgrade fracturing tools, combined with technologies such as extreme cluster perforation, reservoir differentiation transformation and multi-stage dynamic temporary plugging, the complexity of the fissures has been greatly improved, and meanwhile the soaking (shut-in) time is optimized, so that the oil and water can be fully imbibed and replaced. Finally, it achieves two purposes of greatly improving the individual well production and long-term high and stable production of horizontal wells. Three Wells were tested in the field. After the large-scale energy storage SRV-aimed fracturing technology is applied, the production of horizontal wells is increased significantly, and the maximum daily oil production of individual wells reaches 7 times that of the adjacent wells. After a full year of production following the stimulations, the cumulative oil increment of individual wells reaches 2160 tons, and the benefit is significantly improved. This technology can supplement the formation energy and effectively reconstruct the reservoirs at the same time. It has good adaptability to re-fracturing reconstruction of shale oil horizontal wells.

Key words: shale oil reservoir; horizontal well; refracturing; imbibition and replacement

Z 油田水质配伍性及结垢类型研究

张发旺[1]，刘 海[1]，刘 曼[1]，蔡小军[1]，高 洒[1]，黄 萱[2]

（1. 中国石油长庆油田分公司第十一采油厂；2. 西北大学陕西省生物技术重点实验室）

摘 要： Z 油田地层压力小且地处我国西北干旱地区，在油田开发中需要增压注水。为全面了解 Z 油田在采油或注水过程中各种来源注入水及地层水的配伍情况与结垢详情，采用油田作业区的回注水及地层水数据进行软件预测，同时将不同水样组合进行配伍性实验。将结垢产物的软件预测结果及实际实验结果相结合，评估预测软件的准确性及在石油生产中的实用性，由此通过综合比较分析油田现代采油作业过程中由于注入水的复杂性对采油区地层及管线结垢趋势的影响。

关键词： 配伍性；注入水；地层水；X 射线衍射；结垢

Z 油田地处我国西北干旱地区，水资源严重匮乏，目前为该地区重点生产油田。Z 油田地层压力小，根据低渗透油藏要求，在油田开发中需要增压生产。大部分油田通过注入水的方法来保持地层压力，提高原油采收率。生产过程中，含水量增加及温度、压力等条件发生变化，促使大量无机盐垢生成，不仅会伤害地层、堵塞生产管线与注水管线，还会造成管道腐蚀及细菌滋生，增加了设备漏失风险，使得生产与注入系统无法正常运作，严重时会导致油井停产、报废，只能进行管线更换，对油田造成重大的经济损失[1-3]。

Z 油田作为近年重点开发的油田，主力开发层系多，分布在侏罗系及三叠系多个层系，层系之间流体性质差异大。目前油田开发注入水主要有注清水、注采出水、清采混注、采出水与措施返排液混注等多种情况，在实际油田开发中注水开发及多层混输导致油水井、管道、集油（注水）站结垢严重，结垢厚度为 2~5mm。

为预测采油或注水过程中注入水和地层水因不配伍所产生的结垢情况，本研究采用实际生产中应用的注入水与地层水的水质数据，利用 OLI ScaleChem 4.0 软件进行水质配伍性及垢型预测，并通过实验对结垢趋势及产物进行验证。明确不同类型注入水与地层水、不同层系采出水之间的配伍性，研究结垢趋势和结垢类型，为全面评价并优选适合现场开发及经济需求的防垢技术提供支撑。

1 注入水及地层水水质分析

根据行业标准对各水样进行分析化验，测定各金属离子含量。检测标准依据 SY/T 5523—2000《油气田水分析方法》，水样均经 0.45μm 微孔滤膜过滤备用。阳离子采用电感耦合等离子光谱发生仪检测，阴离子采用化学滴定方法分析。离子含量、酸碱度、矿化度及水型分析数据见表 1 和表 2。从离子分析数据可以看出，注入水及地层水均含有较多的成垢离子，特别是地层水中含有大量的成垢阴阳离子（如二价阳离子 Ca^{2+}、Ba^{2+} 及 Sr^{2+}，阴离子 HCO_3^-、SO_4^{2-}、CO_3^{2-}），具有很强的结垢趋势。

表 1 注入水水质检测结果

注入水样品	检测结果 /（mg·L⁻¹）														
	K^+	Na^+	Ca^{2+}	Mg^{2+}	Sr^{2+}	Ba^{2+}	Fe^{3+}	Cl^-	SO_4^{2-}	CO_3^{2-}	HCO_3^-	OH^-	矿化度	pH 值	水型
Z3LQ	19.0	359	64.4	60.6	8.80	<0.05	0.57	362	402	37.4	254	0	1568	8.65	$MgCl_2$
Z2ZF	242	7430	3217	755	73.2	0.68	2947	24520	762	0	63.4	0	40010	3.92	$CaCl_2$

第一作者简介： 张发旺（1982—），男，本科，高级工程师，主要从事油气田采油工艺研究，重点研究油田输油管线硫化氢防治管控及防蜡防腐措施工艺。地址：甘肃省庆阳市西峰区石油东路陇东生产指挥中心，邮政编码：745099。

通信作者简介： 黄萱（1979—），女，博士，副教授，主要从事油气田微生物采油研究，重点研究提高油田采收率及防垢、防腐、防蜡等工艺。地址：陕西省西安市碑林区太白北路 229 号，邮政编码：710068。

收稿日期： 2021-11-10

注入水样品	检测结果 / (mg·L⁻¹)														
	K^+	Na^+	Ca^{2+}	Mg^{2+}	Sr^{2+}	Ba^{2+}	Fe^{3+}	Cl^-	SO_4^{2-}	CO_3^{2-}	HCO_3^-	OH^-	矿化度	pH值	水型
Z4ZF	84.5	7135	511	170	29.0	<0.05	0.33	10651	2001	24.9	545	0	21152	8.26	$CaCl_2$
Z2LW	142	15446	1672	334	161	8.68	<0.05	26085	1360	150	900	0	46259	8.10	$CaCl_2$
Z4ZQ	19.6	211	60.5	63.7	2.03	<0.05	<0.05	129	314	49.9	342	0	1192	8.75	Na_2SO_4

表2 地层水水质检测结果

地层水样品	检测结果 / (mg·L⁻¹)														
	K^+	Na^+	Ca^{2+}	Mg^{2+}	Sr^{2+}	Ba^{2+}	Fe^{3+}	Cl^-	SO_4^{2-}	CO_3^{2-}	HCO_3^-	OH^-	矿化度	pH值	水型
Z6-773	60.9	17120	3450.0	487.0	1.89	5.67	1.10	33201	3378	0	302	890	58898	8.34	$CaCl_2$
Z2-412	88.5	14712	1409.0	178.0	15.60	56.10	1.10	23006	1016	276.0	455	0	41213	8.47	$CaCl_2$
Z16-49	35	21456	3423	345.0	45.30	12.60	0.21	15234	1671	13.5	477	0	42712	8.13	$CaCl_2$
Z19-96	7.90	1350	18.7	2.70	6.13	4.21	0.27	1348	59.4	24.90	1369.0	0	4191	8.39	Na_2SO_4
Z14-7	75.2	16372	12.2	4.30	6.18	39.7	<0.05	19999	29.5	798	7177	0	44513	8.82	$CaCl_2$
T10-24	274	37419	5173	1110	264	306	<0.05	69386	<0.05	0	317	0	114249	6.81	$CaCl_2$
Z3-304	202	23447	1810	305	89.3	233.00	4.05	39564	1447	0	171.0	0	67673	8.77	$CaCl_2$
Z2-602	8.55	838	11.8	0.92	2.22	<0.05	<0.05	602	437	24.9	634	0	2559	8.56	Na_2SO_4
Z13-4	160	19455	766	258	25.3	<0.05	0.56	21042	12473	0	3119	0	57299	7.71	$CaCl_2$
Z12-1	149	17981	363	235	12.4	<0.05	0.38	15390	16282	0	2612	0	53025	8.19	Na_2SO_4
Z12-44	165	24842	399	241	20.6	<0.05	1.20	32867	6064	0	3233	0	67833	7.94	$CaCl_2$
Z17-49	292	37485	8234	1277	278	0.55	<0.05	74777	647	449	533	0	123973	9.01	$CaCl_2$
Z12-3	165	24842	399	241	20.6	<0.05	1.20	32867	6064	0	3233	0	67833	7.94	$CaCl_2$
Z17-1	292	37485	8234	1277	278	0.55	<0.05	74777	647	449	533	0	123973	9.01	$CaCl_2$
Z1-309	194	25590	1723	365	70.3	0.12	6.63	42084	1673	0	63.4	0	72270	6.89	$CaCl_2$
Z5-5	38.7	2813	646	53.5	46.4	0.25	0.97	5333	234	0	279	0	9445	7.66	$NaHCO_3$
Z10-51	39.8	3398	596	77.4	44.7	0.38	2.17	6087	251	0	482	0	11752	7.65	$NaHCO_3$

2 测试水样分组

由于 Z 油田存在注入水来源复杂及多层混输的问题，在实际的油田开发中经常存在多来源水配伍性复杂的问题。本次选择实际生产中存在的5 组混合水样来研究其配伍性（表3），同时对结垢趋势予以分析。所采用组合的水样数目从 2 种到 7 种，情况复杂，均是实际油田开发中存在的实际水样混合，并且这几种组合在实际生产中也容易结垢，堵塞管线。该实验在实际油田开发过程中可以提供研究基础，通过调整混合水比例来预防结垢，并根据成垢离子的差别对添加的阻垢剂种类及剂量提供参考。

表3 混合水样种类表

组合序号	水样1	水样2	水样3	水样4	水样5	水样6	水样7
1	Z6-773	Z2-412	Z3LQ	—	—	—	—
2	Z16-49	Z19-96	Z14-7	—	—	—	—
3	T10-24	Z3-304	Z2-602	Z2ZF	—	—	—
4	Z1-309	Z5-5	Z4ZF	Z3-304	Z10-51	Z2LW	Z4ZQ
5	Z12-3	Z17-1	—	—	—	—	—

3 OIL ScaleChem 4.0 软件分析和预测结垢类型及结垢趋势

为得到 Z 油田更全面的结垢趋势及结垢类型，应用 OIL ScaleChem 4.0 软件系统进行了不同比例混合水样的无机盐结垢趋势诊断。该软件预测结垢具有明显优势：（1）在结垢分析和预测方面，可以根据水质资料模拟地层条件，预测可能的（或已经生成的）结垢种类、结垢趋势、结垢量及结垢部位；（2）在水处理方面，通过结垢分析和预测，采用适当的方法在回注前对注入水进行处理，可以减少由于地层水和注入水不配伍而导致井筒结垢现象的发生[4]。

针对本次混合样品的复杂性，利用专业软件 OIL ScaleChem 4.0 系统对多水样组合进行多种比例的配伍性评价，可为复杂的水质配伍性提供详实的实验数据，精确分析结垢趋势及结垢类型。

在实际油田开发注水中，Z 油田情况较为复杂，除少数是两种水质混合外，大部分属于多水样混合，甚至有 7 种水样混合，使得分析预测配伍性及结垢产物尤为困难，OIL ScaleChem 4.0 软件分析则体现了很好的应用性，如表 4 所示，多水样组合可以自行设定不同比例来分析结垢趋势及结垢类型。两种水样的混合分析可直接获得折线趋势图（图 1）。根据表 3，将各组别中的水样按不同比例混合，预测垢样组成及结垢量。据软件预测，5 组水样组合均会结垢，且均为两种或两种以上复合垢，以 $CaCO_3$ 型或 $BaSO_4$ 型垢样为主，体现了垢型的复杂性。这 5 种组合中，广泛存在的 $BaSO_4$ 使管线结垢后较难清理，是生产时面临的难题。

表 4　OIL ScaleChem 4.0 系统对多水样混合组结垢量预测

水样组别	结垢类型	结垢量 / (mg·L⁻¹)							
		混合比例 1	混合比例 2	混合比例 3	混合比例 4	混合比例 5	混合比例 6	混合比例 7	混合比例 8
1		1:1:1	3:3:4	2:2:1	1:2:2	3:1:1	1:3:1	1:1:3	1:4:1
	$CaCO_3$	82.28	79.10	88.33	80.90	80.66	93.65	68.51	98.26
	$BaSO_4$	35.22	31.69	42.28	40.23	25.19	59.35	21.10	69.69
2		1:1:1	3:3:4	2:2:1	1:2:2	3:1:1	1:3:1	1:1:3	5:5:1
	$CaCO_3$	1587.97	1736.29	1183.63	1387.38	1125.22	1069.86	1539.97	796.93
	$BaSO_4$	31.40	34.88	24.41	33.33	27.28	21.48	45.16	18.68
3		1:1:1:1	1:2:3:4	3:3:2:2	2:2:3:3	4:1:4:1	1:4:1:4	1:4:4:1	4:4:1:1
	$FeCO_3$	563.04	337.85	569.43	526.21	558.31	275.96	192.06	457.96
	$BaSO_4$	405.56	347.75	464	341.99	185.53	647.4	771.19	568.75
	$CaCO_3$	19.57	8.79	24.31	15.59	27.10	8.6	13.89	39.39
4		1:1:1:1:1:1:1	1:1:1:1:2:2:2	2:2:2:1:1:1:1	1:1:1:5:5:5:5	5:5:5:1:1:1:1	5:5:5:5:1:1:1	5:5:5:1:5:5:5	1:1:1:9:1:1:1
	$BaSO_4$	418.15	317.22	291.47	644.78	154.09	582.17	114.98	1494.22
	$CaCO_3$	9.34	10.94	8.28	11.16	7.10	6.66	10.03	6.83

注：表中各比值为表 3 不同组别中各种水样的预测沉淀混合比例。

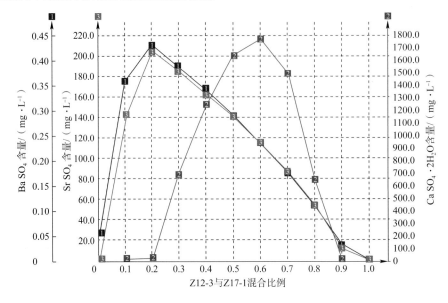

图 1　OIL ScaleChem 4.0 软件对表 3 中组合 5 两种水样混合结垢预测

4 配伍性实验

油田结垢最主要原因是油田开采时注入水与地层水的不配伍，导致注入水中的成垢阴离子与地层水中的成垢阳离子相遇，产生不溶物析出并沉淀在油层及集输管道内，形成各种类型结垢，并在输送管道内伴随产生腐蚀[5-6]。

本次实验根据表3中的水样组成，按照真实生产比例进行配伍性实验。将地层水与注入水过滤后，按不同比例混合，总体积100mL，50℃下恒温振荡水浴14h。观测有无沉淀产生，并收集产生的所有沉淀，80℃烘干至恒重，称重。测定不同比例混合水样的结垢率。利用X-射线衍射技术，分析实际垢样的成分，确定垢型。

表5 水样结垢量分析

水样组别	结垢类型	结垢量/（mg·L⁻¹）							
		混合比例1	混合比例2	混合比例3	混合比例4	混合比例5	混合比例6	混合比例7	混合比例8
1		1:1:1	3:3:4	2:2:1	1:2:2	3:1:1	1:3:1	1:1:3	1:4:1
	CaCO₃	4.05	4.25	6.86	4.53	5.83	7.14	3.42	7.92
	BaSO₄								
2		1:1:1	3:3:4	2:2:1	1:2:2	3:1:1	1:3:1	1:1:3	5:5:1
	CaCO₃	70.46	80.21	66.87	65.66	88.9	62.45	73.49	65.38
3		1:1:1:1	1:2:3:4	3:3:2:2	2:2:3:3	4:1:4:1	1:4:1:4	1:4:4:1	4:4:1:1
	FeCO₃								
	BaSO₄	126.78	67.77	119.92	103.48	77.68	101.37	124.56	149.52
	CaCO₃								
4		1:1:1:1:1:1:1	1:1:1:1:2:2:2	2:2:2:1:1:1:1	1:1:1:5:5:5:5	5:5:5:1:1:1:1	5:5:5:5:1:1:1	5:5:5:1:5:5:5	1:1:1:9:1:1:1
	BaSO₄								
	CaCO₃	36.64	22.56	27.98	34.57	16.77	38.16	15.67	56.42
5		1:9	2:8	3:7	4:6	6:4	7:3	8:2	9:1
	CaSO₄	11.09	9.61	37.48	58.81	68.37	50.91	33.69	16.73
	SrSO₄								

注：表中各比值为表3不同组别中各种水样的预测沉淀混合比例。

从实验结果及现场观察可知，地层水与注入水按不同比例混合均会产生大量沉淀。有必要对其进行相关防垢措施评价，以防止大量结垢堵塞管道及储层渗流通道而引起注水压力升高、注水能力下降。从实验结果可以看出（表5），除组合2的主要垢型是CaCO₃以外，其他组合都是混合垢型，且都具有BaSO₄/SrSO₄垢，各种水样不同的配比产生的沉淀和类型差别明显，可分析结垢趋势。

（1）据OIL ScaleChem 4.0系统预测和实际沉淀测定，组合1混合比例为1:1:3时沉淀最少。结合水质数据可看出，产生大量CaCO₃和BaSO₄的主要原因是水样Z6-773和Z2-412含有大量Ca²⁺、Ba²⁺及大量成垢阴离子CO₃²⁻、SO₄²⁻，矿化度高，自身不稳定，混合之后更容易形成大量沉淀，Z6-773和Z2-412在混合水样中的比例下降可以减少沉淀量的产生。

（2）组合2在3种水样比例是5:5:1时产生的沉淀最少，软件预测除CaCO₃沉淀外，还有少量的BaSO₄沉淀，在X射线衍射时只有CaCO₃（表6），并没有检测出BaSO₄沉淀，主要结垢原因是Z14-7含有大量HCO₃⁻和SO₄²⁻，容易与结垢阳离子Ca²⁺形成沉淀，所以在实际生产时调节回注水Z14-7离子种类和含量对预防结垢会有良好效果。

（3）组合3产生大量FeCO₃、FeO等沉淀干扰实验结果，但可看出当Z3-304减少时可以有效减少BaSO₄沉淀，软件预测具有指导意义。

（4）组合4是本次使用水样最多的一个组合，共用7种水样进行混输，这也是实际开发中所用的水样组合，在实际生产中产生了大量沉淀，阻塞了管线。通过软件预测和配伍性实验可以看出，水样Z3-304含有大量结垢阳离子Ca²⁺、Ba²⁺，水样Z4ZF含有大量SO₄²⁻，当两者的比例增加时可加大CaSO₄和BaSO₄的结垢量，根据软件预测及配伍性实验，在实际开发中调整 Z4ZF 中的 SO_4^{2-} 含量，可有效控制结垢。

（5）组合 5 是本次实验唯一一组双水样混合，当 Z12-3∶Z17-1 为 2∶8 时，沉淀产生最少，主要为 $BaSO_4$ 沉淀，较难去除；当 Z12-3∶Z17-1 为 6∶4 时，沉淀产生最多，主要为 $CaCO_3$ 沉淀，主要原因是 Z17-1 中含有大量结垢阳离子 Ca^{2+}、Ba^{2+}，在实际开发时需要加入针对性阻垢剂进行有效控制。

表 6　垢样成分及比例表

组别	成分及比例			
1	重晶石（36.5%）	方解石（32.8%）	菱铁矿（10.4%）	赤铁矿（6.1%）
2	方解石（62.5%）	黄铁矿（8.6%）	石盐（1.2%）	
3	方解石（25.8%）	重晶石（24.5%）	菱铁矿（10.2%）	赤铁矿（7.5%）
4	方解石（30.7%）	重晶石（33.3%）	文石（5.4%）	
5	方解石（82.9%）	文石（4.6%）	天青石（5.9%）	黄铁矿（2.3%）

通过将软件预测结果与实际的垢样化验结果进行对比，可看出 OIL ScaleChem 4.0 系统预测软件对垢样的结垢趋势及结垢主要成分的分析结果与实际结果大致相同，说明在实际生产中该软件具有很好的指导作用。

5 分析及讨论

Z 油田开发层系多（延 9、延 10、延 4+5、长 3、长 8 等）、地层流体性质差异大，注水开发及多层系混输导致油水井、管道、集油（注水）站结垢严重，结垢严重的区块众多，结垢情况复杂。水质分析数据表明，注入水和地层水矿化度和离子组成差异大，成垢离子含量巨大，有自发形成沉淀的趋势，水型以 $CaCl_2$ 为主。由于注入水（富含 SO_4^{2-}、HCO_3^- 等成垢阴离子）与地层水（富含 Ca^{2+}、Sr^{2+}、Ba^{2+} 等成垢阳离子）不配伍，极易发生大量 $CaCO_3$、$CaSO_4$ 沉淀，并伴随有 $BaSO_4$、$SrSO_4$ 这类极难溶解的沉淀，对缓解管道堵塞造成困难。

油田结垢类型通常为碳酸盐垢与硫酸盐垢两类，碳酸盐垢能被酸溶解，易于去除，危害相对较小；硫酸盐垢容易形成且很难去除，它不能够

被酸和有机溶剂溶解，危害性大。因此，研究油田结垢原因及结垢类型，对成垢进行预测和防控是非常必要的[7-8]。Z 油田通过软件预测及 X 射线衍射技术检测沉淀类型，验证了 OIL ScaleChem 4.0 系统面对复杂实际开发情况分析预测的准确率。实验证明，在各参数详尽的情况下，预测软件可以较准确地判断出结垢类型及结垢量，在日常生产中可以通过优化混注水比例来减少沉淀量，尤其是 $BaSO_4$/$SrSO_4$ 的沉淀量。但也需考虑 Z 油田地层水矿化度高，地层水开采过程中温度、压力变化，以及注入水来源复杂等因素，并在日常生产中利用现代生产监控进行实时检测。

通过软件预测及 X 射线衍射发现，本次实验所选 5 组样品水质均不配伍，且沉淀为大量的 $CaCO_3$ 沉淀并混杂 $BaSO_4$/$SrSO_4$ 垢，且 5 个组合中有 4 组存在黄铁矿、菱铁矿或赤铁矿沉淀，说明在生产过程有一定程度的管线腐蚀，这也是和结垢现象经常相伴出现的。两者叠加在一起会加剧管线损伤，应根据配伍性及垢型研究，针对性添加阻垢剂及防腐剂以减小损失。根据本次水质分析、配伍性实验及 OIL ScaleChem 4.0 系统预测，确定地层水与注入水的结垢趋势，为注入水改性提供研究方向，提出对 Z 油田阻垢的预判方案及有效措施，如可以考虑通过添加相关的化学试剂制定阻垢对策，为保持油田稳产、降低生产成本提供有力支撑。

参考文献

[1] 秦丙林，李建兵，郭志辉，等 .S 油田注入水配伍性及阻垢技术实验研究 [J]. 化工管理，2019，31（11）：102-104.

[2] 涂乙，汪伟英，吴萌，等 . 注水开发油田结垢影响因素分析 [J]. 油气储运，2010，29（2）：97-99.

[3] 尹先清，刘建，李玫，等 . 大港北部油田回注污水结垢性与配伍性研究 [J]. 长江大学学报（自然科学版），2009，6（1）：31-33.

[4] 李农，杨雪刚，缪海燕，等 .ScaleChem 3.0 结垢预测软件在天然气开采中的应用 [J]. 天然气勘探与开发，2004，27（3）：57-60.

[5] 吴新民，付伟，白海涛，等 . 姬塬油田注入水与地层水配伍性研究 [J]. 油田化学，2012，29（1）：33-37.

[6] 陈武，卞超锋，朱其佳，等 . 涠洲 12-1 油田油井结垢机理研究 [J]. 油气田环境保护，2006，16（3）：33-35.

[7] 李跃喜，付美龙，熊帆 . 涠洲 12-1 油田油井结垢现状分析及对策研究 [J]. 石油天然气学报，2010，32（2）：327-329.

[8] 潘爱芳，曲志浩，马润勇 . 注水开发中油层结垢伤害机理与防治措施 [J]. 长安大学学报（地球科学版），2003，25（4）：6-8.

（英文摘要下转第 121 页）

M气田回注井A环空带压原因分析及应对措施

刘 磊[1]，杨 萍[1]，赵忠军[1]，段明霞[2]

（1.中国石油长庆油田长北作业分公司；2.中国石油长庆油田分公司第二采气厂）

摘 要： 回注井环空带压不但影响采出水回注，井筒也存在极大安全隐患，严重的话会导致井筒报废。通过分析回注井环空带压原因，可有效评估回注井现状，避免引发环境污染或安全事件发生。以M气田CBX回注井为例，从该井A环空带压情况梳理、最大环空允许压力计算、回注水温度效应影响、井完整性分析等方面对环空带压原因进行分析，并利用井温、噪声、流量多参数测井技术对疑似漏点进行了验证，确定了具体漏点。研究认为该井早期环空短期带压是受温度效应影响，后期环空持续带压是井筒封隔器密封插管微漏引起的。目前该井风险处于可控状态，给出了短期的处理措施和长期的解决办法。

关键词： 回注井；A环空压力；完整性分析；多参数测井；应对措施

随着油气藏开发规模不断扩大，油气井环空带压现象越来越多，环空带压说明气井完整性出现了问题，是目前完整性问题的主要表现形式[1-2]。其实不只气井，污水回注井也会出现环空带压的情况。尤其是气田开发进入中后期，气井产水逐渐增加，随着回注时间延长和回注量增加，以及回注水水质波动、水质不达标等原因，会导致回注压力升高甚至堵塞的情况，或者回注井环空带压的问题，严重影响采出水回注；尤其是环空带压，给井筒安全带来极大的风险和隐患[3]，严重的话会导致井筒报废，引发环境污染和安全生产事件。国内外相关研究说明，环空带压一般是由于作业时环空加压、管柱腐蚀、固井质量等引起的，因此如何分析回注井环空带压，找出具体漏点和解决带压问题就显得尤为重要。

1 环空带压情况

CBX井最早是一口探井，1997年完钻，完钻层位为山₂段和本溪组，2007年修井作业更换油管和采气树，改为回注井，注入层位为本溪组。该井A环空和B环空均水泥固井并返高至地面；初始注水量为120m³/d，井口压力小于31MPa，累计注水3720m³后本溪组被堵。2008年改注山₂段，由于该井回注压力高，2008—2012年先后进行7次酸化作业，回注压力有所改善。截至2020年7月，累计注水$29×10^4$m³，平均注入速度为120m³/d，平均注入压力为27.5MPa，日最大回注量为210m³，最大回注压力为29.0MPa。

2012年4月底，初次发现CBX井A环空有压力为8~10MPa。在井口上安装电子压力记录仪，记录油管压力、环空压力和温度数据。通过数据发现，停泵后，环空压力上升，最大可上升到13MPa，开泵注水后，压力降低到零。分析认为是温度变化，即水的热胀冷缩引起的环空压力变化，油管和封隔器完整性良好。

2018年4月，再次发现该井A环空压力异常，套压为16.2MPa，油压为22.1MPa，B环空压力为零。4月25日对A环空泄压至5.9MPa，油压为22.1MPa。4月27日，环空压力上升至6.0MPa，油压为22.1MPa。停注3日后恢复回注，4月30日，油压为26.2MPa，A环空压力零。

2018年12月17日，该井A环空又出现带压情况，压力为6MPa，持续监测该井环空压力显示平均每天上升约0.5MPa，到2019年1月3日，环空压力最高上升至19.5MPa，取样泄压至14.3MPa。目前该井间隔回注，开泵回注，环空压力下降，停泵后，环空压力加速上升，出现环空持续带压，根据2019年1月CBX井油压、A环空压力变化曲线（图1），判断该井完整性出现问题。

第一作者简介： 刘磊（1982—），男，本科，高级工程师，主要从事井下作业和采气工艺相关研究工作。地址：陕西省西安市未央区凤城八路西北国金中心D座，邮政编码：710016

收稿日期： 2021-12-07

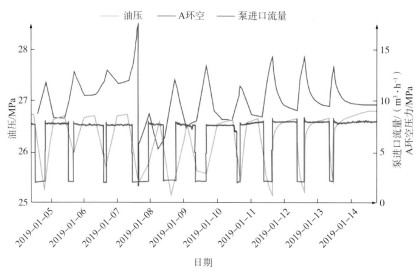

图 1　CBX 井油压、A 环空压力变化曲线

2　环空最大允许压力

　　所有环空可允许的最大环空压力值是根据材料强度的最小值（如套管／油管的抗内压和抗挤强度）和套管鞋所在的地层应力计算得出[4]。环空最大允许压力是给定环空的绝对最大压力，代表了气井环空的完整性极限，在任何时候都不得超过该压力值；环空最大允许压力由气井多个部件的机械完整性限制与定义，气井生产过程中，井口四通、封隔器、油管、套管、地层等承压对象构成的封闭环形空间允许的最高压力限值。该值是一个变化值，从投产初期开始，随着生产时间和井底流压的变化会发生相应变化，以反映气井生命周期内可能发生的变化，需要持续更新与关注；但该值在短期内是稳定的，可根据标准 API RP90-2—2016《Annular Casing Pressure Management for Onshore Wells》进行计算。

　　对于长北气田该回注井的 A 环空最大允许压力，API RP90-2 标准给定的计算方法同样适用。

　　由于环空最大允许压力是气井环空完整性极限值，所以一旦超出该限度，气井完整性失效的可能性急剧升高，存在极大安全风险，必须采取相应的补救措施，更有甚者必须弃井。为此需要对每口高压气井进行环空最大允许压力计算，并开展井口环空带压安全评价工作。井口允许最大带压值是针对某一特定环空的最大允许工作压力值，反映环空能够承受的压力级别。

　　API RP90-2 给定的计算方法为：对于油套环空（A 环空），最大允许压力取生产封隔器抵抗压力、ϕ177.8mm（7in）套管爆裂压力和油管塌

陷压力三者之间的最小值，其中塌陷压力安全系数取 1.0，爆裂压力系数取 1.1，管材磨损安全系数取 0.15。同理，可根据地层压力、技术套管和生产套管抗压情况，计算出 A、B 环空最大允许压力，即 CBX 井 A、B 环空最大允许压力推荐值（表 1），如果环空带压值大于计算值，说明存在安全风险，需采取治理措施[5]。根据环空最大允许压力计算情况，目前该井 A 环空压力低于该井最大环空允许压力。

表 1　CBX 井 A、B 环空最大允许压力推荐值

油套环空	封隔器抵抗压力 /MPa	技术套管爆裂压力 /MPa	油管塌陷压力 /MPa	推荐值 /MPa
A 环空	24	43.6	34.7	24
油套环空	地层抵抗压力 /MPa	技术套管爆裂压力 /MPa	生产套管压力 /MPa	推荐值 /MPa
B 环空	4.8	5	3.6	3.6

3　A 环空带压原因分析

　　回注井与生产气井一样，正常情况下，环空是密封空间。当回注井在稳定注水或长期停注的条件下，整个井筒内的温度趋于稳定，环空压力基本保持稳定。但是如果回注井的完整性存在问题，回注时流体产生的压力就会导致环空压力出现异常，压力可能窜入其他层位，严重影响回注作业安全，必须找出环空带压的根本原因，采取相应措施进行处理。

3.1　温度影响

　　造成回注井环空压力异常的原因有多种，其中一个重要原因是回注水的温度远远低于井筒温度，一般情况下，温度、体积变化会造成环空

带压。2019年1月26日，开启一台回注泵，随后CBX井A环空压力保持在9.3MPa左右；1月28日，开启两台回注泵，随后A环空压力降至4.6MPa；1月30日，开启一台回注泵，A环空压力上涨到8MPa。1000kg水密度—温度—体积变化规律见表2。

A为环空体积为38.56m³，温度从20℃上升到50℃，体积增加390L，温度升高，水的密度降低（表2）。根据压力和体积的关系，环空体积变化20L可以引起压力变化1MPa。这个变化与开泵压力下降、停泵压力上升相吻合，完全符合

温度变化的影响规律。回注量、压力变化曲线见图2。

表2　1000kg水密度—温度—体积变化规律表

序号	温度/℃	密度/(kg·m⁻³)	体积/m³
1	0	999	1.001
2	4	1000	1.000
3	20	998	1.002
4	50	988	1.012
5	90	965	1.036

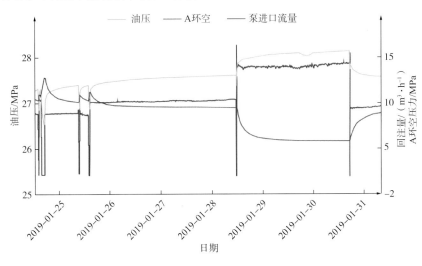

图2　回注量、压力变化曲线

3.2 漏点分析

主要受到温度效应影响[6]，温度变化会影响回注井A环空压力变化，但这种影响会在长期回注或停注的状态下消失；如果井完整性被破坏也会导致环空带压，因此，漏点分析和找漏工作还需验证井完整性情况。根据该井的井身结构，从井口到井底存在的可能漏点包括：油管存在漏点或油管螺丝处渗漏；油管挂渗漏；生产套管破损；封隔器密封失效；井下安全阀、安全阀控制管线出现漏失；采气树密封件、法兰连接部位出现漏失等。CBX井井身结构示意图见图3，需要逐一进行验证。

3.2.1 油管挂

根据CBX井采气树结构，对油管挂密封性进行多次测试，油管挂结构示意图见图4。2019年1月10日，现场打压进行密封性测试；打开观察孔单流阀阀帽，发现有液体流出，说明油管挂金属密封效果不好；之后再测试孔上连接手摇泵，打压至41MPa，对P密封和油管挂下部密

封进行压力测试，1h内压力下降1.4MPa；对P密封进行再次激活，对P密封和油管挂下部密封进行再次测试，打压至41MPa，1.5h压力下降2.8MPa。

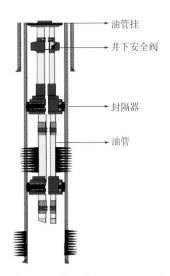

图3　CBX井井身结构示意图

2019年1月17日，打开测试孔，测试孔内

没有压力，没有液体，油管压力为 26.8MPa，环空压力为 9.0MPa，证明油管挂密封性良好；1月22日，再次打开测试孔，测试孔内没有压力，无液体流出，证明油管挂密封性良好，之后在测试孔安装了压力表，持续观察油管挂腔体压力变化，一直无压力。多次测试说明，油管挂密封性能良好，压力稳定，回注水无法从油管挂窜至 A 环空。

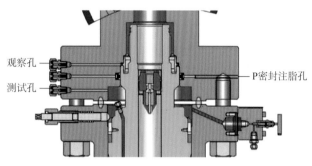

图 4　油管挂结构示意图

3.2.2　井下安全阀

充分考虑大于 200m 的紧急关断安全距离及水合物的生产因素，将井下安全阀随油管下入，安装在井下 300m 的位置，控制管线连接阀体到地面采气树，并连接地面的液控系统。由于控制管线穿过 A 环空，一旦气体通过井下安全阀控制管线泄漏至 A 环空，将会导致环空带压情况。井下安全阀控制管线示意图见图 5。

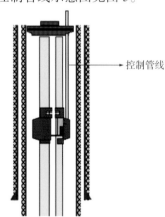

图 5　井下安全阀控制管线示意图

根据井下安全阀及控制管线结构情况，对井下安全阀控制管线进行密封性测试。关闭井下安全阀液控系统，连接手摇泵到控制管线，打压到 35MPa，30min 未有压降；泄压到零，观察控制管线返流情况，泄压，测返流，10min 共返液压油 130mL，未见气体及其他液体返出；连接控制管线，观察压力情况，30min 无压力上涨，证明控制管线密封良好。

3.2.3　封隔器

CBX 井随油管下入哈里伯顿公司 MHR 永久式封隔器，该封隔器未双向卡瓦，三胶筒设计，结构简单合理。带 seal anchor，也叫 ratch-latch 或锚定密封，带密封插管，当需要回收管柱时，可右旋管柱使密封插管与封隔器脱开。该封隔器充分考虑了生产条件和流体组分，具有耐高温和抗 H_2S、CO_2 腐蚀的特点。

当注水井中温度发生变化时，根据热胀冷缩原理，管柱会伸长或缩短[7]。当油管内注入水温度低于油管所处井筒温度时，这部分管柱将发生收缩，而当注入温度高于井筒温度时，这部分管柱将伸长[7]。假设图 6 蓝色部位的锚定装置失效，开始注水时，温度降低，油管收缩，这个时候下部的密封机构会向上运动，此时密封效果可能会变差造成油管、套管连通；如果停止注水，温度升高，油管膨胀，下部的密封机构（图 6）会有向下运动的趋势。实际不会向下运动，NO-Go 在封隔器顶部对密封效果应该没有影响。因此，根据回注时环空压力尚能稳住、停注后压力立刻上升的情况，认为压力变化与停泵、开泵注入相关，怀疑封隔器锚定器的密封插管存在漏点。在开关井过程中，油管受压力与温度影响，长度动态发生变化，引起密封插管上下位移，动态密封性能降低。

图 6　封隔器结构示意图

3.2.4　油套管

根据压力走向规律，从高压区向低压区泄漏。该井 A 环空最高带压为 19MPa，B 环空压力为零，无带压情况，所以环空套管的完整性应该是完好的，无压力泄漏问题。

该井采用 ϕ88.9mm（3.5in）FOX 9.2# L80 25Cr 带内涂层的气密扣防腐油管，该扣型油管一般不会出现泄漏的情况，且目前 A 环空压力可以泄放到零，说明油管不存在较大的泄漏点，油管、套管无明显连通。为了排除油管存在微漏的可能性，利用钢丝作业尝试下入桥塞到该井井下坐落筒，桥塞下入失败。在取出的桥塞底部观察到两处明显的较长划痕（图 7），说明在坐落筒位置可能存在较硬的外部物体。因无法验证油管微漏，需用其他方法找漏，有待进一步验证密封插管泄漏和油管完整性情况。

图 7　桥塞底部划痕情况

4　多参数测井找漏

井筒内流体通过阻流位置时将产生压力降，流体动能在阻流部位转换成热能和声能，因此，在阻流位置附近可探测到噪声[8]，噪声强度的大小随流体流速变化而变化。通常，流度变化可以发生在产出口、泄漏口、注水位置、窜槽或套管缩径等处。

井筒内流体的温度取决于原始地层温度、地层—套管间温度、套管—油管间温度，以及井筒内流体的热学性质等多方因素。当流体温度、套管温度、周围地层温度不同时，彼此间必然存在持续的热量交换，造成井筒内温度随时间、深度变化而发生改变，可根据井筒中温度变化判断漏点位置并分析原因。

井筒内出现漏失后，漏点处由于内外层流体压力不同，造成井筒内外层管柱间的流体交换，流体流动将直接导致漏点处上下流量发生变化；流量计通过测量涡轮叶片的转速，进而计算井筒内不同深度的流量值。通过对比流量值、井温、噪声等变化，分析判断漏点位置。

从噪声测井图（图 8）看出，在该井 2800.00~2813.00m 附近，噪声响应频谱变宽，且噪声振幅均增大，同时低频、中频、高频均出现较规则的显示，判断该处范围存在漏失。

对比关井 1h（绿色曲线）、4h（红色曲线）、6h（蓝色曲线）阵列径向井温差值 DT1S4 曲线（图 9），发现 2813m 处径向温场变化幅度随关井时长增加而增加，判断该处井温存在异常，疑似为漏失导致。

2 条下测流量曲线与 1 条上测流量曲线均在

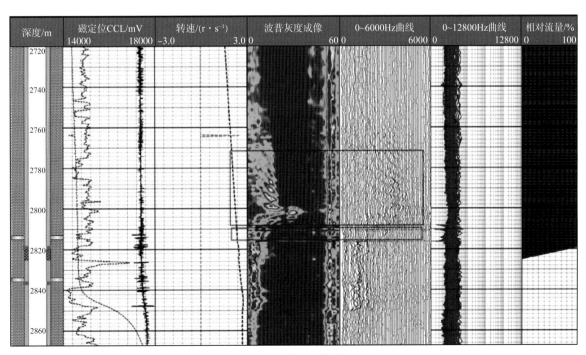

图 8　噪声测井图

2813m 处出现异常拐点；对比间隔 25min 的径向（DT1S4）、轴向（DT5S6）井温差值曲线，在 2813m 位置出现明显变化，判断该处存在漏失（图 10）。

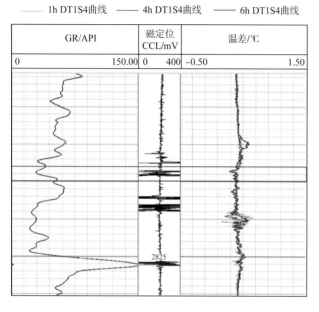

————1h DT1S4曲线 ————4h DT1S4曲线 ————6h DT1S4曲线

图 9　关井 1h、4h、6h 阵列井温图

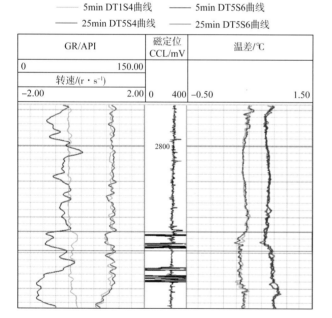

————5min DT1S4曲线 ————5min DT5S6曲线
————25min DT5S4曲线 ————25min DT5S6曲线

图 10　关井放喷 5min、25min 流量与阵列井温图

通过井温、噪声、流量多参数测井结果可知，该井封隔器密封插管处（2813m）存在漏点，其他部位不存在疑似漏点，与前面的漏点分析情况一致。

5　结论及建议

通过对温度影响及井身结构等因素进行逐一分析排查，结合井温、噪声、流量多参数测井结果，关于 CBX 井 A 环空带压的原因形成以下认识：

（1）A 环空最大压力为 19MPa，低于 A 环空最大允许压力 24MPa。目前该井风险处于可控状态，可继续对 CBX 井进行回注，保持稳定状态回注，避免频繁开关井，减少由于温度原因导致封隔器密封插管动态损伤。

（2）该井 B 环空不带压，套管完整性良好。

（3）在 A 环空安装泄压阀，设定报警值为 17MPa，确保 A 环空压力超过报警压力时，自动及时泄压；如果 CBX 井环空压力上升很快（比如一天上升到 17MPa），或者无法泄压，油管、套管明显连通，需及时切换到其他回注井注入。

（4）该井 A 环空短期带压是温度变化所致，环空持续带压是封隔器微漏造成的；在开关井过程中，油管受压力温度的影响，长度动态变化，引起密封插管上下移动，密封性能降低，导致封隔器密封插管微漏，通过井温、噪声、流量多参数测井确定该漏点；可进行堵漏作业，尝试利用树脂堵漏剂在环空对漏点进行封堵或进行修井作业。

参考文献

[1] 李中，刘书杰，李炎军，等. 南海高温高压钻完井关键技术及工程实践 [J]. 中国海上油气，2017，29（6）：100-107.

[2] 李强，曹砚锋，刘书杰，等. 海上油气井完整性现状及解决方案 [J]. 中国海上油气，2018，30（6）：140-146.

[3] 龚宁，贾立新，李进，等. 注入条件下注水井环空带压原因分析及对策 [J]. 石油机械，2018，46（11）：91-96.

[4] 张智，顾南，杨辉，等. 高含硫高产气井环空带压安全评价研究 [J]. 钻采工艺，2011，34（1）：42-44.

[5] 石榆帆，张智，肖太平，等. 气井环空带压安全状况评价方法研究 [J]. 重庆科技学院学报（自然科学版），2012，14（1）：97-99.

[6] 张辉，王瑞祥，毕闯，等. 渤南区域注水井环空带压原因浅析及应对措施 [J]. 石化技术，2018,25（6）：160-161.

[7] 崔玉海，唐高峰，丁晓芳，等. 注水管柱中温度效应的分析与计算 [J]. 石油钻采工艺，2003，25（2）：50-54.

[8] 赵志华，时峥，薛景仰，等. 噪声、井温组合找漏测井在长庆油田的应用 [C]// 2019 油气田勘探与开发国际会议，2019.

Analysis of cause and countermeasures for type-A annular pressure in reinjection wells of M-gasfield

LIU Lei[1], YANG Ping[1], ZHAO ZhongJun[1], and DUAN MingXia[2]

(1. Changbei Operations of PetroChina Changqing Oilfield Company;
2. No.2 Gas Recovery Plant of PetroChina Changqing Oilfield Company)

Abstract: The annular pressure of reinjection well not only affects the reinjection of produced water, but also leads to great potential safety hazards in the wellbore. If it is serious, it will lead to the abandonment of the wellbore. By analyzing the causes of annular pressure in reinjection wells, the current situation of reinjection wells can be effectively evaluated to avoid environmental pollution or safety incidents. Taking a reinjection well in M gas field as an example, the reasons for type-A annular pressure in the well are analyzed from the following aspects: sorting out the situation of the type-A annular pressure in the well, calculation of the maximum allowable annular pressure, the influence of temperature effect of the recirculated water, and analysis of well integrity. The suspected leakage point is verified and the specific leakage point is determined by using the well logging technology with multi-parameter of the well temperature, noise, and flow rate. The research shows that the short-term annular pressure in the early stage of the well is affected by the temperature effect, and the continuous annular pressure in the late stage is caused by the micro leakage of the sealing cannula of the wellbore packer. At present, the risk of the well is under control, and short-term treatment measures and long-term solutions are given in this paper.

Key words: reinjection well; type-A annular pressure; integrity of well; well logging with multi-parameter; countermeasures

（上接第 114 页）

Study on compatibility of water quality and types of scaling in Z-oilfield

ZHANG FaWang[1], LIU Hai[1], LIU Man[1], CAI XiaoJun[1], GAO Sa[1], and HUANG Xuan[2]

(1. No.11 Oil Recovery Plant of PetroChina Changqing Oilfield Company;
2. Key Laboratory of Biotechnology of Shannxi, Northwest University, China)

Abstract: Z-oilfield, located in the arid area of Northwest China, has low formation pressure and needs pressurized water injection in oilfield development. In order to fully understand the compatibility and scaling details of injected water and formation water from various sources in the process of oil recovery or water injection in Z-oilfield, the software is used to predict the recirculated water and formation water data in the oilfield operation districts, and the compatibility experiment is carried out with different water sample combinations. Combining the software prediction results and experimental results of scaling products, the accuracy of the prediction software and its practicability in oil production are evaluated, so as to comprehensively compare and analyze the influence of the complexity of injected water on the formation and pipeline scaling trend in the oil production area in the process of modern oil production.

Key words: compatibility; injected water; formation water; X-ray diffraction; scaling

超低渗透油藏智能纳米水驱试验与效益评价

刘　涛[1,2]，来轩昂[1,2]，冀忠伦[1,2]，王嘉鑫[1,2]，李爱华[1,2]

（1.中国石油长庆油田分公司油气工艺研究院；2.低渗透油气田勘探开发国家工程实验室）

摘　要： 长庆油田超低渗透油藏已步入中含水开发阶段，受储层物性差、裂缝发育程度低等影响，驱替阻力大，常规注水难以建立有效驱替，大量剩余油富集难以波及，严重影响了油藏最终采出程度。为了提高采收率，应用纳米技术来改善驱油剂，研究形成了具有尺寸小、强憎水强亲油等特性的纳米驱油剂，在前期室内评价实验和初步试验的基础上，扩大纳米智能驱油现场应用，并采用"有无对比法"进行经济效益评价，为纳米驱油扩大试验提供经济上的决策。评价结果表明：在10年计算期内，税后增量净利润是4721万元，以内部收益率6%计算，税后增量财务净现值为3331万元，投入产出比为1:2.47，经济效益显著。最后对原油价格等3个影响因素进行了敏感性分析，结果表明该试验抗风险能力比较强，应用前景广阔。

关键词： 超低渗透油藏；纳米水驱；经济效益评价；敏感性分析

超低渗透油藏是长庆油田开发的主力油藏，具有低渗透油田典型的渗透率低、地层压力低和储量丰度低的"三低"特征，超低渗透油藏高效开发对油田稳产具有重要意义。长庆油田以水驱开发为主，注水开发油藏产量占长庆原油产量的96.6%。随着开发不断深入，超低渗透油藏已步入中含水开发阶段，受储层物性差、裂缝发育等影响，驱替阻力大，常规注水难以建立有效驱替，大量剩余油富集难以波及，地质储量采出程度仅为3.97%，平均单井日产油量仅为1t左右，采油速度低（0.3%~0.6%）。为高效开发超低渗透油藏，急需探索适合的稳产工艺，来提升整体开发效果。

近年来，纳米科技迅速发展，在生物、航空、军事及能源等众多领域被广泛应用。国内外石油科技工作者将纳米材料应用于石油工业众多领域，尤其在低渗透—致密油气开采方面做了大量的室内评价工作，验证了该技术具有较好的驱油增油效果。针对超低渗透油藏采出程度低、剩余油富集、现有开发技术难以采出的重大难题，长庆油田将纳米流体增渗驱油提高采收率的思路引入超低渗透油气藏，研发形成了具有尺寸小、强憎水、强亲油等特性的纳米智能驱油剂，2018年初期先导试验取得了较好的增油效果。在前期研究及现场试验的基础上，下步将扩大纳米智能驱油现场应用。但在国际市场油价波动加剧、油田控本提效的大背景下，扩大试验经济上是否可行是影响其能否开展的关键。因此，为了从经济角度评价其试验效果，本文开展了对超低渗透油藏智能纳米水驱试验的经济效益评价工作。

1 研究区开发现状

姬塬油田M区主要开采三叠系油层，为典型的岩性油藏，平均孔隙度为10.5%，平均渗透率为0.85mD，属超低渗透油藏，自2010年开始建产，共有采油井36口和水井10口。2010—2014年，处于低含水采油期，初期递减较大，日产油由142t下降至83t；2014年起注水逐步见效，日产油稳中有升，但随着开发时间的延长，剖面及平面矛盾逐步凸显，见水井逐年增多，含水呈快速上升趋势（14.0%上升至29.7%）；2017年起陆续开展单点调剖、连片聚合物微球驱，含水上升速度有所减缓，但水驱矛盾依然突出。截至目前，M区日产液122t，日产油79t，井均日产油2.25t，综合含水率35.7%，日注水量278m³，井均日注水28m³。

2 纳米智能驱油

2.1 纳米水驱油作用机理

袁士义院士首次提出"尺寸足够小、强憎水

第一作者简介： 刘涛（1984—），男，硕士，工程师，现从事采油工艺、油气田开发经济效益评价方面研究工作。地址：陕西省西安市未央区明光路长庆油田新技术推广中心，邮政编码：710018。

收稿日期： 2021-05-20

强亲油、分散油聚并"的创新发展战略，认为氢键缔合形成的"超级弱凝胶"是低渗透区域水"注不进"的主要原因。以 SiO_2 纳米颗粒为载体，通过在纳米颗粒上实现多功能集成，研制成新一代纳米驱油剂，即"纳米水"，可以破坏或减弱水分子的强氢键作用，促使水进入常规水驱难以波及的区域，扩大波及体积，提升超低渗油藏采收率[1]。

对水团簇的模拟分析可以看出，水网络结构与岩石吸附形成的束缚水是影响注入性的主要原因，不同介质的加入可有效减弱氢键缔合作用，据不同盐溶液下自由水扩散系数和束缚水扩散系数结果显示（表1），加入 NaI 可分别提高自由水与束缚水的扩散系数，有望形成"纳米水"。

同离子氢键缔合作用的强弱关系为：$I^-<Cl^-<OH^-<H_2O<H^+<Na^+<SO_4^{2-}<Ca^{2+}$[2-3]。

表 1　不同盐溶液下自由水扩散系数和束缚水扩散系数

盐溶液	自由水扩散系数 / ($10^{-9}m^2 \cdot s^{-1}$)	束缚水扩散系数 / ($10^{-9}m^2 \cdot s^{-1}$)
H_2O	1.110	0.9312
NaCl	1.087	0.9220
NaI	1.183	0.9485
$CaCl_2$	0.874	0.7718
Na_2SO_4	0.893	0.8443

"纳米水"理论上通过添加化学剂有望减弱甚至消除水分子间的氢键缔合作用，可以波及到特低渗透、超低渗透油藏，使提高采收率技术取得颠覆性突破。

通过单质硅一步溶解法制备得到的纳米驱油剂，固体含量为 19.5%~20.0%。纳米水呈现透明的天青色，溶胶中的粒子处于胶体粒子的大小范围内，且分散度较好，平均粒径范围一般为 16~45nm。

室内 ^{17}O—NMR 测试结果表明纳米驱油剂质量分数为 0.05%~0.3%，破坏氢键缔合作用的效果较好。纳米驱油剂使原来无法建立驱替关系的超低渗透储层，建立了水驱驱替关系，提高了低渗透区域的波及效率，区域地层压力逐步上升，压力保持水平提升，试验区整体开发指标逐渐变好[4-5]。

2.2 前期先导性试验

M 试验区自 2018 年开始陆续实施纳米水降压驱油先导性试验，其中注入井 10 口，对应油井 36 口。2018—2020 年间累计注入药量 457.6t，累计注入 0.02PV。试验区 36 口油井日产液由 89.96m³ 上升至 93.47m³，日产油由 64.97t 上升至 65.82t，月度自然递减率由 1.17% 下降至 0.08%，试验区阶段净增油 827t，阶段递减增油 3425t。

10 口注入井日注水量满足配注要求，吸水剖面有所改善，试验区可对比井吸水剖面测试 7 口，其中吸水形态有效改善 4 口，剖面改善率为 57.1%，低渗透层得到有效动用，纵向波及体积增大，试验区水驱动用程度由 70.2% 上升至 74.3%。

分析试验前后各油井生产动态表明，试验后油井见效 9 口，其中侧向油井 6 口、主向油井 3 口，见效率为 25%，见效特征为日产液由 27m³ 上升至 38m³，含水率由 16% 下降至 13.8%，平均日增油 6t。结果表明，实施纳米水降压驱油后，试验区平面驱替波及体积增大，侧向区域剩余油得到有效动用。

现场注入水试验结果同样表明，在复杂的矿场环境下，带有纳米驱油剂的注入水比常规注入水的半峰值降低一半以上，也说明了纳米驱油剂在油藏条件下可使水分子团簇变小。

2.3 扩大试验

计划在 M 区东南部 10 个井组开展纳米水驱扩大试验，以达到进一步改善开发效果和提高采收率的目的。截至目前，该区域已正常注水 11 年，按照 30 年累计产量预测：累计产油量 44.79×10^4t，水驱最终采收率 22.88%。从 2021 年开始进行纳米驱试验，预测至 2037 年，"水驱＋纳米驱"累计产油量 66.33×10^4t，最终采收率 33.87%，可提高采收率 10.22%。

纳米驱油剂质量分数为 0.05%~0.3%，考虑到现场投加经济性因素，试验投加质量分数暂定为 0.1%。受加工工艺影响，目前产品有效含量为 20%，最终产品投加质量分数为 0.5%。试验区含油面积为 2.88km²，有效厚度为 12.9m，孔隙度为 11.1%。计算得出该区的平均孔隙体积为 4123872m³。按照纳米试验区总注入量 0.3PV、注入质量分数 0.5% 的要求，计算全周期共需要纳米驱油剂用量 6185.8t。按照整体方案设计，2021 年 10 口注水井日配注 280m³，累计加药量为 511t。

3 经济评价

纳米驱油整体试验经济评价是建立在三次采油投资项目经济评价方法技术规定的基础上，依据注入工艺设计方案及费用预算，采油成本预测结合试验区块开发实际成本及定额标准进行估算。

3.1 评价方法及依据

纳米驱油试验方案经济评价方法采用"有无对比法"，用"有、无、增"3套指标评价三次采油投资项目的经济性。在试验方案经济评价中，"有项目"是指纳米驱油试验方案，"无项目"是指原有基础井网水驱开发方案。

评价参数按照《中国石油天然气集团有限公司投资项目经济评价参数（2020）》和原油价格相关补充通知执行，评价方法按照中国石油天然气股份有限公司统一规定的方法[6-9]。

3.2 投资项目效益评价

3.2.1 无项目财务评价

纳米驱油整体试验方案利用开发井46口（油井36口、水井10口）。通过效益测算，获得每年生产数据及净利润（表2），常规水驱生产至

2026年，2027年开始现金流为负，所以2027年常规水驱终结，该区块停止生产。计算期2021—2026年内累计产油量为 6.43×10^4t，整个计算期销售收入为15871万元。无项目投资利润总额为4534万元，所得税为680万元，净利润为3854万元。

表 2 常规水驱开发指标表

年份	年产油 /10⁴t	年产液 /10⁴m³	年注水 /10⁴m³	净利润 / 万元
2021	1.70	3.29	19.2	1882
2022	1.38	2.90	19.2	575
2023	1.12	2.55	19.2	542
2024	0.90	2.24	19.2	297
2025	0.73	1.97	19.2	386
2026	0.59	1.74	19.2	172
2027	0.48	1.53	19.2	−2

3.2.2 有项目财务评价

表3是有项目时所增加的费用，新增成本总和为5551万元，其中化学药剂费4908万元、动态监测费412万元、设备租赁费231万元。

表 3 增加成本表

序号	项目	合计	2021 年	2022 年	2023 年	2024 年	2025 年	2026 年	2027 年	2028 年	2029 年
1	化学药剂费 / 万元	4908	818	818	818	818	818	818	—	—	—
2	动态监测费 / 万元	412	68.6	68.6	68.6	68.6	68.6	68.6	—	—	—
3	设备租赁 / 万元	231	38.5	38.5	38.5	38.5	38.5	38.5	—	—	—

有项目时，纳米水驱从2021年开始，至2030年终结，表4是生产数据及年净利润情况，后期持续有效。通过效益测算，纳米水驱开发至2029年结束。

表 4 纳米驱油开发指标表

年份	年产油 /10⁴t	年产液 /10⁴m³	年注水 /10⁴m³	净利润 / 万元
2021	2.44	3.71	19.2	1881
2022	2.12	3.19	19.2	1381
2023	1.85	2.90	19.2	1002
2024	1.63	2.58	19.2	1066
2025	1.43	2.22	19.2	756
2026	1.26	1.98	19.2	976
2027	0.94	1.68	19.2	706
2028	0.71	1.43	19.2	344
2029	0.53	1.21	19.2	72
2030	0.38	1.03	19.2	−1226

3.2.3 增量财务评价

按照经济评价规定，常规水驱2027年至2029年数据取零，将纳米驱油整体试验方案与基础井网常规水驱开发方案的利润分配表相减，计算出纳米驱油增量方案的税后增量净利润为4862万元，以内部收益率6%计算，税后增量财务净现值3331万元。各指标满足行业标准要求，增量利润大于零，说明开发投资有财务效益。

3.3 敏感性分析

纳米驱油整体试验是一项新工艺技术试验，为了测算本项目可能承受的风险程度并找出影响经济效益的敏感因素，对原油销售价格、有项目原油产量、化学药剂费3个不确定因素进行了敏感性分析。

从敏感性分析表（表5）和敏感性分析图（图1）可以看出，对本油田开发财务效益影响最

大的因素是有项目原油产量，其次是原油销售价格和化学药剂费。当有项目原油产量提高幅度减少 10% 时，财务净现值从 3331 万元减少至 1403 万元，减少了 1928 万元，图 5 中原油产量与零点线的交叉点（临界点）是 –17.3%；当原油销售价格增加 10% 时，财务净现值从 3331 万元增加至 3711 万元，增加 380 万元；当化学药剂费用降低 10% 时，财务净现值从 3331 万元增加至3673 万元，增加 342 万元。

表 5 敏感性分析表

序号	不确定因素	变化率 /%	净现值 / 万元
	基础方案		3331
1	原油销售价格	−20	2572
		−10	2952
		10	3711
		20	4091
2	有项目原油产量	−20	−526
		−10	1403
		10	5260
		20	7189
3	化学药剂费	−20	4015
		−10	3673
		10	2989
		20	2647

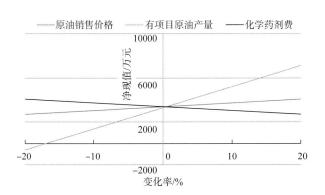

图 1 敏感性分析图

3.4 评价结果

（1）试验方案计划开展纳米驱油 46 口井（36 口油井），评价期为 2021—2029 年，测算增

加费用 5551 万元，税后增量净利润是 4721 万元，以内部收益率 6% 计算，税后增量财务净现值 3331 万元，投入产出比 2.47∶1，项目在经济上是可行的，经济效益明显。

（2）从单因素敏感性分析结果表明，当有项目时原油销售价格降低 20% 和化学药剂费用增加 20% 时，财务净现值均为正；原油产量临界点为 –17.3%，项目具有较好的抗风险能力。

4 结论

（1）纳米水驱油室内评价测试具有较好效果，现场初期试验也达到了预期效果。

（2）通过对智能纳米水驱扩大试验进行效益评价，依据三次采油"有、无、增"增量分析法，结果表明：该技术措施增量经济效益较好，投入产出比高，技术操作性强，风险较低，具有较好的应用前景。

（3）纳米驱油是 2020 年中国石油天然气集团有限公司十大科技进展之一，未来应用前景好。长庆油田在超低渗透油藏区块纳米驱先导试验取得了成功，后期可推广实施，同时纳米驱油原材料和注入费等成本会随规模增大而相对降低，整体措施效益将会更好。

参考文献

[1] 罗健辉，袁士义，钟太贤 . 纳米驱油剂研究分析 [C]// 第二届中国工程院 / 国家能源局能源论坛论文集 . 北京，2012：887-890.
[2] 罗健辉，雷群，丁彬，等 . 智能纳米驱油及应用展望 [R]. 北京：中国化学会学术年会，2014.
[3] 罗健辉，杨海恩，肖沛文，等 . 纳米驱油技术理论与实践 [J]. 油田化学，2020，37（4）：669-674.
[4] 吴景春，石芳，赵阳，等 . 功能性纳米驱油剂研究进展 [J]. 东北石油大学学报，2020，44（5）：70-73.
[5] 雷群，罗健辉，彭宝亮，等 . 纳米驱油剂扩大水驱波及体积机理 [J]. 石油勘探与开发，2019，46（5）：937-942.
[6] 贺丽鹏，罗健辉，丁彬，等 . 特低 / 超低渗油藏纳米驱油剂的制备与性能 [J]. 油田化学，2018，35（1）：81-84.
[7] 谢艳艳 . 油井措施效益评价方法的建立与应用 [J].2005，24（4）：33-35.
[8] 刘清志 . 石油技术经济学 [M]. 东营：石油大学出版社，1998.
[9] 王浩儒，符东宇 . 川西中浅层气速度管柱排采工艺经济评价 [J]. 天然气与石油，2020，38（5）：144-148.

（英文摘要下转第 134 页）

水平井油管输送机械式集流装置设计与试验

朱洪征[1]，李大建[1]，王　虎[2]，魏　韦[1]，王　百[1]，吕亿明[1]

（1. 中国石油长庆油田分公司油气工艺研究院；2. 中国石油长庆油田分公司第十采油厂）

摘　要：低产液水平井生产动态监测是生产测井领域的难题，常规生产测井过程必须使用使井内产液集流的工具。受水平井井身结构限制，目前开发和使用的集流伞多采用下电缆或井下高能电池，电动控制集流伞打开和关闭，结构复杂，极易破损漏失。为此设计一种适用于低液量、低流速的水平井油管输送机械式集流装置，以提高低产液井生产测井时含水流量测试精度。文章介绍了油田套管水平井产液剖面测试用机械式集流装置的结构和工作原理。通过室内试验、室内密封验证实验和现场试验，证明该集流装置在水平井条件下具有很好的集流效果，可以实现井下流量精准测量。

关键词：水平井；集流装置；机械式；设计；试验

低产液水平井生产动态监测一直是生产测井领域的难题，由于水平状态下流量频率值受含水率的影响较大，同时水平井中因重力分异普遍存在层流，且流型受井斜角度影响变得复杂，致使通过"常规持水率仪＋涡轮流量计"进行水平井含水流量测试的生产测井仪器不适用于水平井，必须使用使井内产液集流的工具[1-2]，提高低产液条件下的流体速度，进而提高测试仪器精度。测井应用中，集流伞与流量计等测井仪器连接，在油井套管内集流伞张开实现封隔集流，井内流体进入集流伞内部通道，流经流量计进行测量[3-6]。

目前开发和使用的集流伞由于井底状况不佳、仪器起下时存在摩擦或者操作不当，集流伞很容易破损漏失，导致测量不准甚至失败。同时采用下电缆或井下高能电池电动控制集流伞打开和关闭，结构复杂。基于上述集流伞的优缺点，研究形成了满足水平井油管输送产液剖面测试工艺技术。测试找水时，通过普通油管将连接有抽油泵、含水流量测试仪、集流装置的测试管柱输送到水平测试井段。集流装置的作用是封隔油套空间，其内通径需满足测试仪及输送工具通过[7-8]，这是工艺技术成功实施的关键。亟须设计适用于低产液、低流速的机械集流装置，以提高集流装置的可靠性和集流度。

1 工艺设计

水平井油管输送机械式集流装置与油管连接，在下井之前，将设计好的油管、集流装置和测井仪器按次序连接好，然后随油管输送到目的层段（图1）。

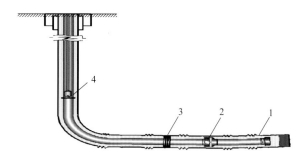

图1　水平井油管输送机械式集流产液剖面测井工艺图
1—丝堵；2—含水流量测试仪；3—集流装置；4—抽油泵

水平井油管输送机械式集流装置（图2）主要由上接头、扶正驱动装置、集流伞部件和下接头组成。扶正驱动装置由扶正体中心管、扶正块、弹簧、扶正体组成，集流伞部件由伞筋压紧帽、伞筋滑动支座、伞筋固定支座、伞筋、伞布、伞中心管、伞筋槽组成。伞布套装在伞中心管外面，其两端固定在伞筋槽内，伞筋两端固定在伞筋固定支座上，扶正体套装在扶正体中心管外面，扶正体与伞筋压紧帽相连，伞筋固定支座与伞筋滑动支座相连，扶正体推动伞筋压紧帽、

基金项目：中国石油天然气股份有限公司重大现场试验项目"水平井找堵水技术试验"（编号：2019F-28）。

第一作者简介：朱洪征（1981—），男，硕士，高级工程师，主要从事采油工艺研究工作。地址：陕西省西安市未央区明光路，邮政编码：710021。

收稿日期：2021-05-31

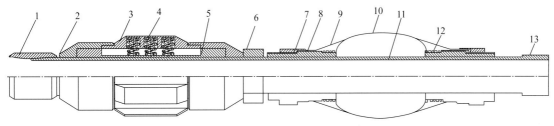

图 2 水平井油管输送机械式集流装置

1—上接头；2—扶正体中心管；3—扶正块；4—弹簧；5—扶正体；6—伞筋压紧帽；7—伞筋滑动支座；8—伞筋固定支座；9—伞筋；
10—伞布；11—伞中心管；12—伞筋槽；13—下接头

伞筋压紧帽推动伞筋滑动支座在伞中心管来回运动，进而带动固定在伞筋固定支座上的伞筋来回运动，使得伞布张开或关闭。套装在一起的伞筋压紧帽、伞筋滑动支座、伞筋固定支座、伞筋、伞布、伞中心管、伞筋槽整体安装于伞中心管上。

1.1 工作原理

（1）下管柱。水平井油管输送机械式集流装置与流量计等测井仪器连接，采用油管输送至井内，在抵达测井目的层段前，扶正驱动装置的扶正块在弹簧的支撑下紧紧贴在套管壁上，扶正块与套管壁产生向上的摩擦力，推动扶正驱动装置在扶正体中心管向上运动，通过伞筋压紧帽带动伞筋滑动支座在伞中心管向上运动，带动与其相连接的伞筋固定支座向上移动，伞筋受到纵向拉伸开始径向向内收缩，伞布处于完全收合状态，保证管柱能够顺利下入井内。

（2）封隔。测试管柱下到人工井底，从趾部往跟部逐段卡封测试。在井内张开集流时，上提测试管柱使得集流伞部件向下相对运动，伞筋受到纵向压缩开始径向变形，向外张开集流伞，使伞布整个圆周都与套管内壁紧密贴合，缝隙无漏失，达到全密封集流效果，迫使井内流体进入伞中心管通道并流经测量仪器。

（3）解封。上提测试管柱过程中，扶正驱动装置紧贴套管壁，与套管间存在摩擦力，使得集流伞部件在起管柱过程中向下相对运动，伞筋处于拉伸状态，伞布关闭，保证管柱能够顺利起出。

1.2 技术特点

（1）施工简便，坐封可靠，解封彻底，作业成本低。

（2）利用扶正驱动装置与套管间的摩擦力，使集流伞部件起下管柱过程中产生相对运动，推动伞筋处于拉伸或关闭状态，保证伞布张开

或关闭。

（3）采用油管连接输送下入和起出，解决了集流伞下入问题，实现全密封集流和更低的流量启动，提高测井仪的流量测量精度，可广泛应用于低产液井测井。

2 室内测试

机械式集流装置在室内玻璃套管内做拉压及密封验证实验，确保装置重复密封的可靠性。

2.1 拉压实验

在 $\phi139.7mm$ 套管内进行推力、拉力实验，拉压坐封、解封实验（推力 0.3~0.5kN，拉力 0.5~0.7kN，行程 4mm，伞外径 130mm）。实验结果表明，机械式集流装置下压 0.4t 即可充分张开，与套管有很大的接触面积且接触紧密，上提 0.6t 可完全闭合。

2.2 承压实验

在室内 $\phi139.7mm$ 玻璃套管内做密封验证实验，坐封后采用泵注系统加压至设计值，观察机械式集流装置的承压能力。试验结果表明，机械式集流装置坐封后承受上压差 3MPa，下压差 3MPa，胶筒密封完好。室内对机械式集流装置进行了 10 次坐封再加压，密封效果依然良好。

3 现场试验

2019 年 8 月，在定向井白 X 井开展先导试验，下入两套浮子流量计和井下取样器，采用集流封隔装置开展了两层封隔测试，并下入两支压力计进行压力监测，验证集流封隔装置的密封性能。试验结果显示，两层段产液、含水、压力都存在明显差异（图 3），达到了预期试验效果。

4 结论

（1）水平井油管输送机械式集流装置利用管柱上提下放过程中扶正驱动装置与套管壁间的摩

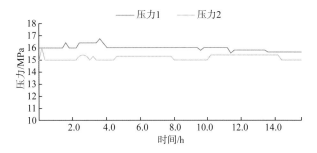

图3 机械式集流装置分隔压力测试数据曲线

擦力，使得伞布处于完全收合或打开状态，达到全密封集流效果，解决了常规集流伞起下易损坏及密封不好的问题。

（2）水平井油管输送机械式集流装置满足了水平井段的承压要求，可实现启动流量小的低产液水平井测井的需要。

（3）机械式集流装置是针对长庆油田低渗透油藏低产液量水平井产液剖面测试有效封隔需求设计，工艺性能得到了验证，仍需要进一步开展水平井试验。

参考文献

[1] 吴世旗，钟兴福，刘兴斌，等.水平井产出剖面测井技术与应用[J].油气井测试，2005，14（2）：57-59.

[2] 刘军锋，郭海敏，戴家才.水平油水两相产液剖面解释方法探讨[J].石油地质与工程，2006，20（5）：43-45.

[3] 郭海敏.生产测井导论[M].北京：石油工业出版社，2003.

[4] Chris L，Kuchuk F J，et al. Horizontal well performance evaluation and fluid entry mechanisms[C]. SPE 49089，1998.

[5] Chris L. Production logging in high-angle wells：Middle East examples[J]. World Oil，1998（7）.

[6] 韩易龙，吴迪，王海，等.水平井生产测井技术应用[J].测井技术，2003，27（4）：320-324.

[7] 吴琦.井下作业工程师手册[M].北京：石油工业出版社，2008.

[8] 赵磊.简明井下工具使用手册[M].北京：石油工业出版社，2004.

Design and test of the mechanical flow-concentrating device for tubing transportation in horizontal well

ZHU HongZheng[1], LI DaJian[1], Wang Hu[2], WEI Wei[1], WANG Bai[1], and LYU YiMing[1]

(1. Petroleum Technology Research Institute of PetroChina Changqing Oilfield Company; 2. No.10 Oil Recovery Plant of PetroChina Changqing Oilfield Company)

Abstract: Production performance monitoring of horizontal wells with low liquid production is a difficult problem in the field of production logging. The conventional production logging process must use the downhole fluid-concentrating tool. Due to the limitation of the wellbore structure of horizontal wells, most of the currently-developed and used fluid-concentrating umbrellas use laid-down cables or downhole high-energy batteries to electrically control the on-off of the umbrellas. This kind of the umbrellas is complex in structure and easy to be damaged and leaked. Therefore, a mechanical flow-concentrating device is designed for tubing transportation in horizontal wells with low fluid volume and low flow rate. It improves the testing accuracy of water-cut in the liquid flowing through the logging tool in the production logging of low fluid-producing wells, and improves the adaptability of the logging tool. This paper introduces the structure and working principle of a mechanical fluid-concentrating device used for testing the liquid production profile of cased horizontal wells in the oilfield. The indoor sealing experiments and field tests have proved that the fluid-concentrating device has a good fluid-concentrating effect in horizontal wells, and can realize the accurate measurement of downhole flow.

Keywords: horizontal well; flow-concentrating device; mechanical; design; test

六步管控法——提高水平井油层钻遇率技术探讨

段骁宸，曾云锋，易　涛，邓海超，陈代鑫，王小锋，裴银刚

（中国石油长庆油田分公司第十二采油厂）

摘　要：水平井是提高超低渗透油藏开发效果的重要手段，水平井油层钻遇率是保证水平井开发效果的基础，随着储层品味变差，如何提高水平井钻遇率成为突出问题，通过分析总结现场导向经验，综合运用储层特征、录井、测井、钻井等资料，结合现场跟踪实践，形成了以水平井精心设计、精准交底、精确入窗、精细调控、快速钻进、快速调整"四精两快"的六步管控法导向技术，最大限度确保水平井的油层钻遇率，为水平井高效实施提供了技术保障。

关键词：水平井导向；油层钻遇率；六步管控法

合水油田水平井应用从 2004 年庄平 1 井探索试验开始，到 2012 年开始水平井规模效益开发，至今已走过近 18 年的历程。储层类型从"低渗透—特低渗透—超低渗透—致密油变化，通过开发方式的创新转变、压裂关键技术的不断突破，单井产能大幅提高。目前，合水油田水平井井数占总井数的 1/5，水平井产量占总产量的 1/2，成为实现合水油田超低渗透、致密油藏高效开发的重要利器，拓宽了合水油田的增储上产道路，加速了上产步伐。

1 六步管控法

合水油田水平井主要在深湖、半深湖环境下浊流沉积形成的油藏中应用。油藏各区域平面砂层展布、纵向叠置情况差异较大，通过分析归纳不同类型油藏水平井的油层钻遇特点，形成一套从方案设计到部署执行的贯穿全过程的精细管控方案——六步管控法。该方法的实施，使得合水油田在储层逐年变差的情况下，水平井依然保持较高的钻遇率。

1.1 精心设计

水平井井眼轨迹设计是保障油层钻遇率最为关键的一步，是对油藏认识的充分体现。需利用油藏静态资料，从油藏平面、层间、层内非均质性 3 个方面开展研究，明确油藏横向展布特征、纵向叠置关系，以及隔夹层分布规律后，精细设计水平井井眼轨迹。

1.1.1 沉积特征研究

合水油田长 6、长 7 为浊流沉积油藏[1]，根据油层横向展布及纵向叠置特征关系，可将油藏分为以下 3 类储层，并匹配对应的水平井井眼轨迹，高效动用不同类型储层。

Ⅰ型储层：单层孤立型。平面上砂体稳定展布，局部发育间湾，稳定性相对较差；剖面上仅发育单套油层，油层厚度较大。该类储层因局部间湾发育，易导致钻遇率下降（图 1）。

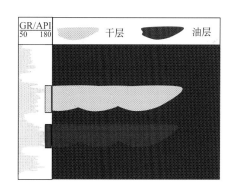

图 1　单层孤立型砂体示意图

Ⅱ型储层：多层叠置块状型。平面上砂体稳定展布，连续性强；剖面上多套砂层叠合发育，厚度大（图 2）。

Ⅲ型储层：砂泥互层型。平面上砂体稳定展布、局部厚度较大；剖面上隔夹层发育。该类储层含油性及物性相对较差，横向上连续性强（图 3）。

第一作者简介：段骁宸（1974—），男，硕士，高级工程师，现从事油气田开发工作。地址：甘肃省庆阳市合水县，邮政编码：745400。

收稿日期：2021-08-17

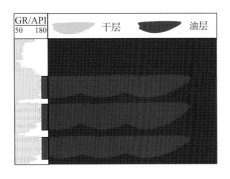

图 2　多层叠置块状型砂体示意图

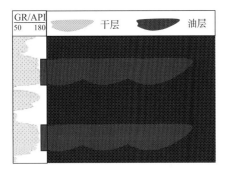

图 3　砂泥互层型砂体示意图

以上 3 种类型储层常发育 4 种类型砂体展布关系，因此针对性设计了 4 种水平井井眼轨迹，以保证在地层变化的情况下最大限度地提高油层钻遇率。

（1）针对平面砂体局部易突变、纵向仅单套砂层发育的 I 类储层，采用长直型（图 4）。

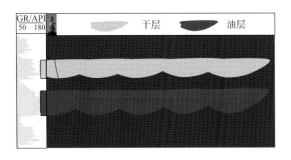

图 4　长直型水平井井眼轨迹设计示意图

（2）针对平面砂体稳定展布、纵向多套砂层叠置的 II 型储层，采用穿层型（图 5）。

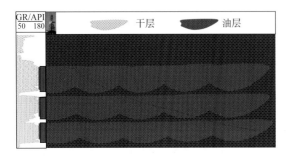

图 5　穿层型水平井井眼轨迹示意图

（3）针对平面砂体稳定展布、纵向单层稳定的 III 型储层，采用平直型（图 6）。

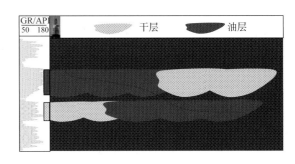

图 6　平直型水平井井眼轨迹示意图

（4）针对平面砂体变化快、纵向发育多套砂层的 III 型储层，采用阶梯型（图 7）。

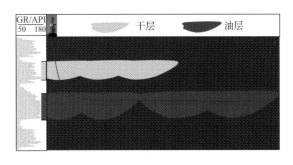

图 7　阶梯型水平井井眼轨迹示意图

1.1.2　井轨迹微调

为进一步控制钻遇隔夹层的风险，通过导向井资料识别目的层中的泥质夹层、致密层，微调设计井眼轨迹，精准回避，降低钻遇干层、泥岩夹层风险[2]。

泥岩夹层在砂层段局部测井曲线上自然伽马值偏高，呈现尖峰状，在设计井眼轨迹时，尽量选在测井曲线呈箱状的砂体中部。

致密夹层在砂层段局部测井曲线上声波时差值偏低、自然伽马值稳定，该类储层连片发育情况较少，由于其含油性较低，在设计井眼轨迹时应尽量避开。

1.2　精准交底

针对 4 种不同井眼轨迹类型水平井，提前明确水平井井眼轨迹调整方案，并将调整方案提前向地质录井、钻井定向技术人员准确全面的交底，可以在岩性变化时，避免错过重要的调整时段，及时调整钻遇油层。

平直型：以控制井斜为主，确保井眼轨迹平滑，仅可小幅调整。

阶梯型：重点在越层阶段或二次入层前，提

前调整好井斜。

穿层型：岩性变化时，采取相对较大的井斜，快速穿过夹层。

长直型：合理控制井斜，微调钻遇多个孤立小层。

在钻井、定向井中常出现的风险点，通过明确区域构造、储层特征、靶点方位、海拔及水平段长度等问题，不断总结实践，初步形成了水平井钻井过程中的 6 项操作规范和 3 项导向要求，即现场操作规范及资料要求（表 1）。

表 1　现场操作规范及资料要求

工程	困难	原因	操作规范	资料要求
钻井	随钻伽马值失真	探管使用周期长，数据失真	伽马探管使用超过 300h，必须返厂校验	1. 常规资料每天 3 次整理上交； 2. 下钻前提交探管效验报告； 3. 井斜两测点变化大于 2° 时，停钻分析原因，重新制定方案
	井斜突变	探管使用周期长，井斜控制差	定向探管使用超过 300h，必须返厂校验	
	井斜控制难度大	受岩性组合变化，钻压不稳	水平段要求加密测斜，半个单根测一次井斜，确保井眼轨迹平稳	
定向	岩屑混杂失真	排量小，携返真岩屑滞后，岩屑失真，代表性差	水平段要求：排量大于 18L/s，确保岩屑完全上返	—
	定向困难、井眼轨迹不规则	钻具、稳定器易贴井壁，定向困难	水平段要求：调整井眼轨迹后，钻完当前单根，进行 1 次划眼	—
	捞样岩屑失真	水平段岩屑细小	水平段要求：振动筛布大于 80 目，确保捞砂岩屑真实	—

1.3　精确入窗

由于地层构造、岩性的变化难以精准预测，导致不能精确入窗。根据前期实施经验，总结出入窗地质导向"四步循环法"，确保水平井精准入窗。在入窗前 100m 放缓钻速，通过邻井与水平井实钻标志层的岩性、随钻伽马、全烃等特征对比验证，持续修正地质导向模型，并预测下一标志层海拔，形成"标志层预测—实钻对比—模型修正—标志层预测"循环导向模式，直至地质导向模型与实钻结果匹配，精准入窗（图 8）。

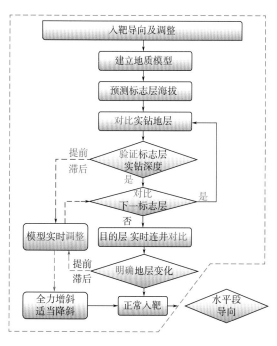

图 8　水平井入窗"四步循环法"

1.4　精细调控

合水油田长 6、长 7 油藏构造变化平缓，但油藏局部微构造、油层厚度难以预测，易造成底出或顶出。因此，需进一步结合岩屑、钻时、随钻伽马等资料[3]，在刚入窗后实施加密调整，预防局部突变，在摸清局部地层构造及砂层变化规律后，确保井眼轨迹在目的层中平稳穿行。

首先，在入窗后，充分利用录井导向识别岩性，对井眼轨迹及时合理调整[4]，因此需做好钻时、录井、井斜等资料加密录取，及时监控，把控钻遇效果；其次，根据左右相邻水平井实钻效果，计算地层倾角，再利用前后相接水平井在入窗及井身口袋处油层情况，反演地层变化，建立砂层立体展布模型[5]，明确各靶点海拔；最后，利用本井前期水平钻遇情况，验证构造预测结果，提前调整井眼轨迹，规避钻遇泥岩风险。

1.5　快速钻进

为降低钻井过程中的井控风险，缩短建井周期，特别是在易发生井漏、溢流、井壁坍塌等风险区块，在摸清地层展布规律后，在入窗后无较大变化情况下，录井汇报间隔增加到 50m 一次，减少循环等停时间，提速钻进。

1.6　快速调整

若钻遇地层构造变化大、断层、目的层尖灭等复杂情况，在以上工作调整后，实施效果依然不理想时，需进一步与多方专家共同研究，协同快速调整，共同制定下步对策，减少无效进尺。

2 实例应用与效果

2.1 精心设计

GP42-27 井位于合水油田 B11 井区（图 9），设计目的层为延长组长 7_1^1 层，根据前期研究成果，该区属于浊流沉积形成的油藏，砂体连续性差，纵向上无接替小层的储层，该井初步设计为长直型水平井。

参考左侧邻井 GP42-26 井钻遇情况，该井前 500m 钻遇较长的干层（图 10），因此，GP42-27 井前 5 个靶点位于长 7_1^1 油层，中部穿过 200m 泥岩段后，下探长 7_1^2 油层中钻进。GP42-27 井整体设计为长直型 + 阶梯型水平井。

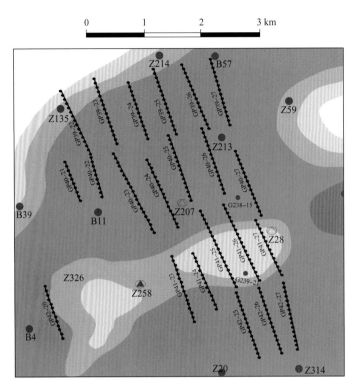

图 9　B11 区油藏综合图

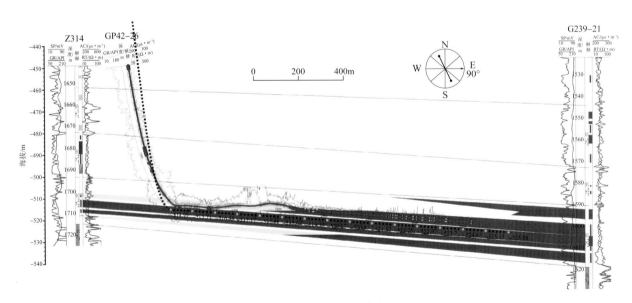

图 10　GP42-26 井实钻轨迹图

2.2 精准交底

在确定该井采用长直型 + 阶梯型水平井设计方案后，提前告知施工人员调整方案。即在入窗后前 500m 确保井眼轨迹平滑，减少井斜调整，在钻至第 5 个靶点后，提前调整井斜准备穿层，在快接近构造 –513.9m 时，提前将井斜调整平滑，准备再次入窗。此实施过程关键点多，施工难度大。

2.3 精确着陆

在 GP42-27 井实施过程中，入窗前共有 5 套较为明显的标志层可供对比。在实钻中运用"四步循环法"对比标志层，前期发现第 1 套标志层与导向井构造变化较大，通过第 2、3、4 套标志层逐步验证，构造较为平稳，最后通过临近入窗前第 5 套标志层，确定目的层未有较大变化，可继续按设计入

窗。最终该井在 –495.89m 准确入窗。

2.4 精细调控 + 快速调整

该井在入窗后，前期干层与泥岩间断出现，根据储层特点，认为钻遇该类储层为正常情况，后期根据长直型水平井施工要点，继续稳斜钻进。

在钻至第 5 个靶点后钻遇泥岩段，计划继续按照地质设计下探长 7_1^2 油层。此时 GP41-27 井在 7_1^1 层钻遇油层垂厚 7.3m。在综合考虑长 7 油藏沉积规律情况下，与多方沟通后，决定将井眼轨迹调整至长 7_1^1 油层中部继续钻进（图 11）。

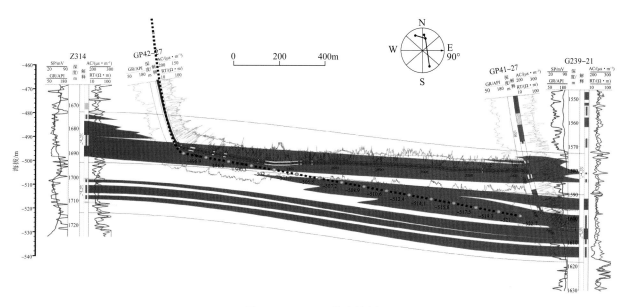

图 11　GP42-27 井实钻剖面

2.5 快速钻进

在钻至井深 2377m 后，随钻伽马值由 152 API 下降至 94API，表明已钻至砂层中。钻至井深 2508m 后现场全烃含量由 1.1% 上升至 5.6%，录井显示为油斑，综合分析认为已进入油层。后期根据长直型水平井调整特点，控制井斜快速钻进。该井完钻水平段长 1535m，钻遇油层段长 1299m，油层钻遇率为 85%。

3 结论

（1）水平井地质设计是油层钻遇率的基础保障，直接决定一口水平井能否顺利进行施工并取得预期经济效益。水平井井眼轨迹方案的制订与调整是油藏认识的充分体现。

（2）为提高水平井油层钻遇率，油藏的准确认识应摆在首要地位，同时注重室内分析人员与

录井、钻井等施工队伍密切联系。

（3）在入窗及水平段井眼轨迹调整阶段，随钻伽马、综合录井为地质导向提供了重要的调整依据。

（4）六步管制法的应用对提高水平井钻遇率有重要作用。

参考文献

[1] 丁迎超 . 合水地区长 6_3 油藏储层综合评价及油气富集规律研究 [D]. 西安：长安大学，2015.

[2] 徐进宾，凌国春，邹永东，等 . 录井对提高水平井储集层有效钻遇率的导向作用 [J]. 录井工程，2009，20（3）：25-29.

[3] 曾令奇 . 低成本地质导向技术在长宁页岩气水平井钻井过程中的应用 [D]. 成都：西南石油大学，2017.

[4] 李彬 . LWD 导向技术在水平井钻井中的应用 [J]. 中国石油和化工标准与质量，2012（13）：119.

[5] 郭琼，马红，姬月凤，等 . 综合解释方法在水平井地质导向中的应用 [J]. 录井工程，2008，19（3）：20-23，87.

Six step management and control method — Discussion on the technology of improving the probability of penetration into oil reservoirs of horizontal well

DUAN XiaoChen, ZENG YunFeng, YI Tao, DENG HaiChao, CHEN DaiXin,
WANG XiaoFeng, and PEI YinGang

(No.12 Oil Recovery Plant of PetroChina Changqing Oilfield Company)

Abstract: Development by horizontal well is an important means to improve the development effect of ultra-low permeability reservoirs. The probability of penetration into oil reservoirs of horizontal well is the basis to ensure the development effect of horizontal well. With the deterioration of the reservoir grade, how to improve the probability of penetration into oil reservoirs of horizontal well becomes a prominent problem. By analyzing and summarizing the on-site steering experience, comprehensively using the reservoir characteristics, borehole logging (or mud logging), well logging, drilling and other data, combined with the field tracking practice, the "six-step control method" steering technology based on the "four-precision and two-rapidness" (that is, carefully designing, precisely telling the real intentions, accurately entering the window, finely regulating, rapidly drilling and fast adjusting) of horizontal wells has been formed to ensure the probability of penetration into oil reservoirs of horizontal well to the maximum extent. It provides technical support for the efficient implementation of horizontal wells.

Key words: horizontal well steering; probability of penetration into oil reservoir; six step control methods

（上接第 125 页）

Benefit evaluation and experiment of intelligent nano-water flooding in ultra-low permeability reservoirs

LIU Tao[1,2], LAI XuanAng[1,2], JI ZhongLun[1,2], WANG JiaXin[1,2], and LI AiHua[1,2]

(1. Petroleum Technology Research Institute of PetroChina Changqing Oilfield Company;
2. National Engineering Labroratory for Exploration and Development of Low Permeability Oil & Gas Fields)

Abstract: The ultra-low permeability reservoirs in Changqing Oilfield have entered the stage of medium water cut development. Influenced by the poor physical properties of the reservoirs and low degree of fracture development, the displacement resistance is large. It is difficult to establish an effective displacement system by conventional waterflooding. A large amount of enriched remaining oil is difficult to be swept. All these seriously affect the ultimate recovery percent of reserves. In order to enhance oil recovery, nanotechnology is used to improve the quality of oil displacement agents, and nanometer oil displacement agents with small size, strong hydrophobicity and strong lipophilicity have been prepared. On the basis of the previous laboratory evaluation experiment and preliminary test, the field application of intelligent nano oil-drive is expanded, and the economic benefit is evaluated by using the "comparsion-nocomparsion method", which provides economic decision for the expansion of intelligent nano oil-drive experiment. The evaluation results show that in the 10-year calculation period, the after-tax incremental net profit is 47.21 million yuan. Calculated with an internal rate of return of 6%, the after-tax incremental financial net present value is 33.31 million yuan, and the input-output ratio (ROI) is 1 : 2.47 with significant economic benefits. Finally, the sensitivity analysis of three influencing factors like crude oil price is carried out, and the results show that the test has strong anti-risk ability and broad application prospects.

Key words: ultra-low permeability reservoir; nano water drive; economic benefit; sensitivity analysis

井筒工程监督管理新体系探索与实践

文虎成，温明亮，于　涛

（中国石油长庆油田分公司工程监督处）

摘　要： 长庆油田井筒工程项目建设工作量大、任务繁重，承包商作业队伍市场化程度高，管理难度大，作业过程质量、井控、安全、环保"低老坏"问题屡查屡犯，井筒作业承包商管理力度与成效急需提升。井筒工程监督采用第三方运行管理模式，社会化程度高，各油田监督需求量大，相互竞争激烈，监督人员流失频繁，业务水平参差不齐，风险辨识和隐患排查不全不细、不深不透，监督履职存在短板，给监督管理工作带来极大困难和挑战。经过总结分析井筒工程监督传统管理模式和两年实践运用，探索形成了具有长庆特色的井筒工程监督管理新体系，推动工程监督工作质量上台阶，促进井筒工程质量安全环保整体平稳受控，助力长庆油田年产油气当量 6000×10^4t 目标的高质高效实现。

关键词： 井筒工程；监督；履职；管理；督导；考核

近年来，长庆油田油气当量稳居国内各油气田首位，"十四五"末将实现 6800×10^4t 的产量目标。现有各类油气水井数量和年度产能建设任务较多，油气井工程建设探索形成了"水平井、多层系、立体式、大井丛、工厂化"的作业模式，页岩油、致密气开发突飞猛进，如何切实强化井筒工程监督管理亟待解决。中国石油长庆油田分公司工程监督处作为长庆油田井筒工程监督实施单位，围绕井筒工程监督管理新职能，深入贯彻党的十九大精神，以习近平新时代中国特色社会主义思想为指导，积极践行油田公司"工程质量提升""两个更严厉"的管理要求，开拓新思路、探索新模式，形成井筒工程监督管理新体系[1-3]。

1 井筒工程监督管理形势分析

1.1 承包商井筒作业风险依然是监管难点

长庆油田二次加快发展，产能建设任务重，井筒作业工作量大，动用作业队伍数量多，部分井筒作业承包商队伍资源配置较低，人员流动性大，安全标准和应急能力不高，施工作业风险大、监督监管难度加大。

1.2 井筒工程建设严管追责力度进一步加大

政府部门高标准、严监管，措施落地问责力度大；中国石油天然气集团有限公司明确对生态环境保护违法违规、油气泄漏、火灾爆炸、不合格承包商、特种设备带病运行"五个零容忍"；井筒工程"全生命周期"管理逐步推广。各层级监管追责力度进一步加大，监督人员岗位失责造成质量安全环保事故必将追查问责。

1.3 井筒工程监督队伍能力建设与管理难度增加

一些监督服务单位主动履职控风险的理念意识不强，一些监督人员对工作规范未入脑、入心、入行，监督队伍持证率低、作业队伍人员设备与标书相符一致性低的现象仍然存在；部分监督人员依规履职效果差、应急处置能力差的情况依然突出；个别监督人员专业水平弱、履职能力弱的现状亟待解决。

2 探索形成井筒工程监督管理新体系

针对工程监督管理新形势、新要求、新挑战，科学分析研判，深挖管理漏洞，采取更严厉更有针对性的措施，探索形成长庆油田工程监督管理新模式，提升井筒工程监督依规履职力度和服务质量。

2.1 修订管理制度，完善管理体系

分片区设立工程总监站，派驻钻井、试油（气）、录井、测井、修井工程总监，以建设单位和项目组为单元一对一服务，对第三方工程监督业务进行监管，对井筒工程质量安全环保监督工

第一作者简介： 文虎成（1982—），男，本科，工程师，主要从事生产运行与生产管理工作。地址：陕西省西安市末央区长庆兴隆园小区老中学办公楼，邮政编码：710018。

收稿日期： 2021-10-11

作进行现场检查、督导。

2.1.1 建立工程监督队伍管理体系，提升监督业务水平

工程总监站定期组织工程总监对监督部门进行检查督导，系统检查和考核评估，对存在的问题及时通报，督促整改反馈，量化打分、排名。坚持查纠并举，推行"两评一用"，强化管理，突出监督能岗匹配，提升监督业务水平。

2.1.2 建立作业风险防控支撑体系，提升监督服务水平

工程总监配合项目组日常生产协调，通过作业现场检查落实过程监管，倒逼监督人员履职，消减承包商管不住的风险，针对隐患超前风险预警，抓质量、保安全，有效发挥对项目管理的支撑作用，提升工程监督服务水平。

2.1.3 建立健全监督管理制度，促进监督规范运行

结合现场管理运行实际，组织技术专家修订完善工程总监工作站管理规定、工程监督重点工序检查表单、工程监督实施细则、工程监督考核实施细则等内容，进一步推进工程监督管理规范化、运作程序化、监督专业化。

2.2 加强工程总监履职，提升监管水平

按照油田高质量发展对工程监督管理提出新的更高要求，完善工程总监考核激励机制，制定了工程总监站和工程总监考核考评办法。工程总监站围绕全年目标和工作要求，严抓总监队伍管理，狠抓工程监督履职，强化作业现场监管。

2.2.1 坚持"日碰头会、周生产例会、月度质量分析会、井控例会"制度

动态分析作业现场监督运行情况，狠抓现场隐患排查和问题整改销项，关注高风险区域、重点井现场生产及监督情况，协调解决工程总监工作存在的问题，部署安排生产运行工作。

监督井场定位、报送路线图，工程总监对照路线突击检查，查找现场管理及作业工序中存在的隐性问题。掌控作业现场要害部位、重点环节、关键工序，监督部门负责人、专业组长、专业监督层层定量设置"井控明白人"，发生险情第一时间有效处置，提高井控应急处理能力。

2.2.2 严细管理与帮促指导相结合、责任靠实与工序落地相验证，以更严、更细的措施管住监督

坚持月度监督能力水平测试，适时开展知识竞赛；坚持组织监督对行业标准、技术规范执行不走样，一把尺子量到底；坚持问题交底不过夜，岗位职责严履行。

工程总监对现场查处隐患问题及时反馈建设单位和监督部门，落实监督人员盯促整改，限期反馈销项结果。结合区域超前注水、地层压力高、井控险情时有发生实际，梳理区块风险防控点，有效落实井控风险分级管理。

2.2.3 创新管理方式方法，着力提升管理水平和监督质量

工程总监站之间针对工程总监管理、现场监督管理、隐患排查治理、工作方式方法和工作效率提升等方面定期交流活动，相互学习与提高，推进工程总监站工作上台阶。

发挥可视化监控作用，落实风险防控关口前移。对钻井、试油、测井、录井、修井施工现场远程监控，提前安全风险预警，对监控发现的问题及时通报专业工程总监，督促落实，重大问题及时按程序汇报。

开展交叉检查、靶向整治隐患。以专业单个工序为突破口进行靶向整治，针对作业现场普遍性、苗头性问题专项整治，"刀刃向内、敢于动真"，严肃查处"不会查、查不清，不会改、改不对"的监督人员和承包商作业队伍，及时下发停工通知单，整治力度大、延续时间长、巩固效果好，有力助推工程监督履职尽责。

2.2.4 开展专项主题活动，提升质量安全环保意识与监管水平

开展"安全生产月"活动。紧扣主题，制定活动实施方案，组织工程总监对施工现场容易出现井控、环境风险的重点部位和关键环节拉网式排查，不留死角，根治隐患问题。

开展"入井材料'回头看'专项整治"。化工料下铺上盖，分类存放，立牌使用；"红黄绿蓝"台账盯工序、盯用量；固井水泥标号、添加剂及配方由固井专职监督逐项核查抽检；压裂全面可视化监控，支撑剂前量后核，化工料配液合格，用料足量；出库单、发料单、质检单、合格证"三单一证"齐全合规。

推进"重复性问题专项整治"。梳理出钻井、试油、修井、测井、录井作业现场发生频率较高的重复性问题，从制度、职责、流程、执行4个方面分析追溯。制定针对性预防措施，编制完成《井筒工程领域典型重复性问题防范手册》，建立监督隐患排查样板。力争通过整治活动遏制问题

增量、消减问题存量，提升井筒工程质量安全环保水平。

2.3 开展履职评估，提升监督队伍素质

2.3.1 严格监督资格审查

年初启动资格审查，驻站工程总监对到位监督人员进行资格审核、岗前考核，对监督证、井控证、HSE证、H_2S证扫码验真。四证与持证人身份信息核对、与发证机构追踪查询；开展理论考试和实践面试，考核不合格坚决不得上岗，确保监督人员业务水平达到项目建设需求。

2.3.2 加强监督日常管理

工程总监利用监督日志、生产日报、微信群等方式，跟踪施工队伍及监督人员工作动态，加密重点井、重点工序现场抽查。重点抽查钻井、录井、测井、试油工程监督工序履职，打开油（气）层前验收、下套管固井、通洗井、压裂作业等重点工序落实监督上岗履职。

2.3.3 强化履职能力评估

采取工作履历与专业水平、现场检查与问题数量、隐患处置与责任担当、重点工作与效果提升相互印证的方式，定期组织工程监督履职能力评估，通过闭卷考试和面对面座谈的方式，对监督理论知识、专业技能、现场经验、监督素质等方面进行评估；突出监督人员完成工作量、发现典型问题，"整改通知单、违约扣款单、销项回执单"三单执行，监督工作痕迹、信息系统数据录入、现场履职尽责、廉洁从业等方面。根据评估结果将监督分为4个级别，为下年度监督选聘提供可靠依据。

2.3.4 严肃过程管理考核

按照"采取更严厉的措施管住监督"的工作要求，对监督公司进行季度量化考评排名，将排名情况纳入年度整体考核，并作为下年度监督工作量安排的重要依据。

3 井筒工程监督管理新模式运行下的几点认识

3.1 严细的质量监督是工程监督的立身根本

质量是工程监督安身立命的基础，严细是保证建设质量的唯一途径，做不到"严细"，工程监督就失去了存在的作用和价值。要把"全流程管理、全要素分析、全节点控制、全方位达标"作为井筒工程监督管理抓质量、要质量的工作准则及工作方法。

3.2 严格的安全监督是工程监督履职作用和效果检验的基础

安全是工程监督现场能力水平的"试金石"。监督若查不出安全问题，就会遗留安全隐患和风险，"只有识别风险，才能控制住风险"，一旦现场发生井控、闪燃及机械伤人等事故，就说明存在监督失职失责失位。

3.3 严实的监督管理才能保证监督履职效果落地

严格管理才能生存、严格要求才能发展、严格履职才有价值、严格纪律才有形象。从严抓实抓细监督管理，扎实推进工程监督质量提升行动，全力提升井筒工程质量，找短板、建体系、定标准、严考核，采取更加严厉的措施管好承包商，采取更加严厉的措施管好监督，不断提升监督质量和监督效率，为油田高质量加快推进二次发展做出积极贡献。

4 井筒工程监督管理新模式成效

4.1 工程总监运行的监督管理新模式已经形成

形成了以总监站为区域中心、现场监督部门为单元的监督机构设置模式；形成了工程总监巡井监督、工程监督"全流程＋全方位"旁站监督的作业现场监管模式；形成了问题追溯整改周度通报、典型问题月度通报的考核考评模式。

4.2 井筒质量安全和监督履职成效显现

2019年油田公司油气生产规模再创新高，井筒工程安全环保受控，未发生质量、井控、安全、环保事故，监督工作实现了"两个提升"。

监督履职水平有提升：较2018年，下发问题整改通知单数量多1份/人，查处作业现场问题数量多2.5个/人，下发违约扣款通知单数量多0.24份/人，扣除作业队伍违约金多0.18万元/人。

井筒质量水平有提升：较2018年，固井质量合格率提高2%，取心收获率提高1.2%，压裂一次成功率提高0.8%，加砂量符合率提高0.9%。

4.3 "担当、严谨、专业、勤奋、清廉"监督队伍塑造成型

明确了长庆工程监督人"担当、严谨、专业、勤奋、清廉"行为标准，提升监督"精气神"，占领监督思想"主阵地"，根植"四个理念"，打造"作风严明、素质过硬、专业优良"的监督团队。

价值理念：我靠油井生存，要为油井负责；我靠监督生存，要为监督建功。

精神理念：打铁还需自身硬，重锤敲出好

钢来。

管理理念：严格管理才能发展、严格要求才能生存、严格履职才有价值、严格纪律才有形象。

敬业理念：做"现场巡查的勤快人、工序标准的明白人、设计执行的把关人、问题销项的紧盯人、资料审查的细心人、敢于碰硬的铁面人"。

工程监督行为标准经过"量身打造"和"岗位弘扬"得到普遍认可和肯定，"担当、严谨、专业、勤奋、清廉"监督队伍塑造成型。

参考文献

[1] 王胜启，秦礼曹，汪光太，等 . 中国石油勘探与生产工程管理制度建设与创新 [J]. 石油工业技术监督，2012，28（10）：5-9.

[2] 高志强，腾新兴 . 深化监督管理，完善监督职能，推动监督健康持续发展 [J]. 石油工业技术监督，2012，28（10）：1-4.

[3] 郑新权，高志强，罗东坤 . 石油工程项目监督管理 [M]. 北京：石油工业出版社，2006.

Study and practice of a new system of supervision and management for wellbore engineering

WEN HuCheng, WEN MingLiang, and YU Tao

(Engineering Supervision Department of PetroChina Changqing Oilfield Company)

Abstract: The construction of Changqing Oilfield wellbore engineering construction projects are heavy workloads and arduous, the contractor's operation team is highly market-oriented and difficult to manage. The problems of "low standards, old problems and bad habits" in quality, well control, safety and environmental protection during operation have been repeatedly investigated and committed. The management strength and its effectiveness of wellbore operation contractors need to be improved urgently. The wellbore engineering supervision adopts the third-party operation and management mode, which has a high degree of socialization. There is a large demand for supervision in each oilfield, and the competition is fierce. The supervisor's job-hopping is frequent, and their business level is uneven. The risk identification and hidden danger troubleshooting are incomplete and not detailed, not deep and not thorough. There are shortcomings in supervising the performance of duties. These problems bring great difficulties and challenges to the supervision and management work. After summarizing and analyzing the traditional management modes of wellbore engineering supervision and two years of practical exploration, a new wellbore engineering supervision and management system with Changqing Oilfield characteristics has been formed, which has promoted the quality of engineering supervision work to a higher level, promoted the overall stability and control of wellbore engineering quality, safety and environmental protection, and helped to achieve the goal of 60 million tons of oil and gas equivalent per year in Changqing Oilfield.

Key words: wellbore engineering; supervision; performance of duties; management; supervision; assessment

工程总监站运行机制探讨

冯　岩，张军伟，蒋方科

（中国石油长庆油田分公司工程监督处）

摘　要：工程总监站是现场工程监督、监管业务的直线责任单位。工程总监工作站推行总监负责制成效显著，形成了适应油田公司高质量发展井筒工程 QHSE 监管的新模式。工程监督处运行工程总监站模式 5 年来，为油田公司井筒质量及安全环保工作提供有力支撑。面对近几年油田公司制度改革、井筒工程及监督工作新形势，工程总监在工程监督监管方面的力度明显加大，现场工程质量显著提升，井控安全等形势稳中向好，为公司高质量发展保驾护航。现场实践证明，工程总监站的设立是正确、有效的。必须进一步建立完善工程总监站运行机制，加强信息化监督管理平台的应用，深挖管理漏洞，推动责任归位，提升监督人员现场履职能力和现代化专业监督成效。

关键词：工程总监；监督现状；运行效果；运行建议

1　国内工程监督现状

由于地质条件日趋复杂，采用新技术、新工艺作业的井数越来越多，工程施工安全风险不断加大，监督管理要求也越来越高。工程监督面临现状如下：（1）中国石油长庆油田分公司（简称油田公司）工程监督工作由 4 家监督服务公司共同承担，各公司内部管理模式各不相同，现场监督标准不一致，监督效果也各有差异。由于监督"服务"理念偏差较大，影响了施工队伍整体素质的提升。（2）油田前期工程量超大负荷运转，工程监督工作着重杜绝问题隐患，针对问题出现根源剖析不够，对重复性问题没有制定并落实具体的杜绝措施，导致同类型问题反复出现，占据问题绝大部分，监督工作效率低。（3）现场施工对监督人员的专业水平要求越来越高，但部分工程监督人员对新工艺、新技术不了解，专业知识欠缺，对行业标准和文件要求的理解和执行存在差异。（4）监督人员结构不尽合理，中级监督数量较少，初级监督数量较大，距油田公司要求还有一定差距。（5）监督自身素质有待提高，个别监督存在思想认识不高、自律意识淡薄、工作责任心不强等问题。

2　工程总监站运行模式

为了加强市场化监督管理，油田公司对工程监督处职能进行了调整。工程监督处成立了 6 个工程总监站工作站，主要从施工队伍招标预审、现场施工资质核查、施工动态管理、工程质量管理、工程资料审查、施工队伍考核、工程监督选用、工程监督考核现场监督管理等方面对勘探开发项目产建工作进行管控，在精细化管理的基础上，充分发挥职能管理作用，规范工程监督统一管理，推动油田勘探、开发项目建设任务顺利开展。工程总监管理运行模式为贯彻落实油田公司有关监督工作的各项规章制度、管理规定、技术规范和质量标准，结合《工程监督服务合同》及项目运行需求，油田公司选派钻井、试油、测录井、修井专业工程总监负责对第三方监督业务进行现场管理。主要职责包括：负责对工程监督工作第三方监督部工作进行现场检查；分析监督工序到位、违约处罚、廉洁从业等方面存在的问题，与项目组一起研究制定解决问题的具体措施；对监督工作进行考核；参与重大工程质量、井控安全事故的处置和调查。同时还制定了《工程总监运行管理办法》，强化工程总监工作职责，规范工程总监管理。目前拥有钻井、试油、测录井、修井工程总监共 200 余人。加强现场监督部业务及各采油厂修井监督管理，对工程质量和井控安全监督工作进行现场核查，定期开展井控安全专项检查和隐患治理大排查，对存在的问题整改情况跟踪落实，坚持综合考核第三方现场监督

第一作者简介：冯岩（1972—），男，本科，工程师，主要从事录井、试油、生产组织管理、工程监督等工作。地址：陕西省西安市未央区长庆兴隆园小区，邮政编码：710018。

收稿日期：2021-10-11

队伍，推进项目产建工程优质高效顺利完成。

3 工程总监工作站运行效果

工程监督处运行工程总监站模式5年来主要取得了如下4个方面的效果。

3.1 职责更加明晰，运行机制更加顺畅

形成了以6个总监站为区域中心、30个监督部为单元的监督体系；形成工程总监以"考评+8976"巡井监督，工程监督以"全流程+全方位"旁站监督的模式；对问题追溯整改形成周度全面通报，油田公司生产视频会上月度典型问题通报，对各项目组、油气生产单位考核考评的模式。提升了管理作为，展示了监督形象。

3.2 监管更加到位，风险得到有效管控

工程总监全面跟踪落实第三方现场监督履职情况，同时建立工程总监工作日志，对现场发现的问题，及时反映、分析、处理，针对共性、难点问题统一组织讨论，制定整改措施，有效规范现场施工管理，近几年现场井控溢流险情明显有所下降。

3.3 协调更加紧密，产建生产任务得到保障

工程总监站为确保现场施工进度和质量安全不冲突，担当好桥梁纽带作用，充分协调项目组和监督部的关系，找准关键，把好平衡，为油田产能建设按时形成优质资产搞好服务。

3.4 监督素质得到明显提升，形成廉洁从业新风气

设立工程总监，使监督管理得到有效监管。同时对现场监督履职情况严格考评，通过问责和责任追究机制，对现场施工监督不到位、不作为或违规行为起到了有效地监管作用，净化了监督环境，逐步形成了监督廉洁从业新风气。

4 工程总监工作站运行存在的不足

经过5年运行，工程总监工作站管理规范初步形成，但还存在一些不足，需要进一步改进和完善。

4.1 工程总监技术水平和业务能力有待提高

部分员工专业技术水平和现场监督水平有限，不能及时发现问题并解决问题，监督管理中"宽、松、软"导致现场问题重复多次出现，给现场生产带来了极大的质量安全风险。

4.2 现场各站缺少有效的交流沟通

各站管理运行中，由于地域限制，以及油井与气井的工艺差异，导致管理方式上也存在不同。各站不能及时总结分享经验，未统一思想认识，有待构建监督处工程总监站运行整体一盘棋思想。

4.3 缺少工程总监运行规范

总监站实际生产运行中主要依靠工程总监开展工作，对工程总监的工作指导已出台《工程总监考核实施细则》，但在实际运行中还缺乏对实践操作的规范指导。

4.4 工程总监工作站管理手册需进一步完善

工程总监是在监督业务发展中探索创新出的新运行模式，是长庆油田特有的监管分离管理模式，没有其他油田经验可学习和借鉴。这就需要现场各站的管理者针对管理手册中存在的不足，及时提出改进建议，及时进行完善。

5 工程总监工作站管理运行建议

为促进工程总监事业发展，维护油田质量、安全、效益，针对存在的不足，提出4点建议。

（1）在冬休集中培训、现场启动后，及时对管理手册内容进行培训学习，做到学以致用，力争打造标准化的工程总监工作站。

（2）在年初整体工作安排部署时，增加现场对标管理分析总结会，总结分享经验，统一管理上的认识，促进现场管理水平提升。

（3）为了规范和完善工程总监运行机制，建议监督处联合相关管理部门从油田公司层面制定出台《工程总监管理手册》，用以加强现场管理、规范工程总监运行，有效推进工程总监的对标管理。

（4）总监站现场管理者及时收集整理现场管理问题，年终统一汇总，监督处统一组织专题会议进行集中讨论分析，将可行、有效的措施和建议及时补充完善到工程总监站管理手册中，从而达到一个PDCA的循环改进模式，助推工程总监站管理水平持续上台阶。

参考文献

[1] 郑新权，高志强，罗志坤. 石油工程项目监督管理 [M]. 北京：石油工业出版社，2006.

[2] 张保书，表昌林，王丽华. 创新监督管理模式 加强工程监督作用 [J]. 石油工业技术监督，2011，27（6）：4-6.

[3] 王凯，王胜启，杨姝，等. 提升安全环保监督管理 实现勘探生产可持续发展 [J]. 石油工业技术监督，2016，32（9）：1-4.

[4] 彭宁，彭洋，汪涛，等. 加强现场监督资料标准化管理及意义 [J]. 石油工业技术监督，2016，32（9）：15-17.

[5] 高志强，滕新兴. 深化监督管理 完善监督职能推动监督健康持续发展 [J]. 石油工业技术监督，2012，28（10）：1-4.

（英文摘要下转第145页）

试油修井现场防火防爆控制措施

邓　攀，冯　岩，姚中辉，孙海峰

（中国石油长庆油田分公司工程监督处）

摘　要：井筒作业现场因为防火防爆措施不到位，出现了多起着火事故，主要表现在安全距离不足、防火防爆设备失效、防火防爆设备造假或不防爆等方面，暴露出承包商安全管理人员、甲方管理人员、监督人员对试油、修井现场的防火防爆风险辨识不到位，与越来越严格的安全生产形势不匹配。文章通过防爆区域划分、设备选型、防爆配件选择的分析，总结出试油修井现场防火防爆的重点控制措施及防爆电器类型的选择，即需强化现场从业人员的防火防爆基础知识的培训；明确"三证"查询防爆电器真伪；明确不能只从"Ex"标识来判定防爆设备；试油气修井现场推荐使用 Ex d Ⅱ A T1 Ga 型防爆设备。

关键词：井筒；试油；修井；防爆区域；设备选型；防爆配件；控制措施

近年来，江苏响水"3·21"爆炸、天津滨海新区爆炸、大连石化管道爆炸等重特大事故，对人民生命财产、企业形象等造成了无法估量的损失。中国石油天然气集团有限公司对大站、大库防火防爆工作极为重视，加大对钻井、试油气、修井作业施工过程的防火防爆要求和隐患排查力度。长庆油田井筒施工队伍多、数量多，着火爆炸的事故隐患较大。目前执行的《中国石油天然气股份有限公司勘探与生产分公司防爆电气安全管理规定》和《中国石油长庆油田分公司防爆电气管理实施办法》中，对井筒作业现场的防火防爆工作未做针对性要求[1-4]，对试油修井现场的防火防爆措施的研究迫在眉睫。

1 着火爆炸的危害及满足条件

1.1 着火爆炸的条件及要素

1.1.1 着火爆炸三要素

可燃物：能被氧化的液体（蒸汽或雾）、气体或固体。燃烧通常在气相状态下发生；燃烧前，液体被挥发，固体被分解为蒸汽。

助燃物：支持燃烧的物质，通常为空气中的氧气。

点火源：能引发能量反应的物质。

1.1.2 油气井场常见可燃气体爆炸极限

爆炸界限：可燃性气体或蒸气与空气的混合物只有在某个浓度范围内才能爆炸（燃烧），超出此范围就不会被点燃，这一范围的最高点和最低点分别称为爆炸上限和爆炸下限（表1、表2）。

表1　常见气体爆炸极限

气体名称	爆炸上限 /%（体积分数）	爆炸下限 /%（体积分数）
甲烷	15	5
丙烷	9.5	2.1
丁烷	8.5	1.5
异丁烷	8.5	1.8
乙醇	19	3.5
乙烯	34	2.7
乙醚	48	1.7
氢气	75.6	4.0
乙炔	82	1.5

表2　温度组别、设备表面温度和可燃性气体或蒸汽的引燃温度之间的关系

温度组别	电气设备最高表面温度 /℃	气体或蒸汽的引燃温度 /℃
T1	450	> 450
T2	300	> 300
T3	200	> 200
T4	135	> 135
T5	100	> 100
T6	85	> 85

1.1.3 爆炸性环境术语

爆炸性环境相关术语和符号定义见表3。

第一作者简介：邓攀（1986—），男，本科，工程师，主要从事试油、修井现场监督及管理工作。地址：陕西省西安市未央区开元路，邮政编码：710021。

收稿日期：2021-10-12

表 3　爆炸性环境的相关术语及符号

序号	术语	序号	术语
1	爆炸性环境	6	符号"X"
2	爆炸性粉尘环境	7	环境温度
3	爆炸性气体环境	8	防爆合格证
4	Ex 元件	9	防爆型式
5	符号"U"	10	混(复)合型防爆型式

2　井筒工程防火防爆基础知识

2.1　防爆区域划分

2.1.1　危险场所

爆炸性气体环境出现或预期可能出现的数量达到足以要求对电气设备的结构、安装和使用采用专门措施的区域,即危险场所。根据爆炸性气体环境出现的频次和持续时间把危险场所分为 3 类(表 4、表 5)。

表 4　爆炸性气体环境分区表

分区	区域特点
0 区	爆炸性气体环境连续出现或长时间存在的场所
1 区	在正常运行时,有可能出现爆炸性气体环境的场所
2 区	在正常运行时,不可能出现爆炸性气体环境,如果出现,也是偶尔发生并且仅是短时间存在的场所

表 5　适用爆炸危险区域的电器设备防爆型式和标志

适合用爆炸危险区域	EPL	电器设备防爆型式	防爆标志
0 区	Ga	本质安全型(ia 级)	Ex ia
		浇封型(ma 型)	Ex ma
		为 0 区设计的特殊型	Ex S*
1 区	Ga	适用于 0 区的防爆型	
	Gb	本质安全型(ib 型)	Ex ib
		浇封型(mb 型)	Ex mb
		隔爆型	Ex d
		增安型	Ex e
		正压外壳型	Ex px、Ex py
		油浸型	Ex 0
		充砂型	Ex q
		为 1 区设计的特殊型	Ex S*
2 区	Ga、Gb	适用 0 区和 1 区的防爆型	
	Gc	n 型	Ex nA、Ex nC、Ex nR
		正压外壳型	Ex pz
		本质安全型(ic 级)	Ex ic
		浇封型(mc 级)	Ex mc
		为 2 区设计的特殊型	Ex S*

2.1.2　非危险场所

爆炸性气体环境预期不会大量出现以致不要求对电气设备的结构、安装和使用采用专门措施的区域,称为非危险场所。

2.2　电器设备防护等级

电器设备外壳防护等级由两位数字表示,IP+第一位数字+第二位数字(表 6)。

例如,IP 54 为要求具有防尘及防溅水的外壳防护功能。一般陆地用钻井的设备要求防护等级为 IP 55,海洋钻井为 IP 56。

表 6　电器设备防护等级的表示

标识	第一位数字(防止固体异物造成有害影响)		第二位数字(防止进水造成有害影响)	
IP 代码	0	无防护	0	无防护
	1	直径 ≥ 50mm	1	垂直滴水
	2	直径 ≥ 12.5mm	2	15°滴水
	3	直径 ≥ 2.5mm	3	淋水
	4	直径 ≥ 1.0mm	4	溅水
	5	防尘	5	喷水
	6	尘密	6	猛烈喷水
			7	短时间浸水
			8	连续浸水
			9	高温高压水

3　试油修井现场防火防爆专项研究

3.1　防爆设备选型

我国接受的主要防爆设备型号见表 7。(1)隔爆型(Ex d);(2)本质安全型(Ex ia/Ex ib);(3)增安型(Ex e);(4)正压型(Ex p);(5)充油型(Ex o);(6)充砂型(Ex q);(7)n 型(Ex nA/nC/nL,nR,nZ);(8)浇封型(Ex m);(9)气密型(Ex h)(已归入 n 型);(10)粉尘防爆(DIP)。

表 7　防爆设备型号表示

序号	字母代号	设备型号
1	d	隔爆型
2	e	增安型
3	i	本质安全型
4	p	正压型
5	o	油浸型
6	q	充砂型
7	n	"n"型
8	m	浇封型
9	S	特殊型
10	op	光辐射设备"op"型

防爆设备表示方式为 EX+ 防爆型式 + 设备类别 + 温度级别 + 设备保护等级，即防爆符号 + d/e/ia/ib+ Ⅰ / Ⅱ / ⅡA+T1-T6+Ga/Gb/Gc。例如，隔爆型设备为 Ex d Ⅱ B T4 Gb；增安型设备为 Ex e Ⅱ B T3 Gb。

如果设备整体由多种防爆结构组成，在防爆结构栏中顺次标注为主体、次主体，主操作腔为 d、接线腔为 e 的防爆操作柱，表示为 Ex de Ⅱ B T4 Gb（图 1）。其中，Ex d 表示属于隔爆型防爆设备；Ⅱ B 表示工厂用（混合气体）B 级防爆；T4 表示爆炸后该防爆设备外壳表面的最高温度范围为 120~160℃。

图 1　现场隔爆型配电箱

3.2 人员防爆要求

（1）防爆电气作业人员：防爆电气设备的安装、检查和维护应由符合规定条件且具有资质的专业人员进行。相关人员应经过包括各种防爆型式、安装时间、相关规章和章程，以及危险场所分类一般原理等在内的业务培训，同时接受适当的继续教育或定期培训，并取得培训资质证书。

（2）防爆电气管理人员：执行技术管理的专业技术人员，需要拥有防爆知识、熟悉当地条件、熟悉安装流程，对危险场所电气设备检查体系负有全部责任和管理职能。

3.3 现场检查要点

3.3.1 防爆区域划分

（1）试油、修井现场执行《钻井井场及钻前道路施工规定》，油井井场尺寸为 80m×40m（水平井 60m），气井井场为 100m×60m（丛式井场为 110m×70m），但受限于井场审批等因素，井场大小于与井间距基本小于规定值（表 8），这为后期试油、修井施工的安全距离埋下隐患。

表 8　油气田井场布局

井类	井型	钻机类别	长度 /m（不小于）	宽度 /m（不小于）
油井	单井	各类钻机		
	水平井	各类钻机		
	丛式井	单排方向上每增加一口井，井场长度增加 4.5m		
气井	单井	40 型及以下钻机		
		40 型以上钻机		
	丛式井	单排方向上每增加一口井，井场长度增加 10m		

（2）SY/T 5225—2019《石油天然气钻井、开发、储运防火防爆安全生产技术规程》中，明确了试油气和井下作业的井场布局、防火间距。锅炉房、发电房、值班房与井口、储油罐距离需大于 30m；使用原油、轻质油、柴油等易燃物品施工时，井场 50m 内严禁烟火；施工作业中，热清洗清蜡车应距离井口 20m 以上，油污设备距离井口不小于 20m[4]。

（3）根据爆炸性气体环境出现频次和持续时间，把危险场所分为 0 区、1 区、2 区，结合试油、修井的井场摆放和工序特点，确定其应为 1 区：即在正常运行时，偶尔出现爆炸性气体环境的场所（放喷作业、抽汲作业的沉沙罐区域，或更加开放的环境）。

3.3.2 防爆设备选型

（1）选型原则：根据爆炸危险区域的等级划分和危险物质的类别、级别和组别进行选型[2]（图 2、表 9）。

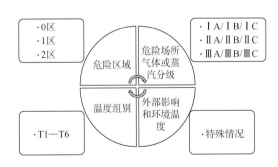

图 2　防爆设备选型

表 9　设备防爆级别选择

场所中气体 / 蒸气分类 / 分级	允许使用的设备类别 / 级别
ⅡA（例如：甲烷、丙烷、戊烷、苯、汽油、乙醇、乙醛等）	ⅡA、ⅡB 或 ⅡC
ⅡB（例如：乙烯、二甲醚、焦炉煤气等）	ⅡB 或 ⅡC
ⅡC（例如：氢气、乙炔和二硫化碳）	ⅡC

明确油气场所应为环 II A，甲烷引燃温度为537 摄氏度，设备保护等级为 Gb（更高到 Ga）。

（2）监督要点：①防爆合格证（需要查验真伪）；②生产许可证副本或 3C 证书复印件（需要查验真伪）；③产品质量合格证明；④安装及使用维护保养说明；⑤检验报告等相关技术资料和文件。

需要特别注意的是，检查时应确认防爆设备显著位置的产品铭牌、安全警示标志及其说明等，与防爆合格证内容一致。

3.3.3 安全距离及接地

监督要点：（1）安全距离符合《长庆油田分公司试油井控实施细则》要求。（2）检查住人房、储液罐、放喷罐、防爆排风扇等的接地，是否满足。（3）油罐区接地电阻不小于 4 欧姆，接地点不少于 2 个。

3.4 典型案例讲述

3.4.1 防爆区域使用不防爆设备

对于有防爆要求的区域，使用设备虽有防爆标志但设备不满足防爆要求（图 3、图 4）。

图 3　有防爆标识但设备不防爆

图 4　未使用防爆插头

3.4.2 电缆与插头尺寸不匹配

电缆选型与插头密封圈尺寸不符，或者存在一个接口同时接两根电缆，导致密封失效（图 5、图 6）。

4 结论及建议

（1）试油修井井筒类施工作业，现场监督

人员、承包商安全管理人员在进行业务培训的同时，应强化防火防爆基础知识的培训，特别是对安全距离、设备选型、接地等需熟悉掌握，提升防火防爆相关标准及制度的使用效果。

图 5　电缆尺寸与密封圈不符（无堵头）

图 6　多组电缆进线

（2）甲方管理人员、监督人员、承包商安全管理人员，应严格对照验收要求，明确有"Ex"标识的不一定是防爆设备，必须核实"三证"（防爆合格证、产品合格证、生产许可证）真伪。

（3）试油、修井正常施工现场推荐使用 EX d II A T1 Ga 型防爆设备，在特殊地域、特殊天气和井控险情等应急抢险中，应推荐更高防爆级别设备。

（4）建议参考本文梳理的检查要点逐一对照，针对防爆区域划分、防爆设备选型及采购、安全距离及接地，排查井筒施工中的防火防爆隐患。

参考文献

[1] 中国石油长庆油田分公司防爆电气管理实施办法（试行）：长油设备字〔2018〕9 号 [R]. 2018.

[2] 国家能源局. 石油天然气钻井、开发、储运防火防爆安全生产技术规程：SY/5225—2019[S].2019.

[3] 中国石油天然气股份有限公司勘探与生产分公司防爆电气安全管理规定：油勘〔2016〕14 号 [R]. 2016.

[4] 中国石油天然气集团公司. 危险场所用防爆电气装置检测技术规范：Q/SY 1835—2015[S].2015.

Control measures for fire and explosion-proof at oil-testing and workover sites

DENG Pan, FENG Yan, YAO ZhongHui, and SUN HaiFeng

(Engineering Supervision Department of PetroChina Changqing Oilfield Company)

Abstract: Due to insufficient measures for fire and explosion-proof, many fire accidents occurred at the wellbore operation sites. The main reasons are insufficient safety distance, failure of fire and explosion-proof equipment, fraudulent or non-explosion-proof of the proof equipment, etc., which exposes that the contractor's safety management personnel, Party A's management personnel and supervisors do not properly identify the fire-proof and explosion-proof risks at the oil testing and workover sites. It does not match the increasingly strict safety production situation. Through analysis of the division of explosion-proof areas, selection of equipment types and explosion-proof accessories, this paper summarizes the key control measures for fire-proof and explosion-proof and the type selection of explosion-proof electrical appliances on the sites of oil-testing and workover. It is urgent to strengthen the training of basic knowledge of fire- and explosion-proof for on-site practitioners; It is clear to inquire the authenticity of explosion-proof electrical appliances with "three certificates"; It is clear that explosion-proof equipment cannot be judged only from the "Ex" mark; Ex d IIA T1 Ga explosion-proof equipment is recommended for oil and gas testing and/or workover sites.

Key words: wellbore; oil testing; workover; explosion-proof area; equipment-type selection; explosion-proof accessories; control measures

◇·

（上接第 140 页）

Discussion on the operation mechanism of engineering director workstation

FENG Yan, ZHANG JunWei, and JIANG FangKe

(Engineering Supervision Department of PetroChina Changqing Oilfield Company)

Abstract: Engineering director workstation is the direct responsible unit for on-site engineering supervision and management business. The engineering director workstation implements the director responsibility system, which is a new mode of QHSE management of wellbore engineering that has achieved remarkable results and adapts to the company's high-quality and accelerated development. Over the past five years of the operation of engineering director workstation mode, the Engineering Supervision Department has made great contributions to the work of wellbore quality, safety and environmental protection of PetroChina Changqing Oilfield Company. Facing the new situation of system reform, wellbore engineering and supervision of the Oilfield Company in recent years, the engineering director has significantly increased his efforts in engineering supervision, and significantly improved the quality of on-site engineering. The situation of well control safety is stable and improving. These have played a role of escort for the high-quality development of the company. Field practice has proved that the establishment of Engineering Director Station is correct and effective. It is necessary to further improve the operation mechanism of engineering director station, strengthen the application of the information-based supervision and management platform, dig deep into the management loopholes, promote the return of responsibilities, and improve the on-site performance ability of supervisors and the effectiveness of modern professional supervision.

Key words: engineering director; supervision status; effect of operation; suggestion for operation